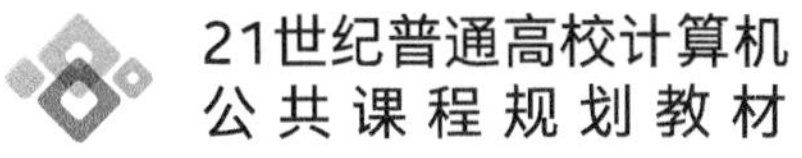

Visual Basic程序设计

◎ 陈明晰 杨谨全 编著

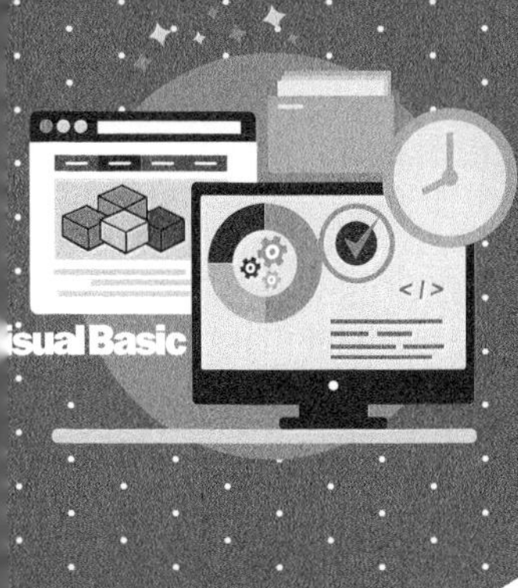

清華大學出版社
北京

内 容 简 介

"Visual Basic 程序设计"是为普通高等院校非计算机专业学生开设的程序设计语言课程。本书是将Visual Basic 作为第一门程序设计课程编写的，全书共分为 13 章，内容主要包括程序设计基础及算法与面向对象的概念，应用程序与常用控件，数据类型与表达式，顺序、选择、循环 3 种基本结构程序设计，数组，子过程与函数过程，高级控件，文件，用户界面设计与工程应用，数据库应用基础以及上机练习。

本书内容全面，知识由浅入深、注重实践，各章节均安排了适量的习题，并在最后一章中给出 12 组上机练习题以方便上机实践，适合作为高校"Visual Basic 程序设计"课程教材，也可作为全国计算机等级考试的参考用书。

图书在版编目(CIP)数据

Visual Basic 程序设计/陈明晰，杨谨全编著. —北京：清华大学出版社，2019(2020.2重印)
(21 世纪普通高校计算机公共课程规划教材)
ISBN 978-7-302-52430-4

Ⅰ. ①V…　Ⅱ. ①陈…　②杨…　Ⅲ. ①BASIC 语言－程序设计－高等学校－教材　Ⅳ. ①TP312.8

中国版本图书馆 CIP 数据核字(2019)第 039292 号

责任编辑：郑寅堃
封面设计：刘　键
责任校对：梁　毅
责任印制：丛怀宇

出版发行：清华大学出版社
网　　址：http://www.tup.com.cn，http://www.wqbook.com
地　　址：北京清华大学学研大厦 A 座　　**邮　　编**：100084
社 总 机：010-62770175　　**邮　　购**：010-62786544
投稿与读者服务：010-62776969，c-service@tup.tsinghua.edu.cn
质量反馈：010-62772015，zhiliang@tup.tsinghua.edu.cn
课件下载：http://www.tup.com.cn，010-83470236
印 装 者：北京九州迅驰传媒文化有限公司
经　　销：全国新华书店
开　　本：185mm×260mm　**印　张**：20.25　**字　　数**：495 千字
版　　次：2019 年 4 月第 1 版　**印　　次**：2020 年 2 月第 4 次印刷
印　　数：1601~2100
定　　价：59.00 元

产品编号：081657-01

前　言

程序设计是高等院校重要的基础课程之一。根据教育部高等学校计算机基础课程教学指导委员会提出的《关于进一步加强高校计算机基础教学的意见》精神，“程序设计基础”课程一般定位为各专业大学生第二门计算机公共基础课，该课程的学习可以让学生掌握一种高级程序设计语言，了解程序设计的思想和方法，培养其程序设计的能力。

Visual Basic，简称 VB，是 Microsoft 公司推出的一种 Windows 应用程序开发工具，是当今世界上使用最广泛的编程语言之一，它也被公认为编程效率最高的编程方法之一。无论是开发功能强大、性能可靠的商务软件，还是编写处理实际问题的实用小程序，VB 都是快速、简便的方法之一。

VB 具有所见即所得的友好界面设计，但程序设计除了界面设计，很重要的一部分是程序设计，即算法的实现。所以 VB 程序设计也分为 Visual 可视化界面设计和 Basic 程序设计两个部分。本书在介绍这两个方面的内容时，仍然以程序设计为重点，对程序设计的基本知识、基本语法、编程方法和常用算法进行了较为系统、详细的介绍，使学生学会分析问题、掌握简单问题的编程能力；而可视化界面设计在实际应用中是不可缺少的，也是 VB 的特点，相对比较容易掌握和实现。

本书是由具有多年教学经验的一线教师编写的，内容编排由浅入深、循序渐进、通俗易懂；通过大量的例题介绍，既向学生传授传统的语法规则和对算法的分析思路，也注重培养学生面向对象的概念和控件、属性、方法的使用。本书除各章配有大量的习题外，还配有相应上机练习，并将上机练习集中于书的最后一章，以加强实践教学环节，提高学生的动手实践能力。

本书由陈明晰、杨谨全编著。在编写过程中参阅了大量的参考文献、资料，在此对相关作者表示衷心的感谢。由于编者水平有限，加之时间仓促，书中不足之处在所难免，恳请读者批评指正。

编　者

2018 年 10 月

目　录

第1章　Visual Basic 程序设计概述

Visual Basic,简称 VB,是 Microsoft 公司推出的一种 Windows 应用程序开发工具,是基于对象的程序设计语言。由于其简单易学和开发效率高等特点被广泛用于应用软件的开发,特别是基于数据库应用程序的开发中。本章主要介绍程序设计和算法的基本概念;面向对象程序设计的基本概念;VB 的发展、功能及特点;VB 的集成开发环境;创建应用程序的过程。

1.1　程序设计基础

实际上计算机不是"智能"的,计算机的每一步操作都是根据人们事先设置好的指令实现的。人们为了解决问题,使计算机执行一组操作,就必须事先编写好一条一条的指令,输入到计算机中,这个过程就是程序设计。

计算机程序(简称程序)是指一组指示计算机或其他具有消息处理能力的装置每一步动作的指令,用某种程序设计语言编写,运行于某种目标体系结构上。打个比方,一个程序就像一个用汉语(程序设计语言)写下的某道菜的菜谱(程序),用于指导懂汉语和烹饪手法的人(体系结构)来做这道菜。通常,计算机程序要经过编译和链接而成为一种人们不易看懂而计算机可解读的格式,然后运行。

计算机的所有操作都是由程序控制的,计算机实质上是执行程序的机器,程序和指令是计算机系统中最基本的概念。只有理解程序设计,才能真正了解计算机的工作过程,才能更好地使用计算机来解决实际问题。

1.1.1　程序设计语言

人和人之间的交流需要通过语言。人和计算机之间交流信息,也需要通过语言,这就是人和计算机都能够理解的语言——计算机语言,即计算机程序设计语言,简称程序设计语言。

计算机语言经历了以下几个发展阶段。

1. 机器语言

我们目前使用的计算机是电子计算机,其对信息的处理和存储工作是基于二进制的,也就是说计算机只能识别 0 和 1 组成的指令。机器指令(Machine Instructions)是 CPU 能直接识别并执行的指令,它的表现形式是二进制编码。机器指令的集合称为机器语言(Machine Language)。

机器语言和我们习惯使用的自然语言差别很大,只有少数计算机专业人员才会编写机器语言程序，很难推广使用。

2. 汇编语言

为了克服机器语言难学、难记的缺点，人们设计出一种用英文字母和数字表示指令（助记符）的计算机语言，这就是汇编语言（Assembler Language）。

计算机并不能直接识别和执行汇编语言程序，需要用汇编程序，把汇编语言的指令翻译成机器语言指令。

虽然汇编语言比机器语言简单，而且好记忆一些，但还是很难普及，只在专业人员中使用。不同型号的计算机的机器语言和汇编语言是互不通用的，机器语言和汇编语言是完全依赖于具体机器的，是面向机器的语言，所以称为低级语言。

3. 高级语言

由于汇编语言依赖于硬件体系，且助记符量大难记，于是人们又设计开发了更加易用的所谓高级语言。在这种语言中，其语法和结构更类似普通英文加数学符号，且由于远离对硬件的直接操作，使得一般人经过学习之后都可以编写程序。

高级语言与计算机的硬件结构及指令系统无关，它有更强的表达能力，可方便地表示数据的运算和程序的控制结构，能更好地描述各种算法，而且容易学习掌握。但高级语言编译生成的程序代码一般比用汇编语言设计的程序代码要长，执行的速度也慢。所以汇编语言适合编写一些对速度和代码长度要求高的程序和直接控制硬件的程序。高级语言、汇编语言和机器语言都是用于编写计算机程序的语言。

高级语言程序"看不见"机器的硬件结构，不能用于编写直接访问机器硬件资源的系统软件或设备控制软件。为此，一些高级语言提供了与汇编语言之间的调用接口。用汇编语言编写的程序，可作为高级语言的一个外部过程或函数而被调用执行。

程序设计语言从机器语言到高级语言的抽象，带来的主要好处是：

(1) 高级语言接近算法语言，易学、易掌握，一般工程技术人员经过短时间的培训就可以设计并编程实现解决工程问题的应用程序。

(2) 高级语言为程序员提供了结构化程序设计的环境和工具，使得设计出来的程序可读性好，可维护性强，可靠性高。

(3) 高级语言远离机器语言，与具体的计算机硬件关系不大，因而所写出来的程序可移植性好，重用率高。

(4) 高级语言由于把繁杂琐碎的事务交给了编译程序去做，所以自动化程度高，开发周期短，且程序员得到解脱，可以集中时间和精力去从事对于他们来说更为重要的创造性劳动，以提高程序的质量。

随着计算机的发展，高级语言也不断发展，种类繁多，但基本可归为以下几类。

(1) 命令式语言。命令式语言的语义基础是模拟"数据存储/数据操作"的图灵机可计算模型，十分符合现代计算机体系结构的自然实现方式。其中产生操作的主要途径是依赖语句或命令。现代流行的大多数语言都是这一类型，例如 Fortran、Pascal、Cobol、C、C++、Basic、Ada、Java、C# 等，各种脚本语言也被看作此种类型。

(2) 函数式语言。函数式语言的语义基础是基于数学函数概念的值映射的 λ 算子可计算模型。这种语言非常适合进行人工智能等工作的计算。典型的函数式语言如 Lisp、Haskell、ML、Scheme 、F# 等。

(3) 逻辑式语言。逻辑式语言的语义基础是基于一组已知规则的形式逻辑系统。这种语言主要用在专家系统的实现中。最著名的逻辑式语言是 Prolog。

(4) 面向对象语言。面向对象语言(Object-Oriented Language)是一类以对象作为基本程序结构单位的程序设计语言,用于描述的设计是以对象为核心,而对象是程序运行时刻的基本成分。该语言中提供了类、继承等成分。

1.1.2 算法和流程图

程序设计,首先要掌握解题的方法和步骤,也就是如何将待求解的问题分解成一系列的操作步骤。这就是“算法”(Algorithm)需要研究的问题。

1. 算法的定义

通俗地讲,“算法”是为解决一个问题而采取的方法和步骤,或者说是解题步骤的精确描述,是一系列解决问题的清晰指令。算法代表着用系统的方法描述解决问题的策略机制,也就是说,能够对一定规范的输入,在有限时间内获得所要求的输出。如果一个算法有缺陷,或不适合于某个问题,执行这个算法将不会解决这个问题。不同的算法可能用不同的时间、空间或效率来完成同样的任务。处理任何问题都有“算法”的问题。设计算法要确定两个问题,一是必须做什么,二是按什么顺序去做。例如发电子邮件,首先登录邮件系统,然后选择“新建邮件”,填写收件人邮箱地址、邮件主题,输入邮件内容,最后发送邮件。在这个过程中有些必须做,如必须填写邮件地址,有些事情可以不做,如填写邮件主题。对同一个问题,可以有不同的解题方法和步骤。

【例 1.1】 计算 1+2+3+…+100,即 $\text{sum}=\sum_{1}^{100} n$。

算法一:

先计算 1+2,再加 3,再加 4,一直加到 100。

sum=1+2+…+100=5050

算法二:

先计算 99+1,98+2,一直到 51+49,再加上 100 和 50。

sum=100+(99+1)+(98+2)+…+(51+49)+50=100+49×100+50=5050

为了有效地解决问题,不仅需要保证算法正确,还要考虑算法的质量,即方法简单,运算步骤少。

2. 算法的特征

一个算法应该具有以下 5 个重要的特征。

(1) 有穷性:算法必须在执行有限个步骤之后终止,不应当出现无终止的循环或永远执行不完的步骤。

(2) 确定性:算法中的每一步骤必须有确定的含义,不能有二义性,即不应含混不清或模棱两可。

(3) 输入性:一个算法可以有输入的数据,也可以没有输入的数据,即有 0 个或多个输入,以描述运算对象的初始情况。

(4) 输出性:一个算法至少有一个输出的数据。因为算法的目的就是求解问题,求解的结果必须向用户输出，以反映对输入数据加工后的结果。没有输出的算法是毫无意义的。

(5) 有效性：算法中执行的任何计算步骤都是可以被分解为基本的、可执行的操作步骤，即每个计算步都可以在有限时间内完成。

3. 算法的表示

计算机算法分为数值运算算法和非数值运算算法两大类。数值运算算法的目的是求数值解，例如求方程的根等。非数值运算算法包括的范围非常广，如企业管理、车辆调度等。目前应用最广的应用领域是非数值运算。描述算法的目的是便于理解，并利用算法解决问题。

描述算法的方法有多种，常用的有自然语言、伪代码、结构化流程图和PAD图等，其中最普遍使用的是流程图。

(1) 自然语言：即日常生活中所使用的语言。人们都懂，易于理解，但不严格，对一些问题的描述可能存在歧义或二义性。

(2) 伪代码：类似于高级语言的一种描述算法的方法。比较接近自然语言，表达方式简单，便于理解。伪代码通常接近于某种程序设计语言，比较容易将算法的描述转化为程序。

(3) 流程图：用一些图框、流程线以及文字说明来描述操作过程。

美国国家标准化协会(American National Standard Institute，ANSI)规定了一些常用的流程图符号，如图1-1所示。

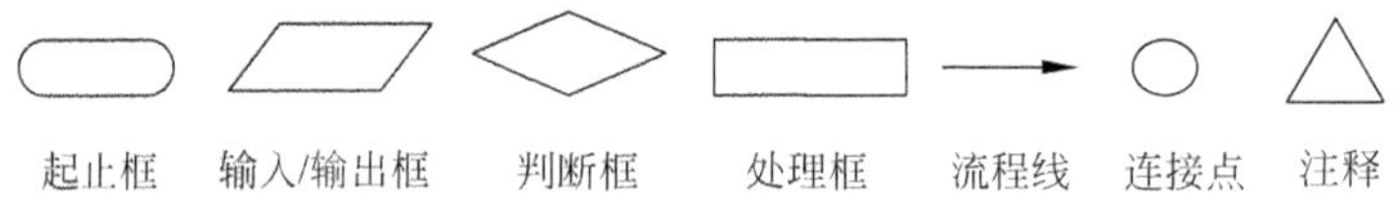

图1-1 常用流程图符号

- 起止框：表示算法的开始和结束。
- 输入/输出框：表示输入、输出操作。
- 判断框：表示判断操作，框中标明判断条件。判断框具有两个或两个以上的出口，根据判断结果确定后续执行的路径。
- 处理框：表示具体的处理操作。
- 流程线：连接流程图中的各个组成部分。
- 连接点：用于将画在不同页面上的流程图(或多个流程图)连起来。连接点中标有数字或字母。连接点用于连接比较复杂或分别画的多个图。
- 注释：对流程图进行注释说明。

【例1.2】 用流程图描述算法，分别输入 a、b，若 $a>b$，输出 a，否则输出 b。流程图如图1-2所示。

(4) PAD图：PAD是问题分析图(Problem Analysis Diagram)的英文缩写，是1974年由日本的二村良彦等人提出的又一种主要用于描述软件详细设计的图形表示工具。与方框图一样，PAD图也只能描述结构化程序允许使用的几种基本结构。它用二维树形结构的图表示程序的控制流。以PAD图为基础，遵循机械的走树(Tree Walk)规则就能方便地编写出程序，且用这种图转换为程序代码比较容易。

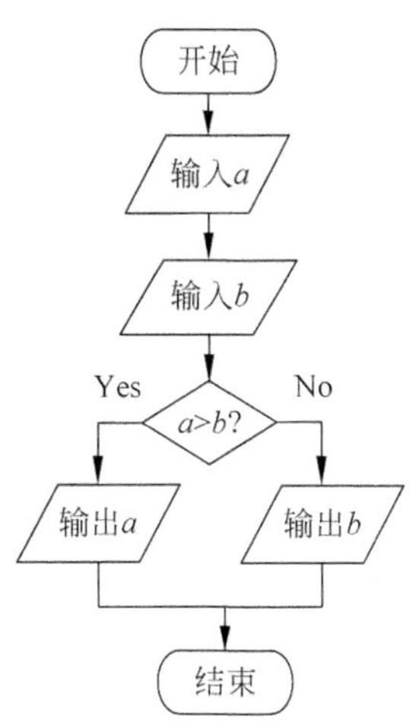

图 1-2 【例 1.2】的流程图

1.1.3 结构化程序设计

结构化程序设计(Structured Programming)是以模块功能和处理过程设计为主的软件设计方法。其概念最早由 E. W. Dijikstra 在 1965 年提出,是软件发展的一个重要的里程碑。它的主要观点是采用自顶向下、逐步求精及模块化的程序设计方法,使用三种基本控制结构构造程序,即任何程序都可由顺序、选择、循环三种基本控制结构构造。结构化程序设计主要强调的是程序的易读性。

1. 结构化程序设计的内容

结构化程序设计曾被称为软件发展中的第三个里程碑。该方法的要点是:

(1) 使用顺序、选择、循环三种基本结构来嵌套连结成具有复杂层次的"结构化程序",严格控制 GOTO 语句的使用。用这样的方法编出的程序在结构上具有以下效果。

- 以控制结构为单位,只有一个入口和一个出口,所以能独立地理解这一部分。
- 能够以控制结构为单位,从上到下顺序地阅读程序文本。
- 由于程序的静态描述与执行时的控制流程容易对应,所以能够方便、正确地理解程序的动作。

(2) 采用"自顶而下,逐步求精"的设计思想。其出发点是从问题的总体目标开始,抽象低层的细节。先专心构造高层的结构,然后再一层一层地分解和细化。这使设计者能把握主题,高屋建瓴,避免一开始就陷入复杂的细节中,使复杂的设计过程变得简单明了,过程的结果也容易做到正确、可靠。

(3) 采用"独立功能,单入口、单出口"的模块结构,减少模块的相互联系使模块可作为插件或积木使用,降低程序的复杂性,提高可靠性。程序编写时,所有模块的功能通过相应的子程序(函数或过程)的代码来实现。程序的主体是子程序层次库,它与功能模块的抽象层次相对应,编码原则使得程序流程简洁、清晰,增强了可读性。

2. 三种基本结构流程图

不论多么复杂的程序都可以使用顺序、选择、循环三种基本结构描述。

1）顺序结构

顺序结构流程图如图 1-3 所示，表示 A 与 B 顺序执行。

2）选择结构

选择结构中包含有一个条件判断，如图 1-4 所示，根据给定的条件，判断是否满足条件。满足条件执行 A，不满足条件执行 B。

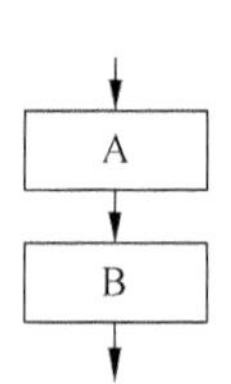

图 1-3　顺序结构流程图

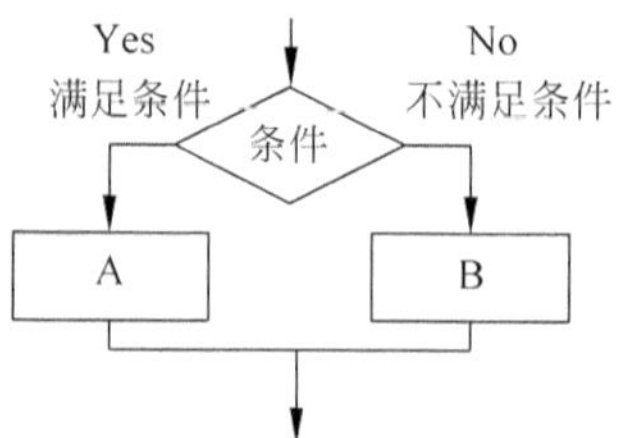

图 1-4　选择结构流程图

3）循环结构

循环是在指定的条件下，多次重复执行一组操作。这组操作被称为循环体。循环结构主要由循环条件和循环体构成。循环结构一般分为当型和直到型两种。

（1）当型（While）循环：当满足指定条件时，就执行循环体，否则就不执行。当型循环有两种形式。

- "前测试"型当型循环：先测试条件，后执行循环体。执行时，先检查是否满足条件，若满足条件，执行循环体 A，然后继续检查条件是否满足，如此反复，到某一次条件不满足时，就不再执行循环体 A，结束循环过程。其流程图如图 1-5 所示。
- "后测试"型当型循环：先执行循环体 A，然后再测试条件是否满足，若满足继续执行循环体 A，否则，不再执行 A。其流程图如图 1-6 所示。

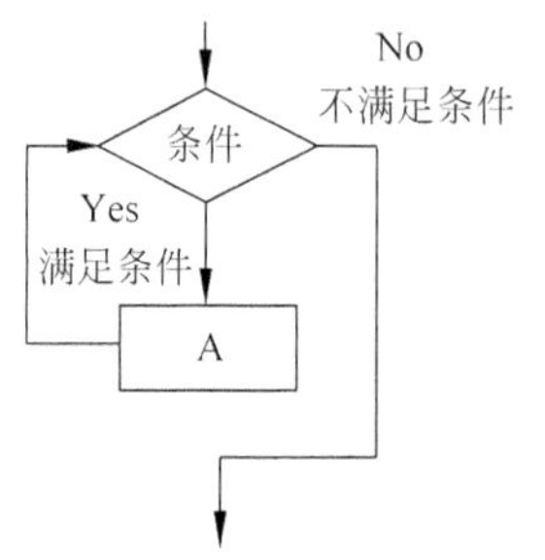

图 1-5　当型循环的"前测试"型流程图

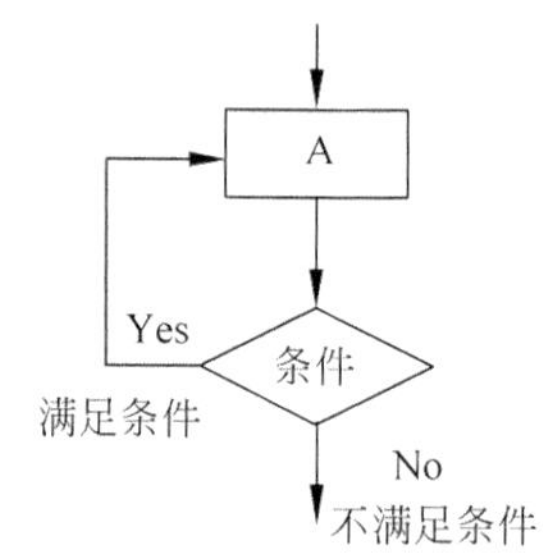

图 1-6　当型循环的"后测试"型流程图

后测试的当型循环至少执行一次循环体，而前测试的当型循环若开始时循环条件不满足，就一次循环体都不执行。

当型循环的特点可以概括为，当条件满足时，反复执行循环体。

（2）直到型（Until）循环：执行循环体，直到满足指定条件时，不再执行循环体。

- "前测试"型直到型循环：先测试条件，后执行循环体。执行时，先检查是否满足条件，若满足条件，不执行循环体 A，结束循环过程；若不满足条件，执行循环体 A，然后继续检查条件是否满足，如此反复，直到某一次条件满足时，就不再执行循环体

A，其流程图如图 1-7 所示。

- “后测试”型直到型循环：先执行循环体 A，然后再测试条件是否满足，若不满足条件就重复继续执行循环体 A，然后再测试循环条件，如果仍不满足循环条件。又执行循环体，……，直到条件满足，结束循环。其流程图如图 1-8 所示。

图 1-7　直到型循环的“前测试”型流程图　　　图 1-8　直到型循环的“后测试”型流程图

直到型循环概括为：反复执行循环体，直到条件满足。

对于同一个问题，既可以用当型循环，也可以用直到型循环进行处理。

【例 1.3】　用流程图描述 1＋2＋3＋…，直到其和等于或大于 100 为止。

分析：题目要求计算从 1 开始的整数序列的累加和，后一个数以前一个数为基础增加 1。计算的终止条件是累加和达到 100 或超过 100。算法设计，可以用变量 sum 来保存累加和，在累加过程中，sum 值不断变化。用当型循环实现，循环条件 sum＜100。算法流程图如图 1-9 所示。

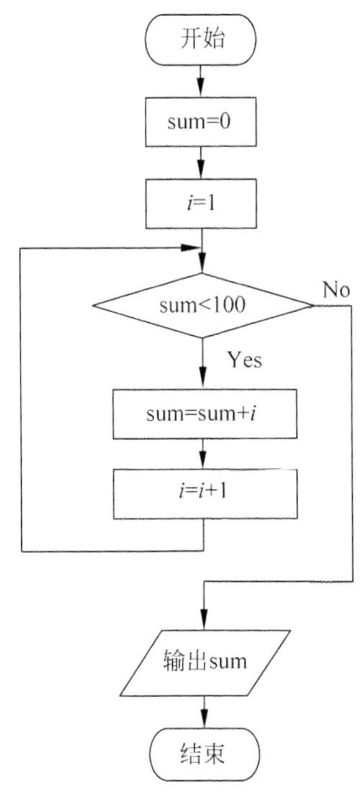

图 1-9　【例 1.3】算法流程图

3. 三种基本结构的基本特点

(1) 每种结构都只有一个入口。

(2) 每种结构都只有一个出口。

(3) 一个基本结构中的每一部分都有机会被执行到。也就是说,每一个框都应该有一条从入口到出口的路径。

(4) 基本结构内没有“死循环”(无终止的循环)。

已经证明,由上述基本结构所描述的算法,可以解决任何复杂的问题。由基本结构构成的算法属于“结构化”的算法。

4. 结构化程序设计的特点

结构化程序中的任意基本结构都具有唯一入口和唯一出口,并且程序不会出现死循环。在程序的静态形式与动态执行流程之间具有良好的对应关系。

由于模块相互独立,在设计其中一个模块时,不会受到其他模块的牵连,因而可将原来较为复杂的问题简化为一系列简单模块的设计。模块的独立性还为扩充已有的系统、建立新系统带来了不少的方便,因为我们可以充分利用现有的模块作积木式的扩展。

按照结构化程序设计的观点,任何算法功能都可以通过顺序结构、选择结构和循环结构这三种基本程序结构的组合来实现。

结构化程序设计的基本思想是采用“自顶向下,逐步求精”的程序设计方法和“单入口、单出口”的控制结构。自顶向下、逐步求精的程序设计方法从问题本身开始,经过逐步细化,将解决问题的步骤分解为由基本程序结构模块组成的结构化程序框图;“单入口、单出口”的思想认为一个复杂的程序,如果它仅是由顺序、选择和循环三种基本程序结构通过组合、嵌套构成,那么这个新构造的程序一定是一个单入口、单出口的程序。据此就很容易编写出结构良好、易于调试的程序。结构化程序设计的优点总结为以下 3 点。

(1) 整体思路清楚,目标明确。

(2) 设计工作中阶段性非常强,有利于系统开发的总体管理和控制。

(3) 在系统分析时可以诊断出原系统中存在的问题和结构上的缺陷。

尽管结构化程序设计有以上优点,但也会带来以下不足:

(1) 用户要求难以在系统分析阶段准确定义,致使系统在交付使用时产生许多问题。

(2) 以系统开发每个阶段的成果来进行控制,不能适应事物变化的要求。

(3) 系统的开发周期长。

1.1.4 面向对象程序设计

面向对象程序设计(Object Oriented Programming,OOP)是一种计算机编程架构,也是一种程序开发的方法。OOP 的一条基本原则是计算机程序是由单个能够起到子程序作用的单元或对象组合而成。

OOP 达到了软件工程的三个主要目标:重用性、灵活性和扩展性。为了实现整体运算,每个对象都能够接收信息、处理数据和向其他对象发送信息。

传统的编程方法采用的是面向过程、按顺序进行的机制,程序员要根据程序应实现的功能,认真分析,精心设计算法,写出一个完整的程序(包括一个主程序和若干个子程序)。在程序设计阶段,程序员始终要关心什么时候发生什么事情,什么时候屏幕上应出现什么。因此对程序设计人员要求较高。

面向对象的程序设计思想就是将“对象”作为基本的逻辑单元与现实世界中的客体直接对应，用“类”描述具有相同属性特征的一组对象，用“继承”实现类之间的数据和方法的共享，对象之间以“消息”传递的方法进行通信。

1. 对象

对象是用来描述现实世界中具体客体的部件，是面向对象软件系统在运行时刻的基本单位。从最简单的整数到复杂的飞机等均可看作对象，它不仅能表示具体的事物，还能表示抽象的规则、计划或事件。在程序设计中，对象是现实世界中的客体在应用程序中的具体体现，其中封装了客体的属性信息和行为方式，并用数据表示属性，用方法表示行为方式。所以，对象中的数据记录了客体的属性状态，方法决定了客体所能够实施的操作行为和与其他对象进行通信的接口方式。为了区分属于同一个类的不同对象，每个对象都有一个唯一的标识。

对象应该具有下面 5 个基本特性：

- 自治性：指对象具有一定的独立操作能力。
- 封闭性：指对象具有信息隐蔽的能力。
- 通信性：指对象具有与其他对象通信的能力。
- 被动性：指对象的状态转换需要由外界刺激引发。
- 暂存性：指对象的动态创建与消亡。

2. 类

类是一种具有相同属性特征的对象的抽象描述，是面向对象程序设计的一个核心概念。具体地，类是面向对象程序的唯一构造单位；是抽象数据类型的具体实现；是对象的生成模板。

类是对象抽象的结构，有了类，对象就是类的具体化，是类的实例。类可以有子类，同样也可以有父类，从而构成类的层次结构。

类之间存在以下 3 种关系：

关联：指两个或多个类之间的一种特定关系，它描述了各个类对象之间相互依赖的关系。

聚合：指将多个类聚集在一起。

泛化：指两个类之间的“一般—特殊”关系。

设计类时，不但要考虑其中的数据和方法，还要明确类之间的各种关系。

3. 消息

消息是一个对象要求另一个对象实施某项操作的请求。一条消息中需要包含消息的接收者和要求接收者执行哪项操作的请求，但并不说明应该怎么做。具体的操作过程由接收者自行决定，这样可以很好地保证系统的模块性。

消息传递是对象之间相互联系的唯一途径。发送者发送消息，接收者通过调用相应的方法响应消息，这个过程被不断重复，使得整个应用程序在用户的有效控制下运行，最终得到相应的结果。因此，可以说消息是驱动面向对象程序运转的源泉。

4. 封装

封装是指将现实世界中某个客体的属性与行为聚集在一个逻辑单元内部的机制。利用这种机制可以将属性信息隐藏起来，外界只能通过提供的特征行为接口改变或获取其属性状态。

在面向对象的程序设计中，封装是指将对象的属性和行为分别用数据结构和方法描述，并将它们绑定在一起形成一个可供访问的基本逻辑单元。用户对数据结构的访问只能通过提供的方法实施。对属性的操作行为主要是获取属性当前值和设置一个值给某个属性。将描述属性的数据结构和为了对属性实施各种操作而设计的方法封装在一个对象中，并将其中的数据结构隐藏起来，不允许外界直接访问，而将其中的方法作为外界访问该对象属性的用户接口对外开放，其他对象只能通过这些方法对该对象实施各项操作。所以，封装是实现数据隐藏的有效手段，是一种很好的管理数据与操作行为的机制，它可以保证数据结构的安全性，提高应用系统的可维护性和可移植性。

5. 继承

继承是类之间的一种常见关系。这种关系为共享数据和操作提供了一种良好的机制。通过继承，一个类的定义可以基于另一个已经存在的类，分别将它们称为“子类”和“父类”。“父类”又称为“基类”。子类可以继承父类的全部内容，并在此基础上，对父类表述的内容加以扩展或覆盖。

继承是面向对象程序设计方法的一个重要标志，利用继承机制可以大大提高程序的可重用性和可扩展性。

6. 多态

当对象收到消息时要予以响应，不同的类对象收到同一消息可以产生完全不同的响应效果，这种现象就叫作多态。利用多态机制，用户可以发送一个通用消息，而实现的细节由接收对象自行决定，这样，同一个消息可能会导致调用不同的方法。

在面向对象程序设计中，多态性依托于继承性。利用类的继承机制可以形成一个类的层次结构，把具有通用功能的消息放在较高层次，而具体的实现放在较低层次，在这些较低层次上生成的对象能够对通用消息作出不同的响应。

多态是面向对象程序设计的主要精髓之一，它可以增加应用程序的可扩展性、自然性和可维护性。

1.2 中文版 Visual Basic 概述

1.2.1 Visual Basic 简介

Visual Basic(简称 VB)是 Microsoft 公司开发的一种通用的基于对象的程序设计语言，为结构化的、模块化的、面向对象的、包含协助开发环境的事件驱动为机制的可视化程序设计语言。VB 是当今世界上使用较广泛的编程语言之一，它也被公认为是编程效率最高的一种编程工具。无论是开发功能强大、性能可靠的商务软件，还是编写能处理实际问题的实用小程序，VB 都是最快速、最简便的开发工具。

何谓 Visual Basic? Visual 是指采用可视化的开发图形用户界面(GUI)的方法，一般不需要编写大量代码去描述界面元素的外观和位置，而只要把需要的控件拖放到屏幕上的相应位置即可；Basic 是指 Basic 语言，因为 VB 是在原有的 Basic 语言的基础上发展起来的，至今包含了数百条语句、函数及关键词，其中很多和 Windows GUI 有直接关系。专业人员可以用 Visual Basic 实现其他任何 Windows 编程语言的功能，而初学者只要掌握几个关键词就可以建立实用的应用程序。

VB 提供了学习版、专业版和企业版，用以满足不同的开发需要。学习版使编程人员很容易开发 Windows 的应用程序；专业版为专业编程人员提供了功能完备的开发工具；企业版允许专业人员以小组的形式来创建强健的分布式应用程序。

1991 年，微软公司推出了 Visual Basic 1.0。当时引起了很大的轰动。这个连接编程语言和用户界面的进步被称为 Tripod(有些时候叫作 Ruby)。最初的设计是由阿兰·库珀(Alan Cooper)完成的。许多专家把 VB 的出现当作软件开发史上的一个具有划时代意义的事件。在当时，它是第一个“可视”的编程软件。这使得程序员欣喜万分，都尝试在 VB 的平台上进行软件创作。微软也不失时机地在四年内接连推出 2.0、3.0、4.0 三个版本。并且从 VB 3.0 开始，微软将 Access 的数据库驱动集成到了 VB 中，这使得 VB 的数据库编程能力大大提高。从 VB 4.0 开始，VB 也引入了面向对象的程序设计思想。VB 功能强大，易于学习，而且，VB 还引入了“控件”的概念，使得大量已经编好的 VB 程序都可以被我们直接拿来使用。

自 2002 年开始，微软将.NET Framework 与 Visual Basic 结合而成为 Visual Basic .NET(VB.NET)，重新打造 VB，新增了许多特性及语法，又将 VB 推向一个新的高度。最新版本 Visual Basic 2017 也带来许多令人期待的新功能。

Visual Basic 发展简史如表 1-1 所示。

表 1-1 Visual Basic 发展简史

发布日期	名　　称	说　　明
.NET Framework 引入之前		
1991-04	Visual Basic 1.0 Windows 版本	
1992-09	Visual Basic 1.0 DOS 版本	
1992-11	Visual Basic 2.0	对于上一个版本的界面和速度都有所改善
1993-06	Visual Basic 3.0	包含一个数据引擎，可以直接读取 Access 数据库
1995-08	Visual Basic 4.0	发布了 32 位和 16 位的版本。其中包含了对类的支持
1997-02	Visual Basic 5.0	包含了对用户自建控件的支持，且从这个版本开始 VB 可以支持中文
1998-10	Visual Basic 6.0	
.NET Framework 引入之后		
2002-02	Visual Basic .NET 2002 (7.0)	由于其新的核心和特性，很多 VB 的程序员都要改写程序
2003-04	Visual Basic .NET 2003 (7.1)	主要改进了运行状况，提升了 IDE 以及运行时稳定性
2005-11	Visual Basic 2005 (8.0)	是 VB.NET 的重大转变，微软决意在其名称中去掉“.NET”部分。VB2005 提供 My 伪命名空间、泛型、操作符重载等新语言特性
2007-11	Visual Basic 2008 (9.0)	提供支持 IIF 函数、匿名类、LINQ、Lambda 表达式、XML 数据结构等新语言特性

续表

发布日期	名　　称	说　　明
.NET Framework 引入之后		
2008-03		微软宣布结束对于 VB 6.0 的延长支持
2010-04	Visual Studio 2010 (10.0)	提供支持 Dynamic Language Runtime (DLR)、自动实现属性、集合初始化、不需要在代码断行书写时输入下画线"_"等新语言特性
2012-05	Visual Studio 2012 (11.0) RC	提供支持更简易的异步编程(Asynchronous Programming)、Iterator、扩充 Global 关键词等新语言特性
2013-11-13	Visual Studio 2013	
2014-11-13	Visual Studio 2015	Windows、iOS 以及 Android 应用开发
2017-03-07	Visual Studio 2017	Windows、iOS 以及 Android 应用开发

1.2.2　VB 的特点

VB 的中心思想就是要便于程序员使用,无论是新手或者专家。VB 使用了可以简单建立应用程序的 GUI 系统,但是也可以开发相当复杂的程序。VB 的程序是一种基于窗体的可视化组件的联合,并且用增加代码来指定组件的属性和方法。因为默认的属性和方法已经有一部分定义在了组件内,所以程序员不用写多少代码就可以完成一个简单的程序。

窗体控件的增加和改变可以用拖放技术实现。工具箱里显示的是可用控件(例如文本框或者按钮)。每个控件都有自己的属性和事件。控件创建的时候属性会被赋予默认的值,程序员也可以修改属性值。大多数的属性值可以在程序运行的时候随着用户的动作和修改进行改动,这样就形成了一个动态的程序。例如,窗体的大小改变事件中加入了可以改变控件位置的代码,在程序运行的时候每当用户更改窗口大小,控件也会随之改变位置。在文本框中的文字改变事件中加入相应的代码,程序就能够在文字输入的时候自动翻译或者阻止某些字符的输入。总结起来,VB 具有以下特点。

1. 面向对象的思想

VB 采用了面向对象的设计思想,把复杂化为简单,最终实现某个算法功能。对象是指可操作实体,如窗体、窗体中的命令按钮、标签、文本框等,界面编程指根据界面设计要求在界面上设计出窗口、菜单、按钮等类型对象,并为每个对象设置属性。

2. 事件驱动机制

在 Windows 环境下驱动事件,运行对象能响应多个不同的事件,每个事件由代码组成,代码决定了对象的算法功能。当触发事件(例如单击命令按钮)就会运行事件代码,实现相应的算法功能;不触发事件则就处于零状态,不能执行代码功能。整个应用程序是由彼此独立的事件过程构成的。

3. 集成式开发环境

VB 为编程提供了多个集成开发环境,在这个环境中可设计界面、编写代码、调试程序、最终把应用编译成可在 Windows 中运行的可执行文件。VB 还提供了生成应用程序安装包的集成开发环境,为编程者发布应用程序提供了很大方便。

4. 结构化程序设计语言

VB具有丰富的数据类型,Basic语言是符合结构化设计思想的语言,而且简单易学。

5. 强大数据库访问功能

VB利用数据Control控件可以访问关系数据库,VB 6.0提供ADOControl(数据库控制)控件,不但可以用最少代码实现数据库操作和控制,也可以取代DataControl(数据控制)控件和RDOControl(远程数据对象控制)控件。

6. 支持对象链接和嵌入技术

VB支持对象链接和嵌入(OLE)技术,利用OLE技术能够开发集声音、图像、动画、字处理、Web等对象于一体的功能强大的软件。

7. 多种向导

VB提供了多种向导,如应用向导、安装向导、数据对象向导和数据窗体向导。

8. 支持动态交换、动态链接技术

通过动态数据交换(DDE)编程技术,VB开发应用能和其他Windows应用建立数据通信,通过动态链接库技术在VB中可方便地调用C语言或汇编语言编写的程序。

9. 联机帮助

在VB中利用帮助菜单或F1功能键用户可随时方便地得到所需要的帮助信息。VB帮助窗口中显示了有关例子,通过复制、粘贴操作可获取大量例子代码为用户学习和使用提供方便。

1.3 VB 6.0的安装、运行环境、启动与退出

本节介绍VB的安装、运行环境、启动与退出方法。

1.3.1 安装VB 6.0

安装VB 6.0的步骤如下。

1. 安装VB 6.0主程序

(1) 把下载的压缩包解压出来。

(2) 在解压出来的文件夹中双击SETUP.EXE文件执行安装程序。出现VB的安装向导。

(3) 直接单击“下一步”,选中“接受协议”,再单击“下一步”。

(4) 输入产品的ID号,姓名和公司名称任意填,再单击“下一步”。

(5) 选中“安装Visual Basic 6.0中文企业版”,再单击“下一步”。

(6) 一般情况下直接单击“下一步”(公用文件的文件夹可以不需要改变),稍等,然后直接单击“继续”,单击“确定”,再单击“是”。

(7) 选择“典型安装”或“自定义安装”,初学者可以选前者。在弹出的对话框中直接单击“是”。

(8) 在弹出的对话框中,单击“重新启动Windows”。

继续下一步安装。

2. 安装 MSDN(帮助文件)

MSDN 安装包并不包含在 VB 企业版中,需要另外下载。

(1) 重装启动计算机后,在出现的 VB 安装界面中可以直接安装帮助文件,选中"安装 MSDN"项,再单击"下一步"。

(2) 在弹出的对话框中单击"浏览",找到"MSDN for VB 6.0"文件夹。

(3) 单击"继续"按钮,再单击"确定",选中"接受协议"。

(4) 单击"自定义安装",在"VB6.0 帮助文件"前打钩,再单击"继续"。

(5) 完成 MSDN 的安装,单击"确定"。

(6) 直接单击"下一步",清除"现在注册"项,再单击"完成",即完成了 VB 的安装。

3. 安装补丁程序

安装 VB 补丁程序非常重要,它可以避免许多错误,并可以直接使用 Access 2000,否则要转换到低版本的 Access 数据库。

(1) 运行下载下来的 VB60SP6-KB957924-v2-x86-CHS.msi 文件。如果运行有问题,需要安装 Windows Installer。

(2) 在弹出的对话框中单击"继续",再单击"接受"许可协议。

(3) 单击"确定",完成 VB 补丁程序的安装。

4. 添加或删除 VB 6.0 组件

在 VB 6.0 安装完成后,可能还会遇到需添加未安装组件或删除不再需要组件的情况,此时应做添加或删除操作。

(1) 再次运行 VB 6.0 安装程序。

(2) 选择"工作站工具和组件"选项后,打开"添加/删除"对话框。

(3) 根据需要单击对话框中的"添加/删除""重新安装"或"全部删除"按钮。

(4) 单击"确定"按钮完成添加/删除工作。

1.3.2 VB 6.0 的启动

VB 安装成功后,和其他 Windows 应用程序一样会在 Windows 程序组中创建快捷菜单。启动 VB 和其他 Windows 应用程序一样有以下 3 种方法。

1. 从"开始"菜单启动

单击"开始"按钮,依次选择|程序|Microsoft Visual Basic 6.0|Microsoft Visual Basic 6.0 启动 VB 菜单和命令,即可启动 VB。

2. 双击桌面上的快捷方式启动

双击桌面上的 VB 6.0 快捷方式图标,即可启动 VB。

3. 通过已建立好的 VB 工程文件启动

双击任意一个已经建立好的 VB 工程文件(.vbp),即可启动 VB 并打开该工程。

1.3.3 VB 6.0 的退出

和其他常用应用软件一样,VB 的退出有两种方法:

(1) 单击 VB 窗口标题栏右上角的关闭按钮。

(2) 通过 VB"菜单栏"中的"文件"|"退出"命令。

如果当前工程尚未保存，则弹出如图 1-10 所示对话框。

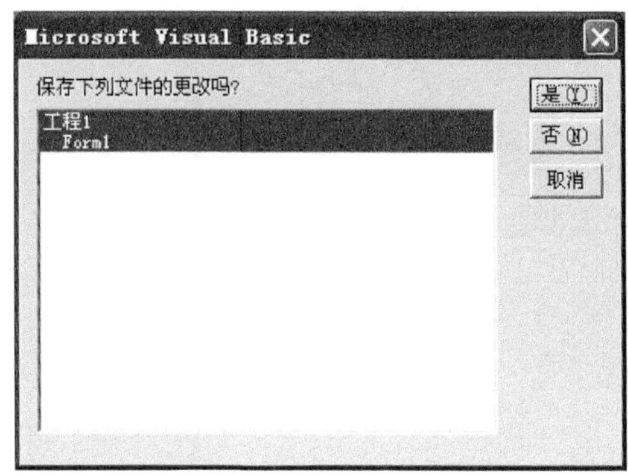

图 1-10 VB6.0 保存对话框

1.4 VB 6.0 集成开发环境

VB 为使用者提供了一个功能强大而又易于操作的集成开发环境，用 VB 开发应用程序的大部分工作都可以通过该集成开发环境来完成。在 Windows 下，启动 VB 后出现在屏幕上的界面就是 VB 的集成开发环境(IDE)，如图 1-11 所示。VB 的集成开发环境也称为 VB 的主窗口，由“标题栏”“菜单栏”“工具栏”“控件工具箱”“窗体设计器”“属性设置窗口”“工程资源管理器”和“窗体布局窗口”等组成。VB 集成开发环境中还有几个在必要时才会显示出来的子窗口，即“代码编辑器”和用于程序调试的“立即”“本地”和“监视”窗口等。

1. 标题栏

标题栏位于主窗口的顶部，如图 1-11 所示。标题栏除了可显示正在开发或调试的工程名外，还用于显示系统的工作状态。在 VB 中，用于创建应用程序的过程，称为“设计态”或“设计时”(Design-time)；运行一个应用程序的过程，则称为“运行态”或“运行时”(Run-time)。当一个应用程序在 VB 环境下进行调试(即试运行)，由于某种原因其运行被暂时中止时，称为“中断态”(Break-time)。标题栏最左侧为控制按钮，单击它可调出控制菜单，用来控制主窗口的大小、移动、还原、最大化、最小化及关闭等操作。双击此按钮可以退出 VB 集成开发环境。

2. 菜单栏

菜单栏位于标题栏的下面，如图 1-11 所示。VB 的菜单栏除了提供标准的“文件”“编辑”“视图”“窗口”和“帮助”菜单之外，还提供了编程专用的功能菜单，如“工程”“格式”“调试”“运行”“查询”“图表”及“工具”和“外接程序”等。

3. 工具栏

工具栏一般位于菜单栏的下面，如图 1-11 所示。VB 的工具栏包括有“标准”“编辑”“窗体编辑器”和“调试”四组工具栏。每个工具栏都由若干命令按钮组成，在编程环境下提供对于常用命令的快速访问。在没有进行相应设置的情况下，启动 VB 之后只显示“标准”工具栏。“编辑”“窗体编辑器”和“调试”三个工具栏在需要使用的时候可通过选中“视图”菜单的“工具栏”命令中的相应工具栏名称来显示，也可通过鼠标右击“标准”工具栏的空白部分，从打开的快捷菜单中选中需要的工具栏名称来显示。

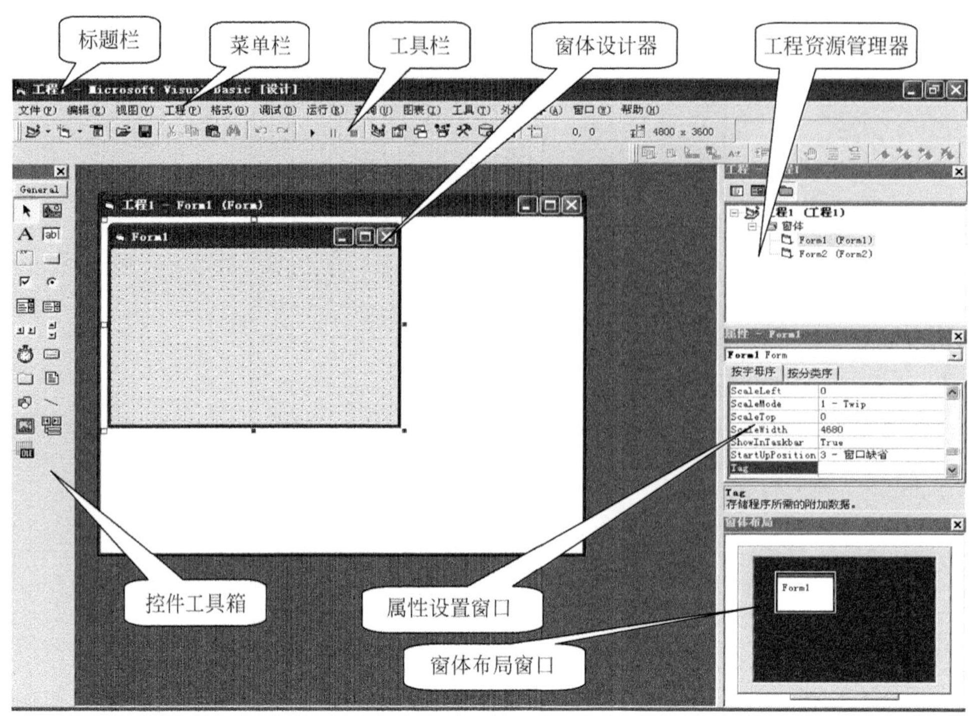

图 1-11　VB 的集成开发环境

4. 控件工具箱

控件工具箱又称工具箱，位于 VB 主窗口的左下方，如图 1-11 所示。它提供的是软件开发人员在设计应用程序界面时的常用工具(控件)。这些控件以图标的形式存放在工具箱中，软件开发人员在设计应用程序时，使用这些控件在窗体上“画”出应用程序的界面。工具箱中常用控件中图标和名称如图 1-12 所示。

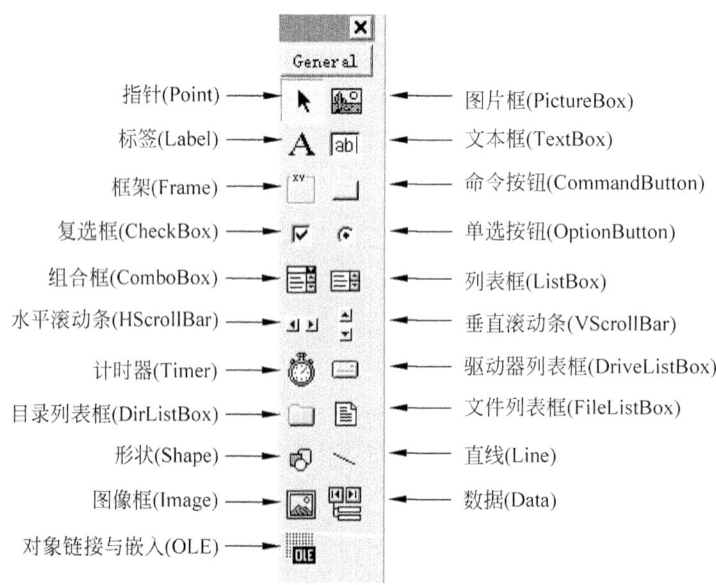

图 1-12　VB 的控件工具箱

工具箱除了最常用的控件以外，根据设计程序界面的需要也可以向工具箱中添加新的控件。添加新控件可以通过选择“工程”菜单中的“部件”命令或通过在工具箱中右击鼠标，在弹出的菜单中选择“部件”命令来完成。

5. 窗体设计器

窗体设计器位于 VB 主窗口的中间，如图 1-11 所示。它是一个用于设计应用程序界面的自定义窗口。应用程序中每一个窗体都有自己的窗体设计器。窗体设计器总是和它中间的窗体一道出现，即在启动 VB 开始创建一个新工程时，窗体设计器和它中间的初始窗体 Form1 一道出现。要在应用程序中添加其他窗体，可单击工具栏上的“添加窗体”按钮或通过“工程”菜单中的“添加窗体”命令实现。

6. 属性设置窗口

属性设置窗口位于窗体设计器的右方，如图 1-11 和图 1-13 所示。它主要用来在设计界面时，为所选中的窗体和窗体上的各个对象设置初始属性值。它由标题栏、“对象”列表框、“属性”列表框及属性说明几部分组成。属性设置窗口的标题栏中标有窗体的名称。用鼠标单击标题栏下的“对象”列表框右侧的按钮，打开其下拉列表框，可从中选取本窗体内的各个对象。对象选定后，下面的属性列表框中就会列出与该对象有关的各个属性及其设定值。

属性窗口设有“按字母序”和“按分类序”两个选项卡，可分别将属性按字母或按分类顺序排列。当选中某一属性时，在下面的属性说明框里就会给出该属性的相关说明。

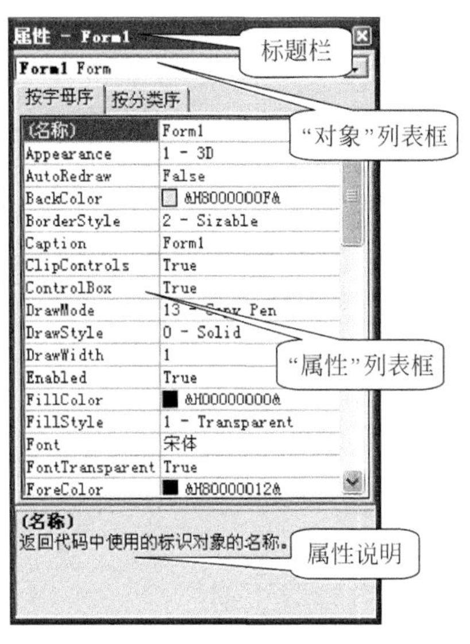

图 1-13　属性设置窗口

7. 代码编辑器

用 VB 开发应用程序，包括两部分工作：一是设计图形用户界面；二是编写程序代码。设计图形用户界面通过窗体设计器来完成；而代码编辑器的作用就是用来编写应用程序代码。设计程序时，当用鼠标双击窗体设计器中的窗体或窗体上的某个对象时，代码编辑器将显示在 VB 集成环境中，如图 1-14 所示。应用程序的每个窗体和标准模块都有一个单独的代码编辑器。代码编辑器中有两个列表框，一个是“对象”列表框，另一个是“事件”列表框。

从列表框中选定要编写代码的对象(若是公共代码段,则选"通用"),再选定相应的事件,就可以非常方便地为对象编写事件过程。

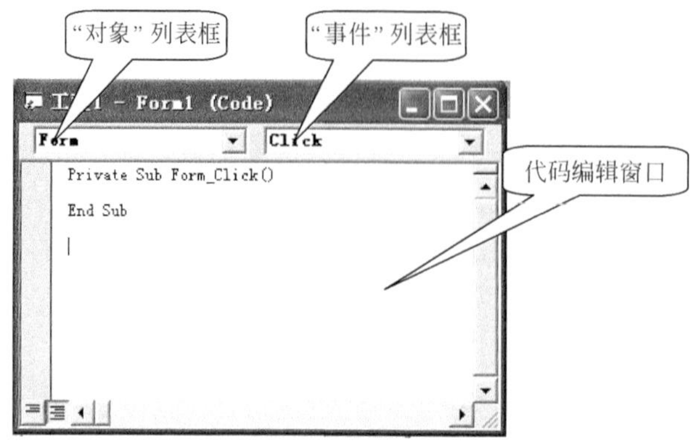

图 1-14 代码编辑器

8. 工程资源管理器

工程资源管理器又称为工程浏览器,位于窗体设计器的右上方,见图 1-11 和图 1-15。它列出了当前应用程序中包含的所有文件清单。一个 VB 应用程序也称为一个工程,由一个工程文件(.vbp)和若干个窗体文件(.frm)、标准模块文件(.bas)与类模块文件(.cis)等其他类型文件组成。工程资源管理器窗口上有一个小工具栏,上面的三个按钮分别用于查看代码、查看对象和切换文件夹。在工程资源管理器窗口中选定对象,单击"查看对象"按钮,即可在窗体设计器中显示所要查看的窗体对象;单击"查看代码"按钮,则会出现该对象的"代码编辑器"窗口。

9. 窗体布局窗口

窗体布局窗口位于窗体设计器的右下方,见图 1-11 和图 1-16。在设计时通过鼠标右击表示屏幕的小图像中的窗体图标,将会弹出一个菜单,选择菜单中的相关命令项,可设置程序运行时窗体在屏幕上的位置。

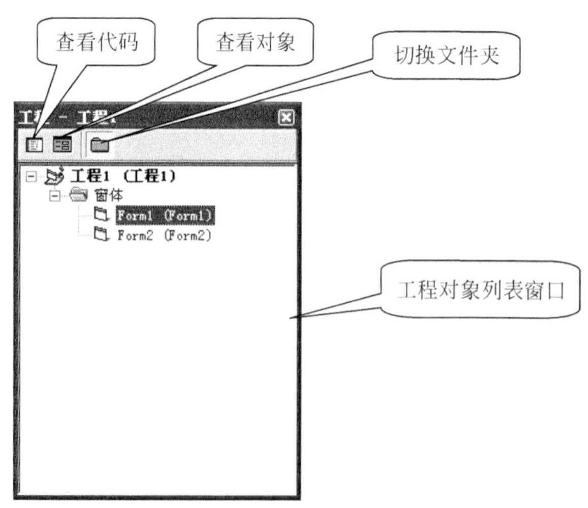

图 1-15 工程资源管理器

图 1-16 窗体布局窗口

1.5 VB中可视化编程的基本概念及方法

1.5.1 VB中面向对象的应用

VB采用的是面向对象(OOP)的事件驱动编程机制,它将数据结构(数据)和行为(程序)封装在一起作为一个对象,编程人员无须编写用于建立和描述每个对象的程序代码,需要做的是直接使用可视化编程工具把一个个对象"画"在界面上,然后为每个对象编写响应用户动作的子程序(事件过程)即可。如移动鼠标、单击按钮等。VB的这种事件驱动编程机制实际上就是"面向对象编程"的简化版。

1. 对象

VB中的对象(Object)则是一个被封装后隐藏了内部不必要的复杂性的代码和数据的集合。如一个控件,一个窗体,一个数据库乃至一个应用程序等,都是一个个的对象。不管是哪种类型的对象,其内部构造多么复杂,可能我们对其一无所知,但总可以找到某些特征(属性)对其加以描述,通过预先设定好的某种渠道(方法)与它交流,同样也能够让它去感知某种外界刺激(事件)并做出反应。例如,对于VB中的一个窗体对象而言,可以通过窗体的高度和宽度属性描述其大小;通过窗体提供的Show方法使之加载并显示;也可以用鼠标单击或双击窗体,让它做出某种反应(如在窗体上显示一行文本)。可以看出,任何一个对象都可以通过其属性、方法和事件三个方面进行描述,所以把属性、方法、事件称为对象的三要素。

2. 对象的属性

在VB可视化编程中,属性(Property)实际上就是对象所属类的成员变量,它属于对象的数据部分。每一种对象都有一组特定的属性,常见的属性有标题(Caption)、名称(Name)、背景颜色(Backcolor)、字体(Font)、是否有效(Enabled)、是否可见(Visible)等,通过修改对象的属性值能够控制对象的外观和操作。对象属性的设置一般有两条途径。

(1) 在属性窗口中设置。这种属性设置是在程序设计阶段完成的。VB对新创建的每个对象(窗体、控件等)都会赋予一个默认的属性值,多数属性用户无须更改,如果需要修改,首先选中对象,然后在属性窗口中找到相应属性直接设置。这种方法的特点是简单明了,并且每选择一个属性,在属性窗口的下部就会显示出该属性的一个简短提示。缺点是不能设置所有所需的属性。

(2) 在代码窗口中通过编程设置。这种属性设置不会在程序设计阶段得以反映,是在程序运行阶段完成的。方法是:双击对象,打开代码窗口,使用VB提供的赋值语句将一个属性值赋给一个属性名,其格式为:

```
对象名.属性名 = 属性值
```

例如,设置标签控件Label1的标题属性为"VB应用程序设计"。

```
Label1.Caption = "VB应用程序设计"
```

这种方法的特点是可以对所有属性进行设置,且比较灵活;缺点是不直观,只有在程序运行时才会反映出来。

3. 对象的方法

VB 中的方法(Method)都使用有一定含义的动词来表示。常用的方法有打印(Print)、显示窗体(Show)、隐藏窗体(Hide)、清除(Clear)、移动(Move)等。

方法只能在代码中使用,其用法依赖于方法所需的参数个数以及是否具有返回值。当方法不需要参数并且也没有返回值时,可用下面的格式调用对象的方法。

对象名.方法名

例如窗体具有 Show 方法,如果要将窗体 Form1 加载显示出来,在事件过程代码中可写为:

```
Form1.Show
```

4. 对象的事件

VB 中的事件(Event)是预先定义好的,是对象固有的,用户不能建立新的事件。不同的对象能够识别的事件也不尽相同。例如,窗体可以识别单击事件(Click)、双击事件(DblClick)、鼠标移动事件(MouseMove)、装载事件(Load),而标签控件则不能识别装载事件(Load)。

对象的某个事件可以由用户的某种行为(单击)来触发,也可以由系统(Timer 事件)触发,还可以由其他事件代码(窗体的 Show 方法就会触发窗体的 Load 事件)触发。当一个事件发生时,对象就会对该事件作出响应(Respond),响应某个事件后所执行的程序代码就是事件过程。VB 可视化编程的主要任务就是编写一个个的事件过程代码。需要注意的是:一个事件的发生可能会同时伴随其他事件的发生。例如,单击事件的发生同时也会引发鼠标按下(MouseDown)和鼠标松开(MouseUp)两个事件。程序员只编写必须响应的事件过程,而其他无须响应的事件不必编写。

1.5.2 VB 中事件驱动编程

Windows 应用程序没有传统意义上的主程序,程序的执行是由"事件"来驱动一个个子程序(VB 中把"子程序"称为"过程")来运行的,这就是所谓的"事件驱动"程序机制。VB 中每一个对象都有一个预定义的事件集。如果其中有一个事件发生,而且在关联的事件过程中存在代码,则 VB 调用该代码,并完成一个特定的功能。尽管 VB 中的对象可以自动识别发生在该对象上的事件,但要判断它们是否响应该事件以及如何响应该事件则是编程的责任了。

事件过程与每个事件对应。如果想让对象响应事件,就把代码写入这个事件的事件过程之中。因此,事件驱动编程就是指为 Windows 应用程序中的每一个对象(窗体、控件)所必须响应的事件编写程序代码(事件过程)的过程。

例如,图 1-17 所示是一个实现简单四则运算的 VB 小程序。屏幕上画有 3 个标签控件(用于文本提示)、3 个文本框控件(用于接收输入数据和输出结果)和 4 个命令按钮(用于实现加、减、乘、除 4 种不同的运算)。当用户通过键盘输入两个数后,接下来会发生什么呢?用户可能会按下 4 个命令按钮中的任意一个,每按下一次,对该按钮来说就产生一次"鼠标单击事件"。程序员为每一个命令按钮都写有相应的"单击事件过程",单击不同的按钮,就执行不同的事件过程,进而完成不同的功能。

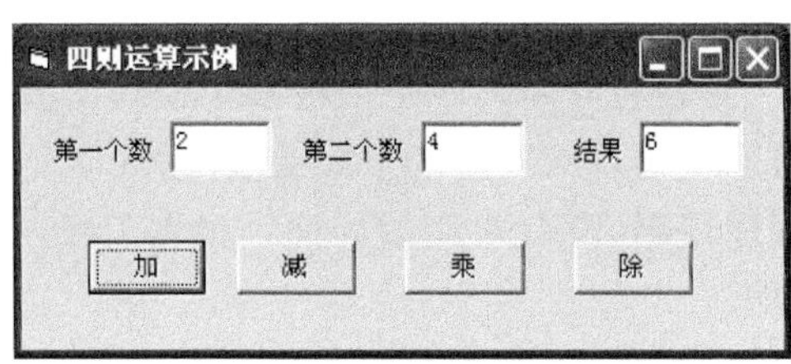

图 1-17　VB 四则运算示例

一般来说，每个事件过程要实现的功能是单一的(如“乘”“加”等操作)，而且过程的规模一般不会太大。也就是说，把原来一个由统一控制、包罗万象的大程序分解为许多个独立的、小规模的子程序，分别由各种“事件”来驱动执行，就在某种程度上降低了程序设计人员的编程难度。

1.6　创建应用程序的过程

从前面介绍 VB 的特点和实例可以看出，VB 具有所见即所得的友好界面设计，但程序设计除了界面设计外，很重要的一部分是程序设计，即算法的实现。所以创建一个 VB 应用程序要完成 Visual 可视化界面设计和 Basic 程序设计两部分工作。

1.6.1　VB 工程管理

在 VB 开发环境中，创建一个应用程序，被称为建立一个工程。一个 VB 工程是由若干个不同类型的文件组成的，工程就是这些文件的集合。一个 VB 工程通常包含一个工程文件(.vbp)和若干个窗体文件(.frm)，有时根据需要也会包含其他类型的文件，如标准模块文件(.bas)、类模块文件(.cls)、资源文件(.res)、自定义控件文件(.ocx)与用户文档(.dob 或.dox)等。为方便使用和管理，保存工程时，建议将工程中的相关文件都保存在一个独立的文件夹中。

1. 工程文件

在创建一个 VB 工程时，系统会建立一个扩展名为“.vbp”的工程文件。工程文件的作用是记录在创建该工程时所建立的所有文件的相关信息。需要注意的是：工程文件虽然包含了其他文件建立时的相关信息，但并不包含其他文件的详细内容，因此它并不代表工程的全部。由于工程文件记录了工程中所有文件的相关信息，因此对于一个已建立的工程，当打开工程中的工程文件时将同时打开工程中所有其他文件。对于一个新建立的工程，初次保存工程时，系统会逐个提示保存所有文件，而对于一个已建立的工程，如再次打开进行修改，只要执行保存工程命令，即可对所有文件的修改进行保存，而不必逐个保存。

2. 窗体文件

窗体文件也称为窗体模块文件。由于窗体是创建 VB 应用程序界面时必不可少的对象，因此窗体和窗体文件是 VB 中最重要的对象和文件，一个 VB 工程必须至少包含一个窗体，最多可包含 255 个窗体，每个窗体都有一个对应的窗体文件(.frm)。窗体文件不仅包含有用于处理发生在窗体中的各个对象的事件过程，而且包含有窗体及窗体中各对象的属性设置以及相关说明。对于窗体文件可以概括为：窗体文件＝窗体界面＋窗体程序代码。

3. 其他文件

标准模块文件的作用主要是将应用程序中可被多个模块所共用的程序代码段(通用过程)组织在一起。对于可被多个模块所共用的全局变量,通常也定义在标准模块中。和窗体模块不同,标准模块只有程序代码,没有对应的界面。根据需要,一个 VB 工程可以包含多个标准模块文件,也可以没有。

类模块文件主要用来创建新的类,并对类的属性和方法进行规定。和标准模块文件类似,在一个 VB 工程中,类模块文件也是可选的。

1.6.2 程序设计步骤

在使用 VB 实际创建一个应用程序之前,应先做好系统需求和功能分析,确定数据来源、数据处理方法等。在此基础上,就可以启动 VB 系统,进入程序的实际创建过程。启动 VB 后,系统总是将新建工程命名为"工程 1"(Project 1)。

以下是用 VB 系统创建应用程序的一般步骤。

1. 创建程序界面

程序界面是程序与用户进行交互的桥梁,通常由窗口、窗口中的各种按钮、文本框、菜单栏和工具栏等组成。创建程序界面,实际上就是根据程序的功能要求及程序与用户间相互传送信息的形式和内容以及程序的工作方式等,确定窗口的大小和位置,窗口中要包含哪些对象,然后再使用窗体设计器来绘制和放置所需的控件对象。

2. 设置对象的属性

在创建程序界面的过程中,应根据需要同时为窗体及窗体上的对象设置相应的属性。属性的设置既可在设计时通过属性窗口设置,也可通过程序代码,在程序运行时进行改变。

3. 编写程序代码

界面仅仅决定程序的外观。程序通过界面上的对象接收到必要的信息后如何动作,要做些什么样的操作,对用户通过界面输入的信息做出何种响应、进行哪些信息处理,还需要通过编写相应的程序代码来实现。编写程序代码通过代码编辑器进行。

4. 保存工程

一个 VB 工程(程序)创建完成以后,可使用"文件"菜单中的"保存工程"命令或工具栏上的"保存工程"按钮进行保存。初次保存时,应根据系统提示依次对所有文件进行保存。一个工程中的所有文件最好都保存在同一个独立的文件夹中,这样有利于管理和使用。

5. 测试和调试应用程序

测试和调试程序是保证所开发的程序能实现预定的功能,并使其工作正确、可靠的必要步骤。

6. 创建可执行程序

创建可执行程序就是将该工程编译成可执行程序(. exe 文件),使其可以脱离 VB 环境,直接在 Windows 环境下独立运行。

1.6.3 创建程序示例

创建一个 VB 应用程序,要求运行程序时,在窗体空白处双击鼠标,窗体上显示"VB 欢迎您",用鼠标单击窗体上的"显示"按钮,窗体上显示"欢迎学习 VB 程序设计",如图 1-18

所示，用鼠标单击窗体上的“退出”按钮，程序终止运行。

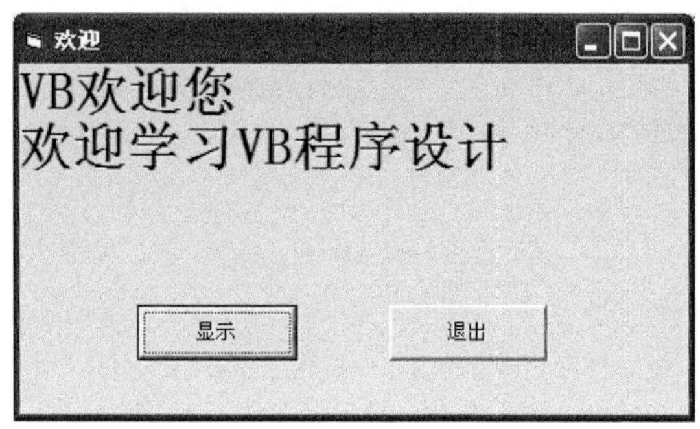

图 1-18　程序运行时用鼠标单击“显示”命令按钮后的运行效果

实现过程如下。

1. 新建工程

启动 VB 6.0，在“新建工程”对话框中的“新建”选项卡中选择“标准 EXE”项，单击“打开”后进入编辑窗口。

2. 添加控件

根据需要在窗体设计器上设计好应用程序界面，在窗体上添加两个按钮控件，如图 1-19 所示。

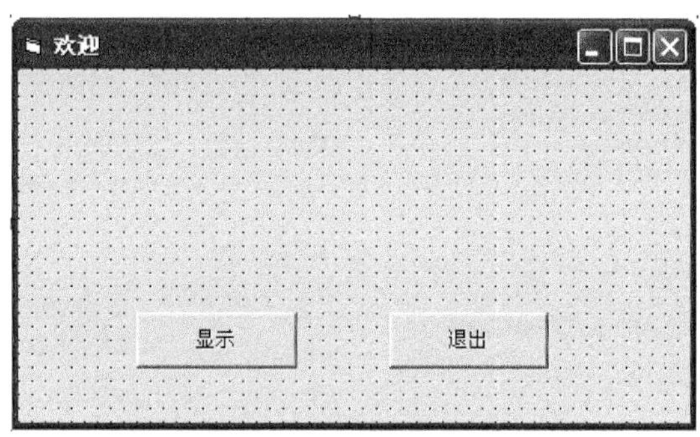

图 1-19　在窗体上添加控件

3. 设置属性

利用属性窗口按表 1-2 所示设置好各控件的属性。

表 1-2　对象属性设置

对　　象	属　　性	设　　置
Form1	Name	Form1
	Caption	欢迎
Command1	Name	Command1
	Caption	显示
Command2	Name	Command2
	Caption	退出

4. 编写事件过程代码

在代码窗口中给相应对象添加事件过程，即编写程序代码。该程序的代码如下：

```
Private Sub Command1_Click()          '"显示"按钮的单击事件
  Print "欢迎学习 VB 程序设计"
End Sub

Private Sub Form_DblClick()           '窗体的双击事件
  Print "VB 欢迎您"
End Sub

Private Sub Command2_Click()          '"退出"按钮的单击事件
  End
End Sub
```

5. 运行应用程序

按 F5 键或工具栏上的“启动”按钮或选择“运行”|“启动”命令进行程序的调试运行。运行效果如图 1-18 所示。

6. 保存应用程序

当程序调试成功后，保存工程。通过“文件”|“保存工程”命令，先保存窗体（窗体文件的扩展名为.frm），如图 1-20 所示；然后保存工程（工程文件的扩展名为.vbp），如图 1-21 所示。

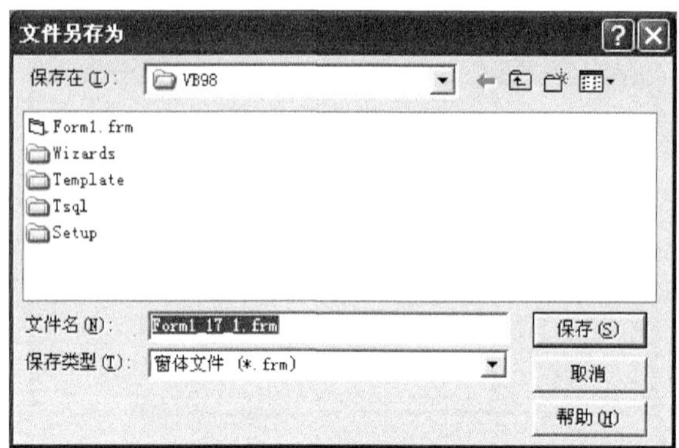

图 1-20　窗体另存对话框

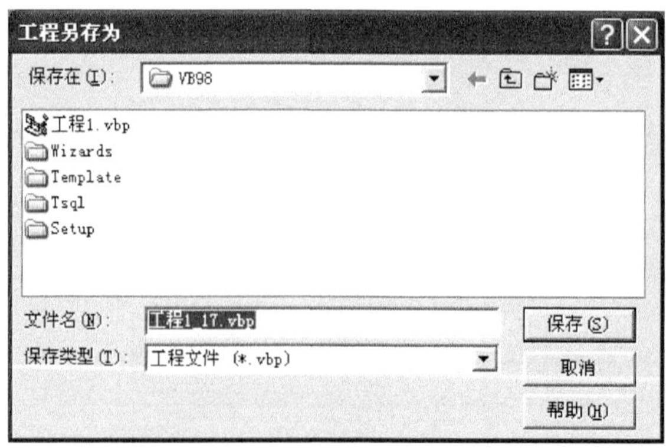

图 1-21　工程另存对话框

7. 生成 EXE 文件

程序设计完成,且测试成功,还可以将它编译成可直接执行的 EXE 文件。这种类型的文件可以脱离 VB 环境独立运行。

具体操作为:选择"文件"菜单下的"生成.EXE"命令,出现"生成工程"对话框,如图 1-22 所示,选择保存文件夹,输入文件名,单击"确定"按钮,即可完成 EXE 文件的生成。

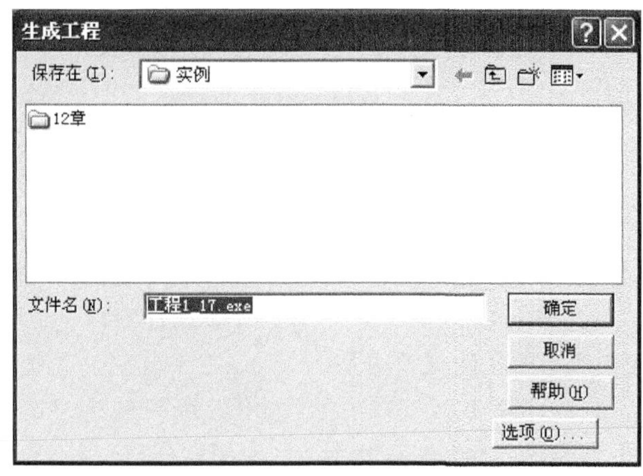

图 1-22 "生成工程"对话框

习 题 1

一、选择题

1. 下列语言执行速度最快的是(　　)。

   A. 机器语言　　B. 汇编语言

   C. 高级语言　　D. 面向对象语言

2. 下列关于结构化程序设计的说法中,正确的是(　　)。

   A. 结构化程序设计是指选择、条件结构的设计思想

   B. 结构化程序设计是指顺序、条件、循环结构的设计思想

   C. 结构化程序设计与数据无任何关系

   D. 结构化程序设计主要体现结构,与算法无关

3. 下列说法中正确的是(　　)。

   A. OOP 只是体现在算法上,无结构上的差异

   B. OOP 思想主要是体现在对象上,与类无关

   C. 只有先有了类(Class)才会有对象的产生

   D. 由于有了对象的特征的存在,所以才有了类的抽象

4. 下列关于类与对象的关系说法中,正确的是(　　)。

   A. 只有类的存在,才会有对象　　B. 只要对象存在,类一定存在

   C. 因为有了类,才有可能存在对象　　D. 没有类就有对象

5. 下列说法中正确的是(　　)。
   A. Visual Basic 是 OOP 类语言
   B. Visual Basic 不是 OOP 类语言
   C. Visual Basic 不是 OOP 类语言，而 Visual C++是 OOP 类语言
   D. Visual Basic 是准 OOP 类语言

6. 一个可执行的 VB 应用程序至少要包括一个(　　)。
   A. 标准模块　　B. 类模块
   C. 窗体模块　　D. 辅助模块

7. VB 中最基本的对象是(　　)，它是应用程序的基石。
   A. 标签　　B. 窗体
   C. 文本框　　D. 命令按钮

8. 在设计阶段，当双击窗体上的某个控件时，所打开的窗口是(　　)。
   A. 工程资源管理器窗口　　B. 工具箱窗口
   C. 代码窗口　　D. 属性窗口

9. 以下不属于 VB 系统的文件类型的是(　　)。
   A. frm　　B. bat　　C. bas　　D. vbp

10. 下列说法中正确的是：为了保存一个 VB 应用程序，应当(　　)。
   A. 只保存窗体模块文件(.frm)
   B. 只保存工程文件(.vbp)
   C. 分别保存工程文件和标准模块文件(.bas)
   D. 分别保存工程文件、窗体文件和标准模块文件

二、填空题

1. 最早出现的计算机的语言是________，它的执行速度也最快。

2. 结构化的程序设计思想主要是体现在程序设计________上；而面向对象的程序设计思想主要是体现在________上。

3. 结构化程序设计中的三种基本结构是________、________、________。

4. VB 由于具有结构化的特征，既________，又具有面向对象程序设计的思想，所以 VB 是________面向对象类语言。

5. 用于管理 VB 模块或文件类的窗口是________，用于临时输出程序或调试程序的窗口是________，描述对象属性的窗口是________。

6. 工程文件的扩展名是________，窗体文件的扩展名是________。

7. VB 窗体设计器的主要功能是________。

8. VB 是用于开发________环境下应用程序的工具。

9. VB 是一种面向________的程序设计语言。

10. 对象的三要素是________、________、________。

三、简答题

1. 简述什么是结构化程序设计思想、面向对象程序设计思想。

2. 说明类与对象的关系。

3. 简述算法的概念。

4. VB 系统默认保存文件的位置是什么？如何保存到其他位置？

5. 叙述开发一个完整的应用程序的过程。

6. VB 有哪几种版本？各有什么特点？

7. 如何启动和退出 VB 系统？

8. VB 的特点有哪些？

9. VB 程序开发的一般步骤和方法是怎样的？

10. 如何保存 VB 工程，保存时应注意什么问题？

第2章 VB 应用程序与常用控件

VB 是基于对象的程序设计语言，可以在其集成开发环境下使用文本框、标签、命令按钮等常用的控件快速创建各个对象，建立一个应用程序交互界面，及进行可视化程序设计。本章首先介绍建立 VB 应用程序的方法，其次介绍 VB 常用基本控件的使用，如窗体、文本框、标签、命令按钮的属性、事件和方法。

2.1 VB 应用程序

1.6 节介绍了设计 VB 应用程序的一般步骤，本节将介绍 VB 应用程序的组成结构和工作模式，在程序中如何使用对象的属性和方法，以及事件过程的命名等。

2.1.1 VB 应用程序的组成结构和工作模式

程序的组成结构是指构成程序的各种元素的组织形式。

VB 应用程序的基本结构由窗体、模块、类模块、用户控件、属性页、设计器等组成，这些文件的集合就构成一个工程。如图 2-1 所示。

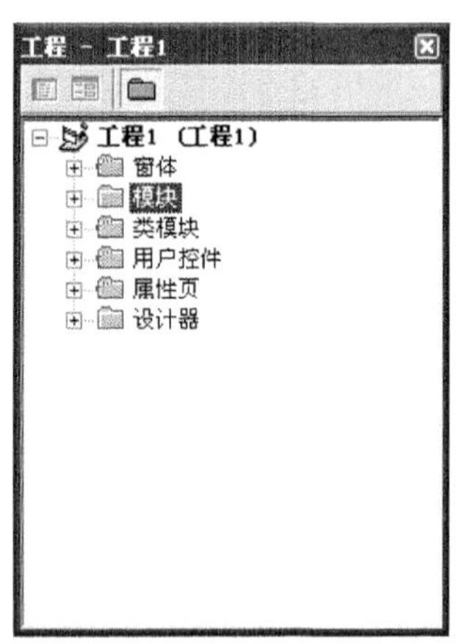

图 2-1 VB 应用程序的组成结构

1. 工程

在 VB 应用程序中，用户交互界面按窗体组织，代码及定义按模块组织。一个应用程序由多个窗体或模块组成，每个窗体或模块用一个磁盘文件存储。VB 把一个应用程序中的所有窗体和模块组织成一个“工程”，把应用程序作为“工程”来进行管理。

VB 工程中除了包括含窗体和模块外，还包括在此工程中用到的诸如用户控件、设计器等其他辅助文件。

一个 VB 应用程序工程的信息被存储在扩展名为“.vbp”的文件中，称为“工程文件”，它是一个文本文件。

2. 窗体

窗体是一个容器对象，在它上面可以创建其他对象，连同它上面的各种对象构成一个用户交互界面，在程序运行时呈现为一个窗口，是可视化程序中必不可少的部分。

存储窗体的文件称为“窗体文件”，文件扩展名是“.frm”，它是一个文本文件。一个窗体中包含用户界面信息和程序代码信息两部分内容。

用户界面信息包括窗体和窗体上对象的属性信息以及这些对象之间的所属关系。

程序代码信息包括窗体自身的各种事件过程、窗体上所有对象的事件过程，还可以包含由本窗体中的事件过程所使用的其他过程。如果需要，也可在窗体模块中加入数据定义的内容。

一个可视化的 VB 应用程序至少包含一个窗体模块。VB 应用程序的执行一般是从主窗体开始的。

3. 模块

模块也称为标准模块，它由数据定义和过程组成，不含任何用户界面信息。数据定义主要是定义本工程中使用的一些常量、变量；过程是定义本工程中使用的一些通用过程和函数。存储标准模块的文件的扩展名是“.bas”，是一个文本文件。一个工程可以根据需要包含 0 个或多个标准模块。

4. 过程

过程包含在窗体或者模块之中。一个过程是一个具有独立功能的程序段，通过过程名作为一个整体被其他程序段(过程)调用执行。

过程是 VB 程序中一段独立的子程序，一般是实现一个独立的、完整的处理功能。VB 中对算法的实现是在过程中完成的。过程中的内容包括语句、过程调用、局部数据定义。编写 VB 应用程序代码就是编写每一个过程中的程序代码。

VB 中的过程包括事件过程和用户自定义过程。用户自定义过程分为子过程和函数过程，子过程和函数过程的定义和使用将在第 8 章讲述。

5. VB 应用程序的工作方式

VB 应用程序采用事件驱动的工作方式。VB 系统为窗体和所有控件事先定义了大量事件以及这些事件的引发条件。在进行应用程序设计时，这些事件会随窗体或对象的创建继承而来。当应用程序运行时，一旦满足引发某个事件的条件，便会调用对应的事件过程。并不是应用程序必须响应每一个事件。如果不在某个事件的事件过程中编写程序代码，则当该事件发生时，也不会有任何操作。设计 VB 应用程序的任务之一就是要确定为哪些事件编写事件过程。

6. VB 的工作模式

VB 的工作模式包括设计模式、运行模式和中断模式三种。

(1) 设计模式。在设计模式下，可以建立应用程序的用户界面，设置控件的属性，编写程序代码等。

(2) 运行模式。在运行模式下，可以测试程序的运行结果，可以与应用程序对话，还可以查看程序代码,但不能修改属性值和程序代码。

(3) 中断模式。在中断模式下,可以利用各种调试手段检查或更改某些变量或表达式的值,或者在断点附近单步执行程序,以便发现错误或改正错误。

2.1.2 事件过程的命名

在 VB 中,事件过程的名称不是由用户自己命名的,而是按照一定的规则由系统构成的。当确定了对象和事件,事件过程的名称也就确定了。

有的事件过程有参数,有的没有。是否有参数,有什么参数都由系统根据对象类型、事件种类来确定。在代码窗口中选定了有参数的事件过程之后,系统会自动把参数添加到过程的首行中。

1. 窗体事件过程的命名

窗体事件过程名的构成是:

```
Form_事件名称
```

例如,窗体的 Click 事件过程(窗体上单击鼠标事件)的过程名是 Form_Click。当在代码窗口的"对象列表框"中选定了 Form,在"过程列表框"中选定了 Click 事件,则在代码编辑区会自动产生事件过程的框架。

```
Private Sub Form_Click()
    …
End Sub
```

注意:窗体的事件过程名由 Form 与事件名组成,而不是由窗体名与事件名组成。

2. 对象事件过程的命名

对象事件过程名的构成是:

```
对象名称_事件名称
```

例如,若对象名称为 Text1,它的 KeyPress 事件过程的过程名是 Text1_KeyPress。当在代码窗口的"对象列表框"中选定 Text1,在"过程列表框"中选定 KeyPress 事件,则在代码编辑区自动产生事件过程的框架:

```
Private Sub Text1_KeyPress(KeyAscii As Integer)
    …
End Sub
```

其中 KeyAscii As Integer 是过程的参数和参数类型,由系统自动添加。

2.2 窗　　体

创建 VB 应用程序的第一步是创建用户界面。用户界面以窗体为基础,各种对象必须建立在窗体上。启动 VB,选择标准 EXE,即可在屏幕上创建一个窗体,窗体名默认为 Form1,如图 2-2 所示。

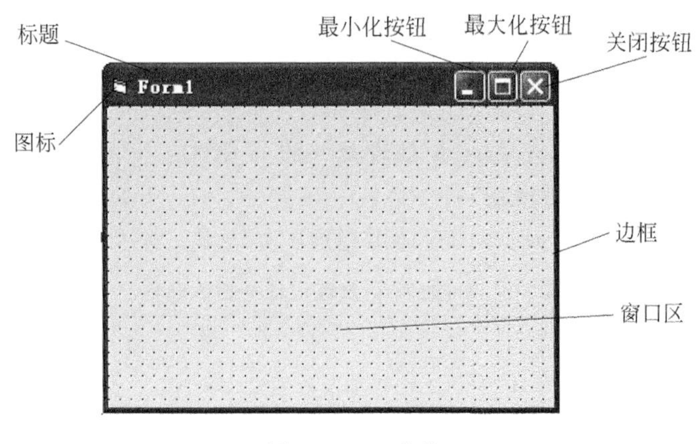

图 2-2　VB 窗体

2.2.1　属性

窗体的属性较多。大多数对象属性的设置或修改可在设计模式下通过属性窗口完成，也可在运行模式中由程序代码来设置。

1. 控件对象的基本属性

控件对象的属性各有不同，基本属性表示大部分控件对象都具有的属性。控件对象常用的基本属性有 Name、Caption、Height、Left、Enabled、Visible、BackColor、Font、ForeColor、Width、Top 等。

(1) Name 属性。Name(名称)属性是确定对象的唯一属性，每个对象都有这个属性。在程序代码中用这个属性值引用该对象。新建工程时，窗体的 Name 值默认为 Form1；添加第二个窗体，其 Name 值默认为 Form2，以此类推。为了便于识别，用户通常给 Name 属性设置一个有实际意义的名称，例如，用 Frm_main 表示主窗体。

(2) Caption 属性。设置对象的标题显示的内容。标题内容一般概括说明本窗体的功能作用。

(3) Height 属性和 Width 属性。设置对象的初始高度和宽度。其单位为 Twip。1Twip＝1/20 点＝1/1440 英寸＝1/567 厘米。

(4) Left 属性和 Top 属性。用于设置对象左边框距屏幕左边界的距离和对象顶边距屏幕顶端的距离。其单位也为 Twip。

(5) Enabled 属性。属性值可为 True 或 False，设置对象是否能够响应用户事件。一般在程序中设置，用于控制对窗体或其他对象的操作。

(6) Visible 属性。属性值为 True 或 False，设置窗体或对象在运行模式下是否可见(显示)。用户可用该属性在程序代码中控制窗体或对象的显示。

(7) BackColor 属性和 ForeColor 属性。BackColor 属性设置对象的背景颜色；ForeColor 属性设置对象的前景颜色。窗体的前景颜色是输出到窗体上的文本的颜色，即执行 Print 方法时所显示文本的颜色，其值是一个十六进制的常数。在设计模式下，用户可以在调色板中选择颜色。

(8) Font 属性。Font 属性设置文本的外观。其中包括 FontName(字体)属性，值为字符型；FontSize(字号)属性，值为整型；FontBold(粗体)属性，值为逻辑型；FontItalic(斜体)属性,值为逻辑型;FontStrikeThru(删除线)属性,值为逻辑型;FontUnderline(下画线)属性,值为逻辑型。

2. 窗体的特有属性

(1) Borderstyle 属性。Borderstyle 属性用于设置窗体边框的外观风格,有 6 种取值,分别代表 6 种不同的窗体边框风格。

Borderstyle 属性的取值与对应的窗体风格说明如表 2-1 所示。

表 2-1 Borderstyle 属性取值与窗体风格

取　值	描　述
0-None	无边框,无法移动及改变大小
1-Fixed Single	单线边框,可移动,无法改变大小
2-Sizable	双线边框,可移动及改变大小
3-Fixed Dialog	窗体为固定对话框,不可改变大小
4-Fixed ToolWindow	窗体外观与工具箱类似,有关闭按钮,不能改变大小
5-Sizable ToolWindow	窗体外观与工具箱类似,有关闭按钮,能改变大小

(2) MaxButton 属性和 MinButton 属性。MaxButton 为 True,窗体右上角最大化按钮可见;为 False 时,最大化按钮不可见。MinButton 属性为 True,窗体右上角最小化按钮可见;为 False 时,最小化按钮不可见。

(3) Moveable 属性。属性值为 True 或 False,设置是否可以移动窗体。

(4) Picture 属性。设置在窗体中显示的图片。单击 Picture 属性右边的按钮,弹出"加载图片"对话框,用户可选择一个图片文件作为窗体的背景图片。若在程序中设置该属性的值,需要使用 LoadPicture 函数。

(5) WindowState 属性。设置窗体启动后的大小状态。WindowState 属性有三个可选值。

0-Normal:窗体大小由 Height 和 Width 属性决定。

1-Minimized:窗体最小化成图标。

2-Maximized:窗体最大化,充满整个屏幕。

在 VB 中,虽然不同的对象有不同的属性集合,但如 Name、Enabled、Visible、Height、Width、Left、Top 等是所有对象都有的属性,即基本属性,且具有相似的作用。在后续章节中,我们主要介绍各种对象常用的特有属性。

【例 2.1】 在窗体上添加三个命令按钮对象,标题值分别设置为"最大化""最小化""还原",窗体标题值设置为"窗体操作"。编程实现各个按钮的功能。

分析:要实现窗体的最大化、最小化和还原功能,一般通过 WindowState 属性来实现。

(1) 界面设计。在窗体上绘制三个命令按钮,如表 2-2 所示设置对象的属性。

表 2-2 【例 2.1】属性设置

对　象	属　性	属　性　值
Form1	Caption	窗体操作
Command1	Caption	最大化
Command2	Caption	最小化
Command3	Caption	还原

设计完成的界面如图 2-3 所示。

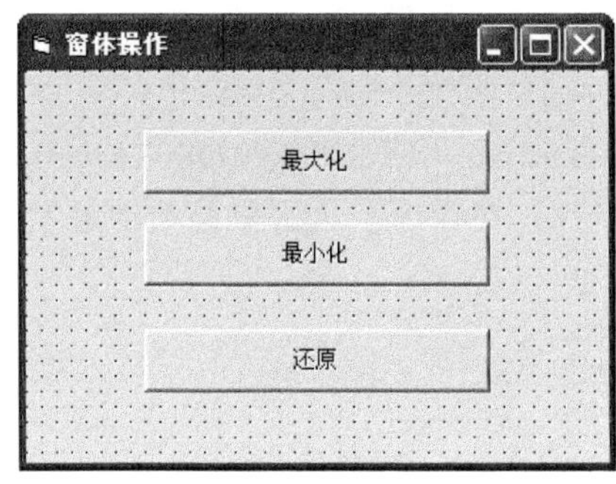

图 2-3 【例 2.1】界面设计图

(2) 编写按钮的事件过程如下：

```
Private Sub Command1_Click()          '实现最大化
    If Form1.WindowState <> 2 Then
        Form1.WindowState = 2
    Else
        MsgBox "窗体已经是最大化了!"
    End If
End Sub

Private Sub Command2_Click()          '实现最小化
    Form1.WindowState = 1
End Sub

Private Sub Command3_Click()          '实现窗体还原
    If Form1.WindowState <> 0 Then
        Form1.WindowState = 0
    Else
        MsgBox "窗体已经还原了!"
    End If
End Sub
```

(3) 程序运行界面如图 2-4 所示。

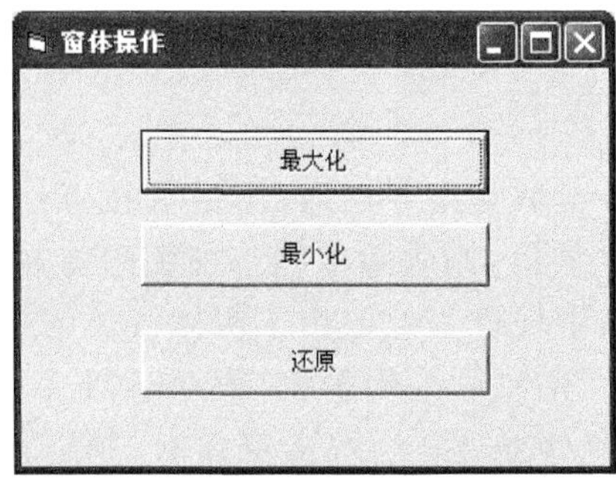

图 2-4 【例 2.1】程序运行界面

2.2.2 窗体的常用事件和方法

1. 窗体的常用事件

窗体最常用的事件有 Click(单击)、DblClick(双击)、Load(加载)、Unload(卸载)三种。

(1) Click 事件。程序运行后,在窗体上单击鼠标左键触发该事件。事件过程格式为:

```
Private Sub Form_Click( )
…
        (过程代码)
…
End Sub
```

(2) DblClick 事件。程序运行后,在窗体上双击鼠标左键触发该事件。事件过程格式为:

```
Private Sub Form_DblClick( )
…
        (过程代码)
…
End Sub
```

(3) Load 事件。Load 事件是窗体被装入内存时触发的事件。如果这个事件过程存在,窗体加载时首先执行该事件过程。Load 事件过程通常用于编写对象的属性设置、变量的初始化、装载初始数据等操作的语句。事件过程格式为:

```
Private Sub Form_Load( )
…
        (过程代码)
…
End Sub
```

(4) Unload 事件。当窗体从内存中释放(执行 Unload 命令或通过单击窗体关闭按钮来关闭窗体)时,引发 Unload 事件。事件过程格式为:

```
Private Sub Form_Unload(Cancel As Integer)
…
        (过程代码)
…
End Sub
```

该事件过程中的 Cancel 参数是指令性的,用户可在事件过程中设置 Cancel 为零或非零值。若设置 Cancel 为非零值,则表示取消当前关闭窗体的操作;若设置为 0,则表示确认关闭窗体的操作。该事件过程一般用于窗体被关闭或应用程序结束时的处理。

【例 2.2】 窗体上无最大化和最小化按钮,程序运行后,在窗体上装入一幅图作为窗体背景;当单击窗体时,窗体变宽;当双击窗体时,则退出。窗体设计界面如图 2-5 所示。

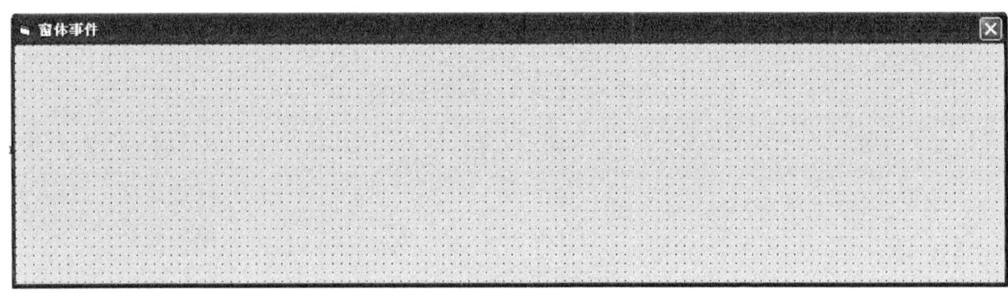

图 2-5　窗体设计界面

(1) 界面设计。属性设置如表 2-3 所示。

表 2-3　【例 2.2】属性设置

对　　象	属　　性	设　　置
Form1	Caption	窗体事件
	MaxButton	False
	MinButton	False

(2) 编写按钮的事件过程如下：

```
Private Sub Form_Load()                     '装入图片
    Form1.Picture = LoadPicture("d:\pic\xsyu.jpg")
End Sub

Private Sub Form_click()                    '单击窗体
    Form1.Width = Form1.Width + 100
End Sub

Private Sub Form_DblClick()                 '双击窗体
    End
End Sub
```

(3) 程序运行界面如图 2-6 所示。

图 2-6　程序运行界面

说明：上机练习时，可在本机上找一个图片文件或从 Internet 下载一个图片文件，参照本例中的格式实现即可。

【例 2.3】 设置鼠标跟随，即一串文字跟随鼠标移动。

分析：利用窗体的 MouseMove 事件来实现。

(1) 界面设计。在窗体上绘制一个标签控件 Label1，将其 BackStyle 属性设置为透明。

如表 2-4 所示设置对象属性。

表 2-4 【例 2.3】属性设置

对　　象	属　　性	设　　置
Form1	Caption	鼠标跟随
Label1	Caption	鼠标移动!
	BackStyle	0-Transparent

设计完成的界面效果如图 2-7 所示。

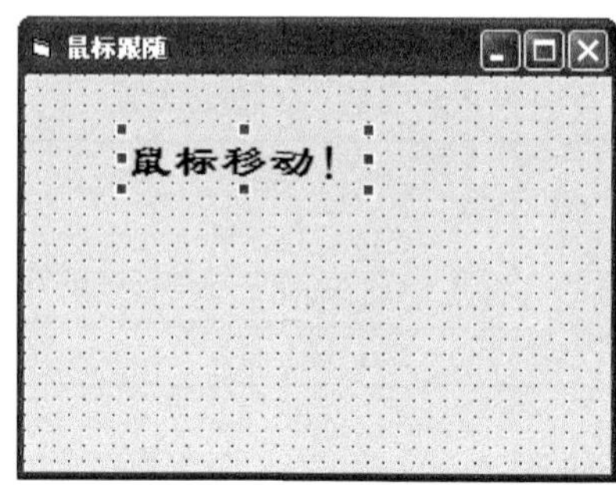

图 2-7 【例 2.3】界面设计

(2) 编写按钮的事件过程如下:

```
Private Sub Form_MouseMove(Button As Integer, Shift As Integer, X As Single, Y As Single)
    Label1.Left = X
    Label1.Top = Y
End Sub
```

(3) 程序运行界面如图 2-8 所示。

图 2-8 【例 2.3】程序运行界面

2. 窗体的常用方法

(1) Print 方法。语法:

[对象名.]Print [表达式][,|;]

Print 方法常用于在窗体或图形框对象上输出表达式的值。另外,该方法也可用于输出到打印机,以实现信息从打印机上打印输出。

例如：

```
Form1.Print "VB程序设计"                    '在窗体上输出字符串
Print "V B程序设计"                         '缺省对象名,默认在当前窗体上输出
Picture1.Print "V B程序设计"                '在图片框 Picture1 上输出
Printer.Print "V B程序设计"                 '在打印机上打印输出
```

(2) Cls 方法。语法：

```
[对象名.]Cls
```

Cls 方法用于清除窗体或图形框中用 Print 方法所输出的信息，并将图形光标(不可见)重新定位到对象的左上角(0,0)。若省略"对象名"，则默认对象为窗体。

例如：

```
Form1.Print "Visual Basic 程序设计"
Form1.Cls                                   '清除窗体中的文本信息
```

(3) Move 方法。语法：

```
[对象名.] Move x [,y[,Width[,Height]]]
```

该方法用于移动窗体或控件，并可在移动时动态改变其大小。若省略"对象名"，则默认为当前窗体。参数 x,y 代表移动的目标位置坐标，Width 和 Height 参数代表移动到目标位置后，对象的宽度和高度。若省略 Width 和 Height 参数，则移动过程中保持对象大小不变。

例如：

```
Form1.Move 300,400                          '将窗体移动到屏幕位置(300,400)
Move 300,400                                '将窗体移动到屏幕位置(300,400)
```

【例 2.4】 编程实现当用户单击窗体时，使窗体移动到屏幕中央。

分析：要实现窗体的移动，可通过窗体的 Move 方法来实现。

程序代码如下：

```
Private Sub Form_Load()
Form1.Left = 0
Form1.Top = 0
Form1.Width = Screen.Width * 0.25
Form1.Height = Screen.Height * 0.25
End Sub

Private Sub Form_Click()
Form1.Move(Screen.Width - Form1.Width) /2,(Screen.Height - Form1.Height)/2
End Sub
```

2.3 命令按钮

VB 应用程序中，命令按钮(CommandButton)是使用得最多的控件之一。用户利用它发出操作指令，触发相应的事件过程，以实现指定的功能。在当前命令按钮上，当用户用鼠

标单击或按 Enter 键时，可触发命令按钮的 Click 事件，执行其事件过程中的程序，实现某个特定操作。

1. 属性

(1) Caption 属性。设定命令按钮上显示的文本。

(2) Default 属性。用于设置默认命令按钮。当 Default 属性设置为 True 时，按 Enter 键等同于用鼠标单击了该按钮。

(3) Style 属性和 Picture 属性。命令按钮上除了可以显示文字外，还可以显示图形。若要显示图形，首先应将 Style 属性设置为 1，然后在 Picture 属性中设置要显示的图形文件。类似地，若要设置命令按钮的 BackColor(背景色)，也应将 Style 属性设置为 1。

Style 属性可设置为：

0-Standard：标准的，命令按钮上不能显示图形。

1-Graphical：图形的，命令按钮上可以显示图形，也可以显示文字。

(4) ToolTipText 属性。工具提示信息。如按钮设置为图形样式显示，则可给按钮设置文字提示(运行时鼠标指向该按钮时则显示提示信息)。

(5) Value 属性。该属性只能在程序运行期间引用或设置。True 表示被按下，False (默认)表示未被按下。在代码中可通过设置 Value 属性为 True，来触发命令按钮的 Click 事件。例如，利用下面代码，可通过程序来选择命令按钮，并触发命令按钮的 Click 事件。

```
Command2.Value = True
```

2. 事件

命令按钮能响应绝大多数的事件，如 Click、MouseMove、DragDrop、KeyDown、KeyUp、KeyPress、MouseDown、MouseUp 等。其中，最常用的事件是 Click 事件。

3. 应用

【例 2.5】 单击按钮时，窗体背景颜色变为指定色。

分析：设置窗体的 BackColor 属性可实现改变窗体的背景颜色。

(1) 界面设计。在窗体上绘制三个命令按钮，设置对象属性，如表 2-5 所示。

表 2-5 【例 2.5】属性设置

对　　象	属　　性	设　　置
Form1	Caption	窗体背景变色
Command1	Caption	红
Command2	Caption	绿
Command3	Caption	蓝

设计界面效果如图 2-9 所示。

(2) 编写按钮的事件过程如下：

```
Private Sub Command1_Click()
   Form1.BackColor = RGB(255, 0, 0)
End Sub

Private Sub Command2_Click()
```

```
    Form1.BackColor = RGB(0, 255, 0)
End Sub

Private Sub Command3_Click()
    Form1.BackColor = RGB(0, 0, 255)
End Sub
```

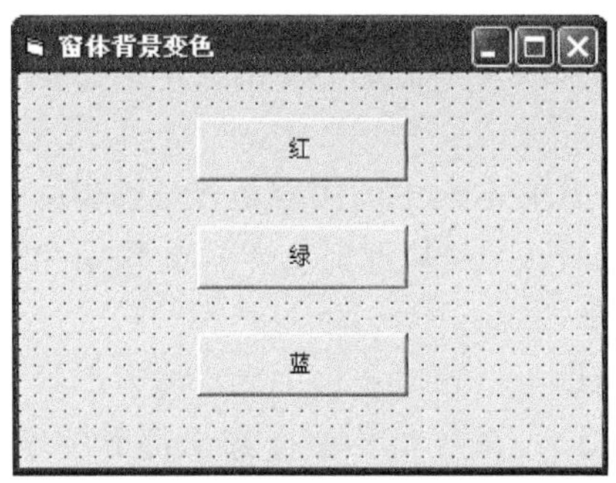

图 2-9 【例 2.5】设计界面

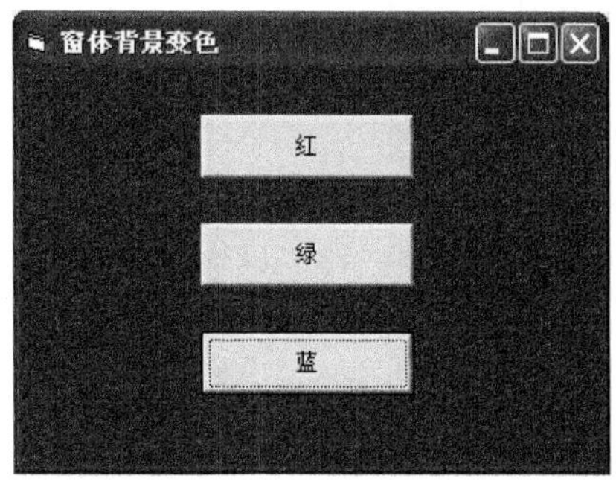

图 2-10 【例 2.5】单击“蓝”按钮后的程序运行界面

(3) 程序运行界面如图 2-10 所示。

2.4 标　　签

标签(Label)控件是 VB 中用于实现输出的重要控件。标签主要用于显示用户文本。所以,标签可以用来输出描述性的文字,或者作为窗体的说明文字。

1. 属性

(1) Caption 属性。设置标签要显示的内容。它是标签的主要属性。

(2) BorderStyle 属性。默认值为 0,标签无边框;设置为 1 时,标签有立体边框。

(3) AutoSize 属性。AutoSize 属性用于设置标签是否自动改变尺寸大小以适应其输出的内容。设置为 True 时,随着 Caption 的内容自动调整标签的大小,并且不换行;设置为 False 时,标签保持设计时的大小,这时如果内容太长,只能显示一部分。默认值为 False。

(4) Alignment 属性。确定标签中内容的对齐方式,有三种可选值。

0-Left Justify:默认值,左对齐。

1-Right Justify:右对齐。

2-Center:居中对齐。

(5) BackStyle 属性。该属性用于设置背景是否透明。默认值为 1,不透明;设为 0 时,透明。所谓透明,是指无背景色。

2. 事件与方法

虽然标签能响应绝大多数事件,但在实际编程中不常使用。

标签的常用事件是 Click,DblClick。它常用 Move 方法,以实现标签的移动和缩放。

2.5 文 本 框

文本框(TextBox)控件常用于建立文本输入区或编辑区,以实现数据的输入、编辑和修改等。

1. 属性

(1) Text 属性。Text 属性为字符型,用于设置或获取文本框中显示的文本信息。它是文本框最主要的属性。

(2) Locked 属性。Locked 属性为逻辑型,用于设置文本框中的内容是否可编辑。

默认值为 False,表示可编辑;当设置为 True 时,不可编辑,此时文本框的作用相当于标签。

(3) Maxlength 属性。Maxlength 属性为数值型,用于设置文本框中允许输入的最大字符数。如果输入的字符数超过 Maxlength 设定的数目后,系统将不接受超出部分的字符,并发出警告声。该属性默认值为 0,表示无限制。

(4) MultiLine 属性。MultiLine 属性为逻辑型,用于设置文本框是否允许多行文本输入。若设置为 True,文本框可输入多行文本,当输入的文本超出文本框的边界时,会自动换行;默认值为 False,文本框中只能输入一行文本。

(5) PassWordChar 属性。PassWordChar 属性为字符型,用于为文本框设置一个占位符来替代显示字符。如设置为星号(*)或井号(#)等。设置该属性后,输入或显示在文本框中的字符将全部用"*"或"#"号替代显示,从而避免别人看到输入的真实内容,起到保密的作用。

在实际应用中,常与 MaxLength 属性配合使用,用于设计密码输入框。当 MultiLine 为 False 时,该属性可设置显示在文本框中的替代符。当 MultiLine 为 True 时,PassWordChar 属性将不起作用。

(6) ScrollBars 属性。ScrollBars 属性为逻辑型,决定文本框中是否有滚动条。只有当 MultiLine 属性为 True 时,文本框会显示滚动条。

2. 事件

文本框除支持 Click、DblClick 事件外,常用的还有 Change、GotFocus、LostFocus 事件。

(1) Change 事件。当用户输入新内容,或程序对文本框的 Text 属性重新赋值,从而改变文本框的 Text 属性值时触发该事件。

(2) GotFocus 事件。当用户用鼠标或按 Tab 键将输入焦点移动到对象上时,将在该对象上触发获得焦点事件 GotFocus。

若文本框获得输入焦点时,会在文本框中出现一个"I"形状的光标;若焦点移动到命令按钮上,则在命令按钮的标题四周出现一个虚线矩形框。获得焦点的先后顺序可由控件的 TabIndex 属性值决定。

(3) LostFocus 事件。当用户按下 Tab 键光标离开文本框或用鼠标选择其他对象时触发该事件,称为"失去焦点"事件。

焦点是对象接收用户鼠标或键盘输入的能力。当对象具有焦点时,可接收用户的输入。通常用该事件过程对文本框中的值进行有效性检验。

3. 方法

文本框最常用的方法是 SetFocus，使用该方法可把光标移到指定的文本框中，使之获得焦点。格式：

```
对象名.SetFocus
```

此语句可将控制焦点移交给方法作用的对象，如文本框、命令按钮、窗体、图形框等。

例如：

```
Text3.SetFocus      '将文本输入光标定位到文本框 Text3 中
```

4. 应用

【例 2.6】 程序运行后，随着用户的输入，标签中同步显示出用户对文本框的内容更新的次数。

(1) 界面设计。在窗体上建立一个文本框、一个标签。设置各对象的属性，如表 2-6 所示。

表 2-6 对象属性设置

对　　象	属　　性	设　　置
Form1	Caption	文本框应用示例
Text1	Text	空
	MultiLine	True
Label1	Caption	空
	BorderStyle	1
	Alignment	2
	Font	字体大小取 2 号

设计完成的界面如图 2-11 所示。

(2) 编写事件过程如下：

```
Private Sub Text1_Change()
    Static i%
    i = i + 1
    Label1.Caption = i
End Sub
```

程序运行界面如图 2-12 所示。

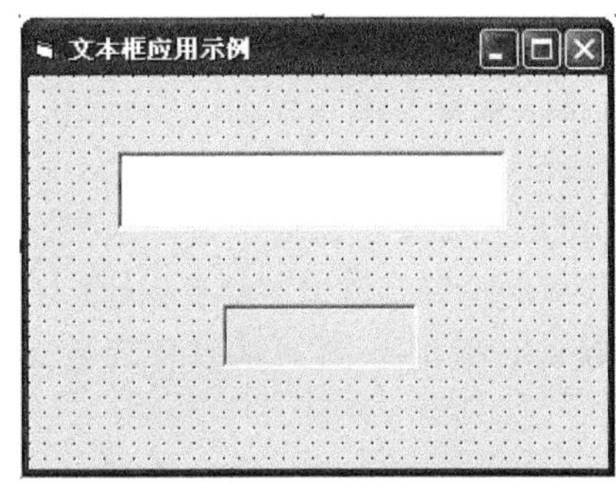

图 2-11 【例 2.6】设计完成的界面

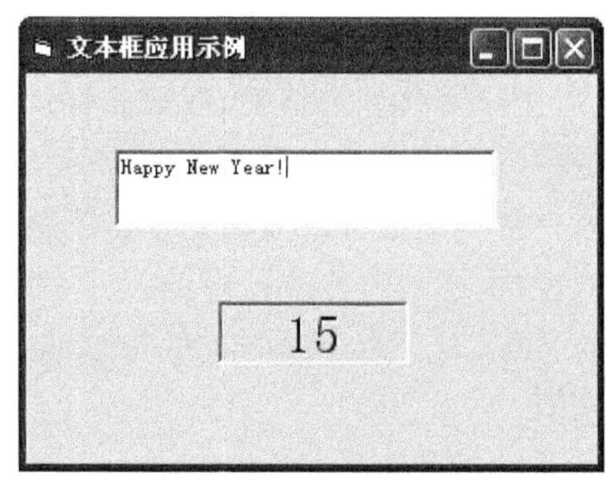

图 2-12 【例 2.6】程序运行界面

2.6 控件对象的编辑

VB应用程序的交互界面是窗体，所有控件都建立在窗体之上。控件的编辑是指在VB的设计模式下，在窗体上进行的创建控件、设置控件的外观、位置，修改控件的属性等操作。

2.6.1 窗体的组成

窗体的组成与一般的 Windows 窗口类似，如图 2-13 所示。

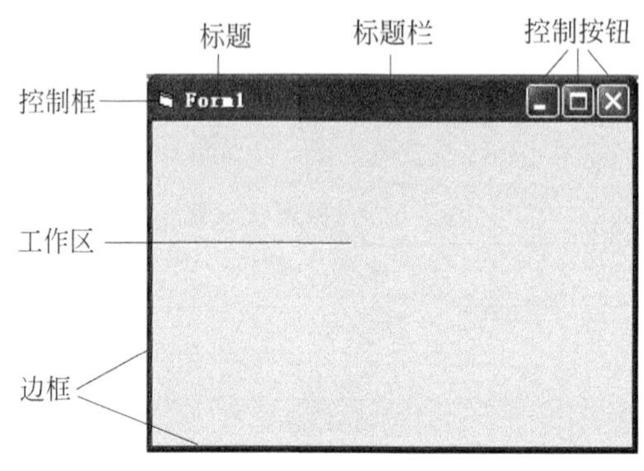

图 12-13 窗体的组成

窗体的标题栏用于显示标题。当同时显示多个窗体时，标题栏为深色的是当前窗体。

标题栏的左端是控制框，控制框对应一个下拉的控制菜单。程序运行时，单击控制框就会显示控制菜单。标题栏的右端有 3 个控制按钮，作用是最大化、最小化和关闭窗体。用关闭按钮关闭窗体将使窗体从内存中卸载。设置窗体的相关属性，可使这些按钮显示或隐藏，有效或无效。工作区是标题栏以下，边框以内的区域，用来承载其他控件，向窗体输出的内容也显示在窗体的工作区中。

2.6.2 控件对象的画法

在 VB 6.0 集成开发环境中有一个工具箱窗口，窗口中有所有标准控件的图标，它们是用来在窗体上创建控件的。创建一个控件的操作步骤是：用鼠标单击工具箱中控件的图标，然后把鼠标移到窗体上，鼠标光标即变为十字形，按下鼠标左键并拖动鼠标画出一个矩形，再放开鼠标左键，即可在窗体上画出一个该图标所代表的控件。

另一种创建控件的方法是双击工具箱中的图标，则可直接在窗体的中央画出该图标所代表的控件，然后再修改控件的尺寸，并把它移动到合适的位置。每个控件被创建后有一个默认的名称，对于有标题的控件，其默认标题一般与默认名称相同，控件的其他属性大多也有默认值。

2.6.3 控件对象的基本操作

1. 选中控件

对一个控件进行操作之前，先要选中该控件。用鼠标左键单击一个控件即可选中该控件。被选中控件的四周有 8 个实心小正方形控点，如图 2-14 所示。有实心正方形控点的控件就是当前控件。

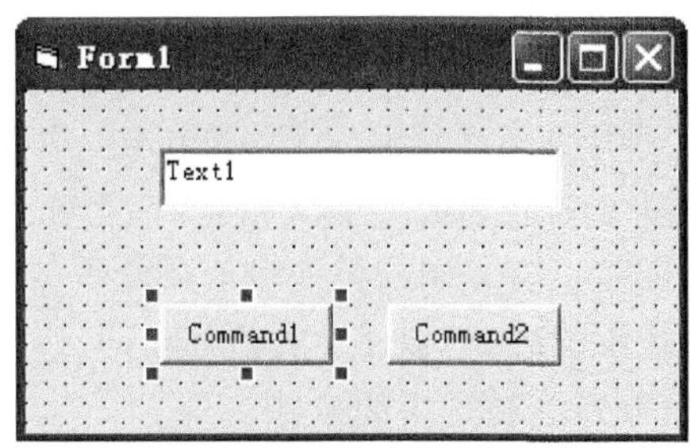

图 2-14　被选中的控件

此外，按 Tab 键也可以按照控件创建的顺序切换当前控件。

当前控件的所有在设计阶段可设置的属性将排列在属性窗口的属性列表框中。

如果单击窗体上没有控件的区域，则选中的是窗体，这时，窗体的所有在设计阶段可设置的属性将排列在属性窗口的属性列表框中。

可以同时选中多个控件，操作方法是：按住 Shift 键不放，或按住 Ctrl 键不放，用鼠标单击要选中的每个控件。选中的效果如图 2-15 所示。

另一种选中多个控件的操作方法是：选择工具箱中的“指针”，把鼠标移到窗体上，按下鼠标左键不放，拖动鼠标可画出一个虚线框，如图 2-16 所示，再放开鼠标键，则虚线框消失，曾被包括在虚线框内的所有控件均被选中。

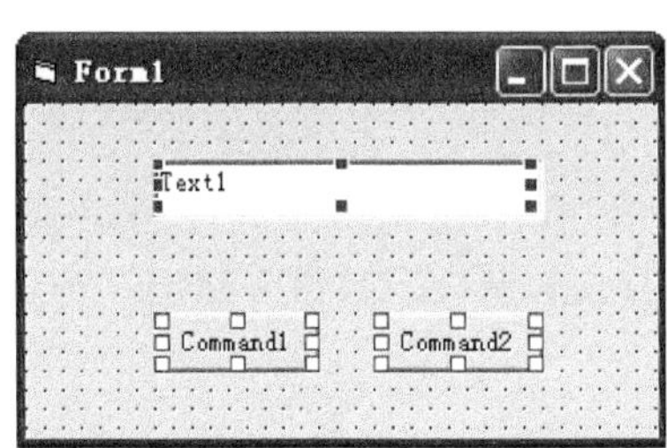

图 2-15　选中多个控件

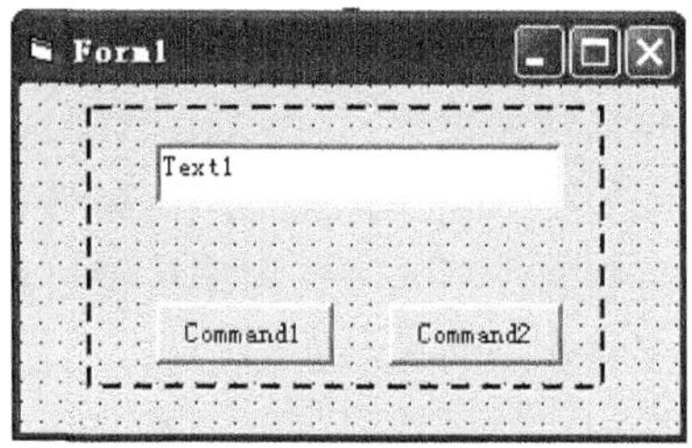

图 2-16　鼠标拖出矩形区域

当同时选中多个控件时，属性窗口中显示的是这些控件共有的属性，这时在属性窗口中修改某一属性，会使所有被选中控件的这一属性同时被修改。

2. 移动控件

先选中控件，鼠标指针指向该控件，按下鼠标左键拖动，这时，控件变为一个矩形框跟随鼠标一起移动，到达目的位置后放开鼠标键，则控件被移动到新的位置。

若同时选中多个控件，用鼠标拖动其中任一控件，则所有被选中的控件一起移动。

3. 修改控件大小

选中控件，鼠标指向其中的一个控点，则鼠标指针变为双向箭头，按下鼠标左键拖动，即可改变控件的大小。

4. 删除控件

选中一个或多个控件，直接按 Delete 键，即可删除被选中的控件。另一种方法是用鼠标右键单击被选中的任一控件，在弹出的快捷菜单中选“删除”命令，或选“编辑”菜单中的“删除”命令，也可删除所有被选中的控件。

5. 复制控件

选中控件后利用常用工具栏上的“复制”“粘贴”按钮，或用 Ctrl+C 组合键复制，用 Ctrl+V 组合键粘贴，可对选中的控件进行复制。粘贴时，会弹出一个询问是否创建控件数组的对话框，这时，选择“否”即可。新复制的控件显示在窗体工作区的左上角。复制的控件与被复制的控件除 Name 属性不同外，其他属性的值都相同。

选中多个控件后，可以复制所有被选中的控件。

6. 布局控件

当窗体上有多个控件时，往往需要把它们排列整齐，统一尺寸，调整间距。调整布局之前，要先选中所有要调整的控件。在这些被选中的控件四周都有 8 个控点，但只有一个控件的四周是实心控点，其余都是空心控点，如图 2-15 所示。具有实心控点的控件称为“基准控件”，在调整布局时，各种操作都是以“基准控件”为基准的。

具体操作是：选中所有要调整的控件，在“格式”菜单中打开“对齐”子菜单，可以使选中的所有控件相对于基准控件以多种方式对齐；在“格式”菜单中打开“统一尺寸”子菜单，可以使选中的所有控件的高度或宽度与基准控件相同；在“格式”菜单中打开“水平间距”“垂直间距”子菜单，可以统一调整选中的所有控件的间距。

2.6.4 控件对象属性的设置

可以在以下两种情况下设置控件的属性：

(1) 在设计模式下，利用属性窗口设置当前控件的属性值。某些运行时才有效的属性不出现在属性窗口中，因而无法利用这种方式设置。

(2) 在程序运行中改变控件属性的值。这是通过在程序代码中对属性的赋值来实现的。但有些属性不允许在程序运行过程中修改，例如 Name 属性。这里介绍第一种情况，第二种情况将在后面进行介绍。

属性窗口的属性列表框中有 2 列，左边一列是属性名称，右边一列是对应的属性值。

设置控件属性时，先选中要设置属性的控件，使其成为当前控件，再选中要设置的属性名称，并把光标放到被选中属性同一行的右边一列的属性值一栏中，如图 2-17 所示，然后输入或修改属性值。修改完毕，鼠标单击其他地方即可。

有的属性需要输入多行属性值，例如列表框和组合框控件的 List 属性。输入这种属性值时，可单击属性值一栏右边的▼按钮，下拉出一个小编辑区，如图 2-18 所示，在小编辑区中，可以输入并简单编辑多行文本。在小编辑区中换行时要使用 Ctrl+Enter 组合键，如果按 Enter 键会结束编辑。

另有一些属性是通过对话框输入的，例如 Font 属性和 Picture 属性。当选中这类属性时，属性值一栏的右边会出现一个 ... 按钮，单击这个按钮会弹出相应的对话框，再通过对话框设置属性。

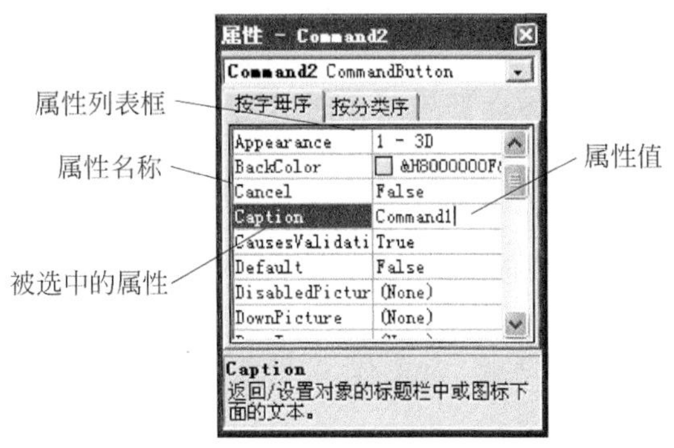

图 2-17　设置控件属性

图 2-18　设置 List 属性

2.7　在程序中使用控件的属性和方法

VB 应用程序是围绕着对象展开的，而对象的重要特点是具有属性、方法，可以响应事件。所以在程序中会经常访问对象的属性，调用对象的方法，而进行这些操作的代码通常是通过激活对象的事件来执行的，即这些代码要放在对象的事件过程中。

同一类型的不同对象具有不同对象名，但有相同的属性名、方法名和事件名，所以在程序中不仅要指明属性、方法、事件的名称，还要指明对象的名称，这样才能唯一确定具体对象的属性、方法和事件。

对象的名称就是对象 Name 属性的值。

2.7.1　在程序中访问对象属性

在程序中访问对象属性的格式：

```
<对象名>.<属性名>
```

例如，x=Form1.Caption 表示把对象名为 Form1 的 Caption 属性的值赋值给变量 x。

Form1.Caption ="标题" 表示使 Form1 对象的 Caption 属性的值为"标题"。

再如：Text1.Text="程序设计" 表示把"程序设计"放到对象 Text1 的 Text 属性中。

VB 中每一类控件都有一个默认属性，当访问对象的默认属性时，可以只写对象名而省略“.属性名”

例如，文本框的默认属性是 Text，若 Text1 是文本框的名称，则 Text1="程序设计"与 Text1.Text="程序设计"等价。

对象的 Name 属性的值是对象的唯一标识，在程序中要利用这个标识访问对象，所以，不允许在程序中修改对象 Name 属性的值。

在窗体模块的程序中访问本窗体的属性，可以省略“对象名.”(即窗体名)。

2.7.2 在程序中调用对象方法

在程序中调用对象方法的格式：

<对象名>.<方法名> [参数表]

在这里，[ ] 中的内容表示可选内容。这是方法调用的一般格式，是否有参数表取决于这个方法是否有参数。系统事先已经确定了某个方法是否有参数。

例如，Form1. Cls 表示调用 Form1 对象的 Cls 方法

Form1. Print "输出"表示调用 Form1 对象的 Print 方法，其中"输出"是方法的参数。

在窗体模块的程序中调用本窗体的方法，可以省略“对象名.”(即窗体名)。

习 题 2

一、选择题

1. 使用 VB 编程，工具箱中的工具称为(　　)。
   A. 事件　　B. 工具　　C. 控件　　D. 窗体
2. 程序运行时要使一个对象不可见，应设置的属性是(　　)。
   A. Enabled　　B. Visible　　C. Locked　　D. Caption
3. 要改变窗体的标题时，应当在属性窗口中改变的属性是(　　)。
   A. Caption　　B. Name　　C. Text　　D. Label
4. 双击窗体中的对象后，VB 将显示的窗口是(　　)。
   A. 工程窗口　　B. 工具箱　　C. 属性窗口　　D. 代码窗口
5. VB 是一种面向对象的程序设计语言，构成对象的三要素是(　　)。
   A. 属性、事件、方法　　B. 控件、属性、事件
   C. 窗体、控件、过程　　D. 窗体、控件、事件
6. 程序运行时要使一个对象不操作，应设置的属性是(　　)。
   A. Enabled　　B. Visible　　C. Name　　D. Caption
7. 决定一个对象在窗体上的位置的属性是(　　)。
   A. Left　　B. Height　　C. Top　　D. A 和 C
8. 文本框(TextBox)对象的值的属性是(　　)。
   A. Caption　　B. Name　　C. Text　　D. Value
9. 标签(Label)对象的默认属性是(　　)。
   A. Caption　　B. Name　　C. Default　　D. Value
10. 以下关于属性设置正确的说法是(　　)。
    A. 属性只能在设计模式下设置
    B. 属性只能在运行模式下设置
    C. 属性可以在中断模式下设置
    D. 属性能在设计模式和运行模式下设置

11. 要使一个标签能够显示所需要的文本，应设置该标签的(　　)属性的值。

A. Caption　　B. Name　　C. Text　　D. AutoSize

12. 要使一个命令按钮上有图形，应该设置该按钮的(　　)属性值，同时设置它的style属性为1。

A. Picture　　B. Style

C. DownPicture　　D. DisabledPicture

13. 假定窗体的名称(Name属性)为Form1，则把窗体的标题设置为"VB Test"的语句为(　　)。

A. Form1 = "VB Test"　　B. Caption ="VB Test"

C. Form1. Text = "VB Test"　　D. Form1. Name ="VB Test"

14. VB集成开发环境有三种工作模式，不属于三种工作模式之一的是(　　)。

A. 设计模式　　B. 编写代码模式　　C. 运行模式　　D. 中断模式

二、填空题

1. 对象的三要素是________、________和________。

2. 对象的特征数据称为________。

3. VB的3种工作模式分别是________、________和________。

4. 要使标签(Lable)对象以其值自动改变其大小，应设置的属性是________，属性值设置为________。

5. 窗体的标题属性是________。

6. 使文本框(TextBox)对象获得焦点的方法是________。

7. 文本框要显示多行文字时，应设置的属性是________，属性值设置为________。

8. 文本框要设置为密码输入时，应设置的属性是________，属性值设置为________。

9. 对象的唯一标识属性是________________。

三、简答题

1. 属性和方法的区别是什么？

2. 标签和文本框的区别是什么？

3. 简述Change与KeyPress事件的区别。

4. 什么是事件过程？

5. 简述VB的三种工作模式。

6. 举例说明如何在程序中设置对象的属性和调用对象的方法。

第3章 VB数据类型与表达式

数据是信息的物理表示形式，是程序处理的对象。数据类型是指程序设计语言中各变量可取的数据种类。数据类型不但确定了该数据的取值范围，也规定了对该数据能执行的运算。

运算符是表示实现某种运算功能的符号。用运算符将运算对象（或操作数）连接起来的式子称为表达式。表达式表示了某种求值规则。操作数可以是常量、变量、函数、对象等，而运算符也有各种类型。熟练地掌握运算符的使用，以及各类表达式的书写，是正确编写程序代码的关键之一。

3.1 VB的基本字符集和词汇集

3.1.1 字符集

字符是程序设计语言规定的程序中最小的语法单位。VB字符集中的基本字符包括：

(1) 数字：0～9。

(2) 英文字母：A～Z、a～z。

(3) 特殊字符：␣!“ # $ % & ‘ ( ) * + - , . / : ; <=>? @[\]^_ {|} ～等。

(4) 可打印字符(ASCII码32～126)、不可打印字符(ASCII 0～13，127)、Enter(回车，ASCII值是13；换行，ASCII值是10)

(5) 汉字。可作为语法成分(除汉字外，其余符号不能以全角或中文方式输入)。

3.1.2 词汇集

词汇是构成程序设计语言中具有独立意义的最基本成分。VB中的词汇集指在代码中具有一定意义的字符组合。

1. 关键字(保留字)

关键字是在语法上有固定意义的字母组合。

关键字是程序的重要组成部分，经常用来表示系统的标准过程、函数名、命令名、运算符、数据类型名等，在程序中一般不能另作它用。

在VB中，约定关键字的首字母为大写字母，但是系统可以识别用户输入的小写字母并自动转化为标准格式。

VB中的常用关键字有：Sin，Print，Do…Loop，For…next，If…Then，Else等。

2. 标识符

标识符是程序员自己定义的名字，包括常量名、变量名、函数名及对象名等。

标识符的命名规则为：以字母或汉字开头，由字母、数字、汉字或下画线组成。

注意：

(1) 必须以字母或汉字开头；

(2) 变量名、过程名、函数名应在255个字符以内，对象、窗体、类和模块的名字不能超过40个字符；

(3) 不能和关键字同名(但窗体名、对象名可以和关键字同名)；

(4) 标识符中不允许出现间隔符号，例如空格、分号、逗号、运算符等；

(5) 标识符应尽量做到简单明了，见名知意。

合法标识符的例子：A123,B_4,shuxue,数学,age,score等。

不合法标识符的例子：+ABC,B 4,End,Print,x+y等。

3.2 VB的数据类型

数据是信息在计算机内的表现形式，是程序处理的对象。数据类型决定了如何将数据存储到计算机的内存中。选择适当的数据类型，可以节省存储空间，提高程序的运行效率，避免内存空间的浪费。

不同的数据类型有不同操作方式和取值范围。通常，计算机存储、处理数据的基本数据类型包括7大类：数值型、字符串型、逻辑型、日期型、对象型与变体型、自定义类型。VB中把数值型数据分别用整型、长整型、字节型、单精度型、双精度型、货币型来表示。表3-1列出了VB中的基本数据类型。

表3-1 VB中的基本数据类型

数据类型	关键字	类型符	取值范围	存储
整型	Integer	%	−32 768 到 32 767	2字节
长整型	Long	&	−2 147 483 648 到 2 147 483 647	4字节
字节型	Byte		0～255	1字节
单精度型	Single	!	1.401 298E-45≤|x|≤3.402 823E38	4字节
双精度型	Double	#	4.940 656 458 412 47E-324≤|x|≤1.797 693 134 862 32E308	8字节
货币型	Currency	@	−922 337 203 685 477.5808 到 922 337 203 685 477.5807	8字节
逻辑型	Boolean		True 或 False	2字节
字符串型	String	$	最多65 535个字符	与字符长度有关
日期型	Date		100.1.1～9999.12.31	8字节
对象型	Object		任何对象的引用	4
变体型	Variant			按需分配

3.2.1 数值型

VB数值型数据分为整型和实型两大类。

整型数据是指不带小数点和指数符号的数，由0～9的数字序列组成，可以带正号或负号,正号可以省略。例如 67、−8926、209 等。实型数据是指含有小数部分,或带有指数符号的数。例如 235.56、1.2345×10^2 等。

1. 整型

整型数包括整型、长整型和字节型整数。

(1) 整型(关键字: Integer,类型符: %)。十进制的整型数用两个字节存储,取值范围是−32 768 到+32 767。例如,123%,−3450%,654%都是整数型。而 45 678%则会发生溢出错误。

(2) 长整型(关键字: Long,类型符: &)。十进制的长整型数用 4 个字节存储,取值范围是−2 147 483 648 到+2 147 483 647。例如,123 456,45 678& 都是长整数型。

在 VB 中,允许使用八进制和十六进制形式表示数据。对于在程序中用八进制和十六进制表示的整型数、长整型数,系统输出时会自动地把它们转换成十进制数据的形式输出。

(3) 字节型(关键字: Byte)。字节型整数是用一个字节存储的无符号整数,取值范围是 0~255。

2. 实型

实型数据主要分为单精度浮点数、双精度浮点数和货币型数据三种。

(1) 单精度浮点数(关键字: Single,类型符: !)。单精度数用 4 个字节(32 位二进制)存储,其中符号占 1 位,指数占 8 位,其余 23 位是尾数。单精度数的有效数字为 7 位,取值范围 1.401 298E−45≤|x|≤3.402 823E+38。例如,7.892!,9.531 6!。当需要处理的数据超过单精度数的取值范围,或需要的有效数字超过 7 位,则需要用双精度数。

(2) 双精度浮点数(关键字: Double,类型符: #)。双精度数用 8 个字节(64 位二进制)存储,其中符号占 1 位,指数占 11 位,其余 52 位是尾数。双精度数的有效数字为 15 位,取值范围为 4.940 656 458 412 47E-324≤|x|≤1.97 693 134 862 316E+308 。例如,3.141 592 65#。

(3) 货币型(关键字: Currency,类型符: @)。货币型数据主要用来表示货币值,用于表示精确计算。该类型数据用 8 个字节存储,货币型是定点数,精确到小数点后面第 4 位,第 5 位四舍五入。整数部分最多 15 位。例如,8.37@、65.123 456@都是货币型。

注意: 65.123 456@的有效数为 65.123 5。

3.2.2 字符串型

在 VB 中,字符串型(关键字: String,类型符: $)数据是由各种 ASCII 字符(双引号和回车符除外)、汉字及其他可打印字符组成的,并用双引号括起来的一个字符序列。

字符串型数据区分字母的大小写。双引号内字符的个数叫作字符串的长度(包括空格)。长度为零的字符串叫作空字符串。

注意: 在 VB 中,ASCII 码字符和汉字一样都采用双字节存储。

例如,"1234"和"张 三"都是字符型。注意字符串中的空格是有效字符。

"计算机"和"abc"字符长度都是 3,占用字节数是 6。

"Visual Basic 6.0"、"计算机程序设计"、"08/12/2012"、"x+y=30"都是字符串型数据。

3.2.3 逻辑型

逻辑型(关键字：Boolean)也称布尔型。该类型数据的取值有两个：逻辑真(True)和逻辑假(False)，用 2 个字节存储。

逻辑型可与数值型相互转换。逻辑值转换为数值：False 为 0，True 为－1；数值转换为逻辑值：非 0 为 True，0 为 False。

3.2.4 日期型

日期型(关键字：Date)数据用 8 个字节来存储，日期范围从公元 100 年 1 月 1 日到 9999 年 12 月 31 日，可以用＃括起来放置日期和时间，允许用各种表示日期和时间的格式。

日期可以用“/”“,”“-”分隔开，可以是年、月、日，也可以是月、日、年的顺序。时间必须用“：”分隔，顺序是：时、分、秒。

例如，＃1999-08-11 10：25：00 pm＃ 、＃08/23/99＃、＃03-25-75 20：30：00＃、＃98，7,18＃等都是有效的日期型数据。在 VB 中会自动转换成 mm/dd/yy(月/日/年)的形式。

3.2.5 对象型与变体型

对象型(关键字：Object)数据可用来表示应用程序中或某些其他应用程序中的对象，以 4 字节(32 位)存储。如果在运行应用程序之前定义该类型对象的属性和方法，应用程序在运行时速度会更快。

变体型(关键字：Variant)是一种特殊的数据类型，能保存所有类型的数据，并且可以随时转换该数据为其他类型。当把数据赋予变体型时，不必在这些数据的类型间进行转换，VB 会自动完成任何必要的转换。

3.2.6 自定义类型

使用 VB 提供的数据类型基本上可以满足用户程序设计时的要求，但有时需要存放一组不同类型的数据。例如，在学籍管理系统中一个学生通常要有许多特征，如学生的学号、姓名、出生日期、年龄等。如果每一个特征都用一个变量表示，当有许多学生时就要定义很多变量，很可能产生混乱，甚至无法实现。这时，就可以把学生的所有特征构造为一个数据类型。

在 VB 中，通常在一个模块顶部的声明段构造自定义类型，使用的命令为 Type 语句，Type 的语法如下：

```
[Private |Public] Type Varname
    elementname As 类型
    …
End Type
```

说明：

Public(可选)使声明的用户类型在工程中所有模块的任何过程中可用(公用的)。

Private(可选)使声明的用户自定义类型只能在当前模块中使用(私有的)。

Varname 是用户自定义类型的名称。

Elementname 是用户自定义类型的成员元素名称。

类型是成员元素的数据类型，可以是任何基本数据类型或其他的用户自定义类型。

自定义的数据类型通常在标准模块(.BAS)中定义，可以通过“工程”菜单中的“添加模块”命令来完成，默认的有效区域为全局。

下面的语句是定义学生记录数据类型的例子：

```
Private Type StuRecord                    '自定义数据类型 StuRecord
    ID As String * 15                     '定义 ID 为字符型，长度 15 个字符
   Name As String * 30                    '定义 Name 为字符型，长度 30 个字符
    Birthday As Date                      '定义 Birthday 为日期型
    Age As Integer                        '定义 Age 为整型
End Type                                  '自定义类型结束，该定义必须放在一个模块顶部的声明段

Private Sub Command1_Click()
    Dim student1 As StuRecord, student2 As StuRecord
                                          '定义 student1,student2 变量为 StuRecord
    student1.ID = "201401010101001"
    student1.Name = "王小二"              '对 student1 变量的 Name 域赋值
    student1.Birthday = #10/8/1995#'对 student1 变量的 Birthday 域赋值
    student1.Age = 20
    Print student1.ID                     '输出 "201401010101001"
    Print student1.Name                   '输出"王小二"
    Print student1.Birthday               '输出 1995-10-8
    Print student1.Age                    '输出 20
    Print student2.ID                     '未赋值返回空字符""
    Print student2.Name                   '未赋值返回空字符""
    Print student2.Birthday               '未赋值返回 0:00:00
    Print student2.Age                    '未赋值返回 0
End Sub
```

3.3 常量与变量

在程序设计中，不同类型的数据可以常量或者变量的形式出现。在程序执行过程中，常量的值保持不变，而变量代表内存中指定的存储单元，根据需要赋不同的值，即变量的值可以改变。

3.3.1 常量

常量就是在程序执行的过程中保持不变的数据。VB 中的常量分为直接常量和符号常量。符号常量又分为用户自定义的和系统定义的两种。

1. 直接常量

直接常量直接出现在代码中，也称为字面常量，直接常量的表示形式决定它的类型和值。

根据数据类型的不同，直接常量可以分为数值型常量、字符型常量、日期型常量、逻辑型常量等。

例如：

```
1.56            是一个单精度浮点型常量
1.56#           是一个双精度浮点型常量
62.78@          是一个货币型常量
"Happy"         是一个字符型常量
#3 jan,98#      是一个日期型常量
True            是一个逻辑型常量
```

2. 符号常量

所谓符号常量，就是用标识符来表示一个具体的常量值。在VB中，符号常量分为用户自定义常量和系统定义常量两种。

(1) 用户自定义常量。这类常量用Const语句声明，声明常量的语法为：

```
Const 常量名 [as 类型] = 表达式
```

其中：

Const：是定义符号常量的关键字。

常量名：命名规则与标识符相同，通常用大写字母命名。

[as 类型]：可选项，用来说明常量的数据类型。

表达式：可以是直接常量，也可以是运算符连接直接常量构成的表达式。

在一行中说明多个常量时用逗号分开。

例如：

```
Const PI = 3.1415926
Const TD As Date = #05/03/2012#
Const num = 85, pi as double = 3.1415926
```

说明：用Const声明的常量在程序运行过程中不能被重新赋值；说明符号常量时，可以在常量名后加上类型说明符，例如，Const Number1%=15。

(2) 系统定义常量。它是VB系统提供的常量。系统常量位于对象库中，可在如图3-1所示的菜单项“视图”|“对象浏览器”中查阅。系统常量不必说明，可直接在程序中使用。

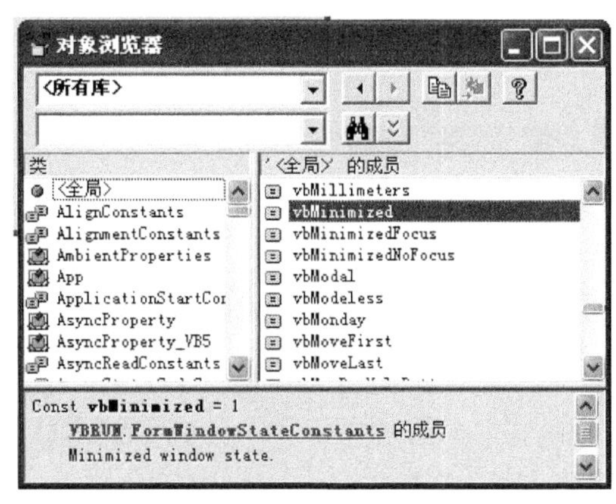

图3-1 “对象浏览器”窗口

例如，form1. Windowstate＝vbMinimized 意义为将窗口最小化。其中 vbMinimized 就是一个系统定义的常量，值为 1。

和 form1. Windowstate＝1 相比较，form1. Windowstate＝vbMinimized 更明确地表达了语句的功能。

3.3.2 变量

变量是在程序执行过程中，其值可以改变的量，可以临时存储数据。每个变量都有属于自己的名字和数据类型。变量的名字称为变量名，程序通过变量名来引用变量的值。变量的数据类型决定该变量可存储哪种类型的数据。

1. 变量的命名规则

为了区别存储着不同数据的变量，需要对变量命名。在 VB 中，变量的命名要遵循标识符的命名规则。

合法的变量名如：

```
a,x1,n0_1,a2c,sum% ,name,myform,姓名,班级
```

不合法的变量名如：

```
2a,x + y,s $ b,Print
```

2. 变量的声明

在使用变量前，最好先声明这个变量。所谓声明一个变量就是在使用变量前将变量的有关信息进行说明(包括变量名以及数据类型)，以便在程序中合法使用。通常使用 Dim 语句来声明变量，格式为：

```
Dim 变量名 [As 类型]
```

其中：

变量名：用户定义的标识符，遵循变量的命名规则；

[As 类型]：可选项，定义被声明变量的数据类型或者对象类型。

例如：

```
Dim i as integer                       '把变量 i 定义成整数型
Dim k as long                          '把变量 k 定义成长整数型
Dim x as single                        '把 x 定义成单精度型
```

当省略 As 子句时，系统默认变量为变体类型。

在一个说明语句中可以用逗号隔开说明多个变量，如上面的三个语句可以写为：

```
Dim i as integer,k as long,x as single
```

也可以用类型符来定义变量，例如可将上面语句写成

```
Dim i% ,k&,x!
```

作用是一样的。

3. 变量的隐式声明

VB 程序设计时，在使用一个变量前，并不一定要先声明这个变量。如果这个变量不事

先经过声明，称为隐式声明。隐式声明将给变量赋予默认的类型和值。

例如：

```
number1 = 5                          'number1 为整型变量
mystring = "Visual Basic 编程"        'mystring 为字符型变量
```

使用隐式声明虽然很方便，但是如果把变量名拼写错的话，会导致程序的错误。在程序设计中，应该养成对变量显式声明的习惯，以增加程序的正确性和可读性。

VB 环境中可以将环境参数设置为强制变量定义，这样在程序中所有使用的变量必须先声明才能使用，否则程序运行时，系统会给出“变量未定义”的错误信息。设置环境参数操作过程是：工具→选项→编辑器。如图 3-2 所示，选中“要求变量声明”复选框即可设置为强制变量定义。

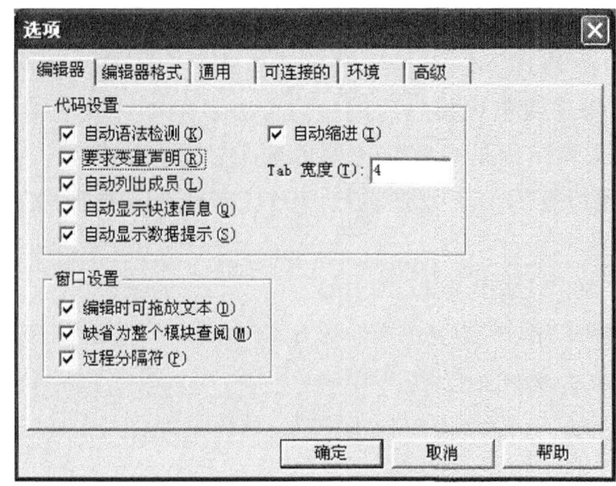

图 3-2　VB 环境参数设置窗口

3.4　运算符与表达式

运算是对数据的加工处理。基本的运算关系常常可以通过一些简洁的符号来描述，这些符号称为“运算符”或者“操作符”，而被运算的数据则称为“操作数”。在程序设计中，由运算符和操作数构成的式子，称为表达式。表达式表示了某种求值规则。表达式是程序设计语言中的基本语法单位。在表达式中，操作数可以是常量、变量或者函数，不同类型的操作数可以使用不同的运算符。而表达式本身也是有类型的，它表示了运算结果的数据类型。例如：

```
a + b
sin(a) + sin(b)
"Visual Basic" & "程序设计"
```

都是合法的表达式。

VB 提供了丰富的运算符。概括起来有 5 种类型的运算符：算术运算符、字符串运算符、日期运算符、关系运算符和逻辑运算符。

3.4.1 算术运算符

算术运算符用来连接数值型数据进行算术运算，VB 提供了 7 种算术运算符，如表 3-2 所示。

表 3-2 算术运算符

运 算 符	运 算 关 系	示 例	优 先 级
^	乘方	x^y	1
*、/	乘、除	x*y,x/y	2
\	整除	x\y	3
Mod	模运算	x Mod y	4
+、-	加、减	x+y,x-y	5

乘方(^)，乘、除(*、/)，加、减(+、-)的运算与数学中的意义相同。

整除(\)的运算结果是两整数相除后的整数部分。例如，20\3，结果为 6。

模运算(MOD)的运算结果是两整数相除后的余数部分。例如，20 MOD 3，结果为 2。

如果参与整除或模运算的两个数是实数，VB 先对两个实数四舍五入取整，然后计算。

例如：

20.4\6.9，转换为 20\7，结果为 2。

20.3 MOD 6.6，转换为 20 MOD 7，结果为 6。

注意：在"MOD"两端应加上空格。

3.4.2 字符串运算符

字符串只有连接运算。在 VB 中，字符串连接运算符有"+"和"&"两种。建议尽量使用"&"运算符，使程序看起来更加明了。使用"&"运算符时应注意"&"符号前后应加空格，否则 VB 会当作长整数型的类型符来处理。

注意"+"和"&"的区别。当两个被连接的数据都是字符型时，它们的作用相同。当数值型数据和字符型数据连接时，"&"把数值型数据转化成字符型数据然后连接；"+"把数据都转化成数值型数据然后进行算术运算。

例如：

"ABC"+"DEF"其值为"ABCDEF"。

"姓名：" & "王小二" 其值为："姓名：王小二"。

15 & "6" 其值为："156"。

15+"6" 其值为：21。

而 15+"7abc"则会出现类型不匹配的错误。

3.4.3 日期运算符

日期型数据可以进行加(+)、减(-)运算。有以下三种情况。

(1) 两个日期型数据相减，运算结果是一个数值型数据，即两个日期相差的天数。

例如：

#12/19/2014# - #11/16/2014#　　　结果为数值型数据:33

(2) 一个表示天数的数值型数据加上一个日期型数据,其结果仍然为一日期型数据,即向后推算日期。

例如:

#11/16/2014# + 33　　　结果为日期型数据:#2014-12-19#

(3) 一个日期型数据减去一个表示天数的数值型数据,其结果仍然为一日期型数据,即向前推算日期。

例如:

#12/19/2014# - 33　　　结果为日期型数据:#2014-11-16#

3.4.4 关系运算符

关系运算符用于实现两个操作数的比较运算,运算结果是逻辑值 True 或 False。操作数一般是数值型、字符型和日期型数据。表 3-3 列出了 VB 中的关系运算符及使用示例。

表 3-3　关系运算符

运　算　符	意　　义	示　　例	返　回　值
=	等于	1 = True	False,强制转换为数值型
>	大于	"ABC" > "ABH"	False
>=	大于等于	"f" >= "Fab"	True
<	小于	"3"< 4	True,强制转换为数值型
<=	小于等于	3 <= 4	True
<>	不等于	"xyz" <> "XYZ"	True
Like	使用通配符匹配比较	"WXYZ" Like "*X*"	True
Is	引用对象比较	Is > 0	由对象当前值决定

说明:

(1) 关系运算符两边的表达式数据类型应该一致。

(2) 数学不等式:a≤x≤b,在 VB 中不能理解成 a<=x<=b。因为,令 x=5,不满足 2≤x≤3,但在 VB 中 2<=x<=3 确是真(True)的。这是由于 2≤x≤3 相当于(2≤x)≤3。

注意以下的比较规则:

(1) 数值型比较与数学意义相同。

(2) 字符型数据的比较按照从左到右的顺序以其单个字符的 ASCII 码值比较大小。

(3) Is 代替代码中引用的对象参与比较。

(4) Like 与通配符(*、?、# 等)结合使用,经常用于模糊查找。

例如,用"*X*"表示包含 X 的字符串,用"A*" 表示以 A 开头的字符串。

(5) 所有关系运算符的优先级都相同。

3.4.5 逻辑运算符

逻辑运算符用于对逻辑量进行逻辑运算。逻辑运算符除 Not 外均为双目运算符，即对两个逻辑量运算。逻辑运算的结果为逻辑值。表 3-4 列出了 VB 中的逻辑运算符。

表 3-4 逻辑运算符

运算符	意义	优先级	说　明	示　例	返回值
Not	取反	1	操作数为假时，结果为真	Not true	False
And	与	2	两个操作数均为真时，结果才为真，其余为假	False And True True And True	False True
Or	或	3	两个操作数只要有一个为真，结果为真	False Or True True Or True	True True
Xor	异或	3	两个操作数为一真一假时，结果为真	False Xor True True Xor True	True False
Eqv	等价	4	两个操作数同为真或假时，结果为真	False Eqv True False Eqv False	False True
Imp	蕴涵	5	第一个操作数为真，第二个操作数为假时，结果为假，其余情况都为真	True Imp False False Imp True True Imp True	False True True

3.4.6 表达式

1. 表达式的组成

表达式由常量、变量、函数、运算符和圆括号()按照一定的规则组成，不管表达式的形式如何，都会计算出一个结果，该结果的类型由参与运算的数据和运算符决定。

2. 表达式的书写规则

(1) 表达式不区分大小写。其中的每个字符必须书写在同一基准上，不能包含上下标。

(2) 只能使用圆括号，可以多重使用，圆括号必须成对出现。

(3) VB 表达式中的乘号“ * ”不能省略。

(4) 程序设计中，能用系统函数的地方尽量使用系统函数。

例如：

数学公式$\frac{-b+\sqrt{b^2-4ac}}{2a}$写成 VB 表达式为：

(－b＋sqr(b ^2－4 * a * c))/(2 * a)

只有算术运算符的表达式称为算术表达式。

3. 关系表达式和逻辑表达式

当使用关系运算符或逻辑运算符时，表达式又称为关系表达式或逻辑表达式。

关系运算一般表示一个简单的条件。

例如，age＞18 、score＞85、x＋y＞z 等。

逻辑表达式表示较复杂的条件。

例如，数学中的 0＜x＜5，写成 VB 表达式应为 0＜x And x＜5。

4. 结果类型

算术表达式中,不同数据类型的数据计算时,其结果转化成精度高的数据类型。

关系表达式和逻辑表达式的结果是逻辑值:True、False。

5. 优先级

各种运算符混合运算时,优先级为:

圆括号>算术运算符>关系运算符>逻辑运算符。

在复杂的表达式中,可以使用圆括号改变运算的优先级次序,使表达式的运算次序更加清晰。

【例 3.1】 设变量 $x=4, y=-1, a=7.5, b=-6.2$,求表达式 $x+y>a+b$And Not$y<b$ 的值。

解:

(1) 先作算术运算,结果:3>1.3 And Not $y<b$

(2) 再作关系运算,结果:True And Not False

(3) 作逻辑非运算,结果:True And True

(4) 作逻辑与运算,结果:True

【例 3.2】 已知闰年的条件是:

(1) 能被 4 整除,但不能被 100 整除的年份都是闰年;

(2) 能被 100 整除,又能被 400 整除的年份都是闰年。

设变量 y 表示年份,写出判断 y 是否闰年的逻辑表达式。

解:

判断 y 是否满足条件(1)的逻辑表达式是:

```
y Mod 4 = 0 And y Mod 100 <> 0
```

判断 y 是否满足条件(2)的逻辑表达式是:

```
y Mod 100 = 0 And y Mod 400 = 0
```

两者取"或",即得到判断闰年的逻辑表达式:

```
( y Mod 4 = 0 And y Mod 100 <> 0 ) Or (y Mod 100 = 0 And y Mod 400 = 0 )
```

3.5 常用内部函数

函数的概念与一般数学中函数的概念没有什么根本区别。函数是一种特定的运算,在程序中要使用一个函数时,只要给出函数名及其所需要的参数,就能得到它的函数值。函数的参数可以是常量、变量或者表达式。在调用函数的过程中,函数以参数为数据基础,进行相应的算法运算,返回该函数的计算结果值。

函数的一般调用格式为:

函数名 ([参数表])

说明:

(1) 参数可以有一个或多个，也可以没有。参数表中若有多个参数，参数之间以逗号进行分隔。

(2) 函数可以在表达式中调用。

例如：

```
x = Sqr(c) + Exp(a + b)
Print Abs(x)
```

上述语句中，Sqr、Exp 和 Abs 是函数名。c、a+b、x 分别是它们的参数。

在 VB 中，有两类函数：内部函数和用户定义函数。用户定义函数是由用户自己根据需要定义的函数。内部函数也称标准函数。VB 提供了大量的内部函数，利用这些内部函数可以大大提高用户开发程序的效率和质量。VB 的内部函数大体上可以分为：数学函数、转换函数、字符串函数、日期与时间函数、颜色函数等。

3.5.1 数学函数

VB 提供了大量的数学函数。常用数学函数有三角函数、算术平方根函数、对数函数、指数函数、绝对值函数、随机数函数等。常用的数学函数如表 3-5 所示。

表 3-5 常用的数学函数

函数名	说明	示例
Sin(N)	返回自变量 N 的正弦值，N 为弧度	Sin(0) 结果：0
Cos(N)	返回自变量 N 的余弦值，N 为弧度	Cos(0) 结果：1
Tan(N)	返回自变量 N 的正切值，N 为弧度	Tan(0) 结果：0
Atn(N)	返回自变量 N 的反正切值，函数值为弧度	Atn(0) 结果：0
Sgn(N)	返回自变量 N 的符号 N<0，返回 −1 N=0，返回 0 N>0，返回 1	Sgn(−9.8) 结果：−1 Sgn(0) 结果：0 Sgn(35) 结果：1
Abs(N)	返回自变量 N 的绝对值	Abs(−675) 结果：675 Abs(675) 结果：675
Sqr(N)	返回自变量 N 的平方根，N≥0	Sqr(49) 结果：7
Exp(N)	返回 e 的 N 次幂值，N≥0	Exp(3) 结果：20.086
Log(N)	返回 N 的自然对数，N>0	Log(10) 结果：2.3
Rnd[(N)]	返回 0～1 的随机小数	

注意：

(1) 三角函数的自变量为弧度。例如，要写成 Sin(3.14159 * x/180)。

(2) 随机函数 Rnd(N)可以写成 Rnd，函数值可以是双精度型。Rnd 返回小于 1、大于零的双精度随机数。其值由系统根据种子数随机给出。直接使用时，种子数是不变的，即每次执行程序都得到相同的随机数序列。可以使用 Randomize 语句来改变种子数。其格式为：

```
Randomize
```

这时用系统计时器返回的值作为随机种子。

3.5.2 转换函数

转换函数用于各种类型数据之间的转换。常用转换函数如表 3-6 所示。

表 3-6 常用转换函数

函 数 名	说 明	示 例
Int(N)	返回不大于 N 的最大整数	Int(−3.4) 结果：−4 Int(3.4) 结果：3
Fix(N)	返回 N 的整数部分，截去小数部分	Fix(−3.4) 结果：−3 Fix(3.4) 结果：3
Cint(N)	把 N 的小数部分四舍五入取整	Cint(35.99) 结果：36
Round(N1[,N2])	把 N1 按四舍五入规则保留 N2 位小数	Round(123.456,2) 结果：123.46
Asc(C)	返回字符串 C 首字符的 ASCII 值	Asc("A") 结果：65 Asc("Apple") 结果：65
Chr(N)	返回 ASCII 值为 N 的字符	Chr(65) 结果："A" Chr(97) 结果："a"
Val(C)	把数字组成的字符串型转化成数值型	Val("3.14") 结果：3.14 Val("456") 结果：456
Str(N)	把数值 N 转化成字符串型	Str(357) 结果："357"
Hex(N)	十进制转换为十六进制	Hex(100) 结果：64
Oct(N)	十进制转换为八进制	Oct(100) 结果：144

3.5.3 字符串函数

字符串函数常用于字符串处理。常用的字符串函数如表 3-7 所示。

表 3-7 常用字符串函数

函 数 名	说 明	示 例
Trim(C)	去掉字符串 C 两端的空格	Trim("ab") 结果："ab"
Left(C,n)	截取 C 最左边的 n 个字符	Left("command",3) 结果："com"
Right(C,n)	截取 C 最右边的 n 个字符	Right("command",3) 结果："and"
Mid(C,m,n)	截取 C 中从第 m 个字符开始的 n 个字符	Mid("command",3,2) 结果："mm"
Len(C)	返回 C 包含的字符数，一个汉字也当作一个字符	Len("中华人民共和国") 结果：7 Len("Who are you") 结果：12
Ucase(C)	将 C 中的小写字母转化成大写字母	Ucase("Who?") 结果："WHO?"
Lcase(C)	将 C 中的大写字母转化成小写字母	Lcase("Who?") 结果："who?"
InStr(C1,C2)	查找 C2 在 C1 中第一次出现的位置。找不到返回值为 0	InStr("ABCDEFG","EF") 结果：5
Space(N)	产生 N 个空格的字符串	Space(3)="" 结果：" "
String(N,C)	产生 N 个 C 字符组成的字符串	String(3,"*") 结果："***"
Replace(C,C1,C2)	将 C 字符串中的 C1 字符串用 C2 替换	Replace("ABCDABCD","BC","3") 结果："A3DA3D"

3.5.4 日期与时间函数

常用的日期与时间函数如表 3-8 所示。

表 3-8 常用的日期与时间函数

函 数 名	说 明	示 例
Date	返回当前系统日期	Date 结果：2018-01-01
Now[()]	返回当前系统日期和时间	Now 结果：2018-01-01 10：51：02
Time	返回当前时间	Time 结果：10：52：01
Year(D)	返回年份 4 位整数	Year(#2018-01-01#)结果：2018
Month(D)	返回月份 2 位整数	Month(#2018-01-01#)结果：1
Day(D)	返回日 2 位整数	Day(#2018-01-01#)结果：1
WeekDay(D)	返回星期代号(1～7)	WeekDay(#2018-01-01#)结果：2

说明：

(1) Date、Time 函数的后面可以加“$”。

(2) Year、Month、Day 函数的参数可以是描述日期的字符串，也可以是结果为日期的日期表达式。

例如：

```
Year("4/12/2009")              的值是:2009
Year("2009 - 4 - 12")          的值是:2009
Year(#4/12/2009#  -  300)      的值是:2008
```

(3) Weekday 函数的返回值是 1～7，表示一星期的第几天。函数第 2 个参数 N 表示以哪一天作为一星期的第 1 天，N 可以使用 VB 的系统符号常量：vbSunday、vbMonday、vbTuesday、vbWednesday、vbThursday、vbFriday、vbSaturday，它们的值分别是 1、2、…、7，分别表示星期日、星期一、…、星期六。若省略参数 N，则表示以星期日为一星期的第 1 天(即函数返回值为 1 表示星期日)。若需要用函数的返回值直接表示星期几，应以下面的形式调用函数：

```
Weekday(日期 , vbMonday)
```

3.5.5 其他实用函数

1. IsNumeric 函数

格式：

```
IsNumeric(N|C)
```

功能：判断表达式是否是数字字符，若是数字字符，函数返回 True，否则函数返回 False。该函数主要用于输入数值数据的合法性校验。其中“N|C”表示函数参数的值是数值型或字符型。例如：

```
IsNumeric("123.12")            '返回值:True
IsNumeric("123.12a")           '返回值:False
IsNumeric(123.12)              '返回值:True
```

2. Format 函数

格式：

```
Format (表达式[,"格式字符串"])
```

其中：

表达式：要格式化的数值、日期或字符串表达式。

格式字符串：指定表达式值的输出格式。格式字符有 3 类：数值格式、日期格式和字符串格式。格式字符串要用双引号括起来。

功能：按指定格式格式化输出数值、日期、字符串数据。

返回值：按规定格式形成一个字符串。

本书仅列出常用的数值数据的格式化，其他格式读者可查阅 VB 的帮助信息。数值格式化是将数值表达式的值按“格式字符串”指定的格式输出。格式字符串规则如表 3-9 所示。

表 3-9 格式字符串规则

符号	功　　能	数值表达式	格式化字符串	返　回　值
0	实际数字位数小于格式字符位数，数字前后加 0，大于见说明	345.789	"0000.0000" "00.00"	0345.7890 345.79
#	实际数字位数小于格式字符位数，数字前后不加 0，大于见说明	345.789	"####.####" "##.##"	345.789 345.79
,	千分位	2345.789	"##,##0.0000"	2,345.789 0
%	数值乘以 100，加百分号	345.789	"####.##%"	34578.9%
$	数值前加 $ 符号	345.789	"$##.##"	$345.79
E+	指数格式输出	0.345 6	"0.00E+00"	3.46E−01

说明：

(1) 对于格式化字符串符号“0”和“#”，相同之处是：数值表达式的整数部分位数大于格式化字符串的位数，按实际数值输出；小数部分的位数大于格式字符串的位数，按四舍五入输出。不同之处是：“0”按其规定的位数输出，“#”对于整数前的“0”和小数后的“0”不显示。

(2) Format 是一个函数，所以不能单独作为一个独立的语句使用，一般通过 Print 方法、MsgBox 对话框、对象的 Caption 属性等按格式输出显示。

3. 定位函数

Spc(n)：用于在输出时插入 n 个空格。

Tab(n)：输出时定位于从对象左端算起的 n 列。

定位输出函数的使用将在第 4 章数据输出部分详细讲解。

【例 3.3】 编写身份证号分析程序，输入一个人的身份证号码，计算出归属地、生日、年龄、性别等信息，并显示。

提示：使用了 Left(C,n)、Right(C,n)、Mid(C,m,n)函数。

(1) 界面设计。在窗体上绘制六个标签，六个文本框，两个命令按钮，设置对象属性，如表 3-10 所示。

表 3-10 【例 3.3】属性设置

对　象	属　性	设　置
Form1	Caption	身份证号分析
Label1	Caption	身份证号(18 位)
Label2	Caption	归属地
Label3	Caption	生日
Label4	Caption	顺序号
Label5	Caption	年龄
Label6	Caption	性别
Text1	Text	空
Text2		
Text3		
Text4		
Text5		
Text6		
Command1	Caption	计算
Command2	Caption	退出

设计完成的界面效果如图 3-3 所示。

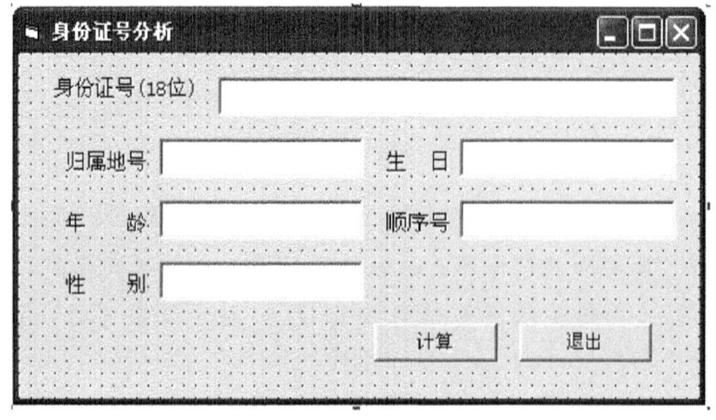

图 3-3 【例 3.3】界面效果图

(2) 编写按钮的事件过程。

```
Private Sub Command1_Click()
    Dim b As String
    If Len(Text1.Text) <> 18 Then
       MsgBox "身份证号输入错误!"
```

```
        Text1.SetFocus
        Exit Sub
    End If
    Text2.Text = Left(Text1.Text, 6)              '归属地为身份证号码前 6 位
    b = Mid(Text1.Text, 7, 8)                     '出生年月日为身份证号码从第 7 位开始的 8 位
    Text3.Text = Format(Left(b, 4) & "-" & Mid(b, 5, 2) & "-" & Right(b, 2), "yyyy 年 mm 月 dd
日") '把出生年月日字符转换为日期
    Text4.Text = Year(Date) - Val(Left(b, 4)) '年份相减得到年龄
    Text5.Text = Right(Text1.Text, 4)             '顺序号为后 4 位
    If Val(Mid(Text1.Text, 17, 1)) Mod 2 = 0 Then
        Text6.Text = "女"
      Else
        Text6.Text = "男"                          '性别根据身份证号倒数第 2 位判断得到
    End If
End Sub
Private Sub Command2_Click()
   End                                            '结束程序运行
End Sub

Private Sub Command1_KeyPress(KeyAscii As Integer)'身份证号码输入合法性检验
        Select Case KeyAscii
           Case 48 To 57, 8, 88, 120
           Case Else
                MsgBox "身份证号只能输入数字和字母 x!"
                KeyAscii = 0
        End Select
End Sub
```

(3) 最终程序效果可如图 3-4 所示。

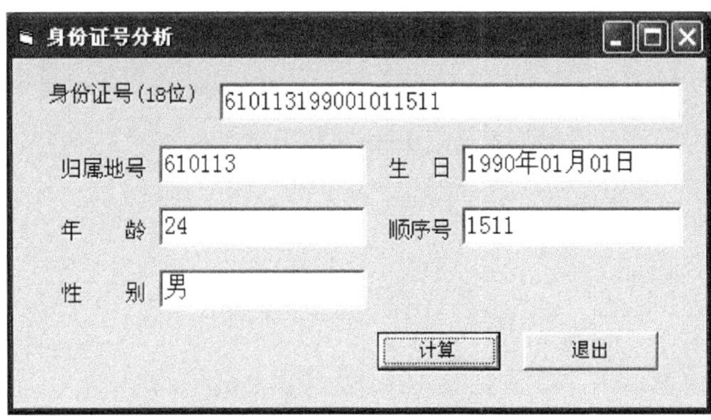

图 3-4 【例 3.3】最终程序效果

【例 3.4】 单位发工资,设某职工应发工资 x 元,试求各种票面的总张数最少的付款方案。

(1) 界面设计。在窗体上绘制十四个标签,七个文本框,两个命令按钮,设置对象属性,如表 3-11 所示。

表 3-11 【例 3.4】属性设置

对　　象	属　　性	设　　置
Form1	Caption	工资发放面值计算
Label1		实发工资
Label 2		元
Label 3		100 元
Label 4		50 元
Label 5		10 元
Label 6		5 元
Label 7		2 元
Label 8		1 元
Label 9～Label 14		张
Text1	Text	0
Text2～Text7	Text	空
Command1	Caption	计算
Command2	Caption	退出

设计完成的界面效果如图 3-5 所示。

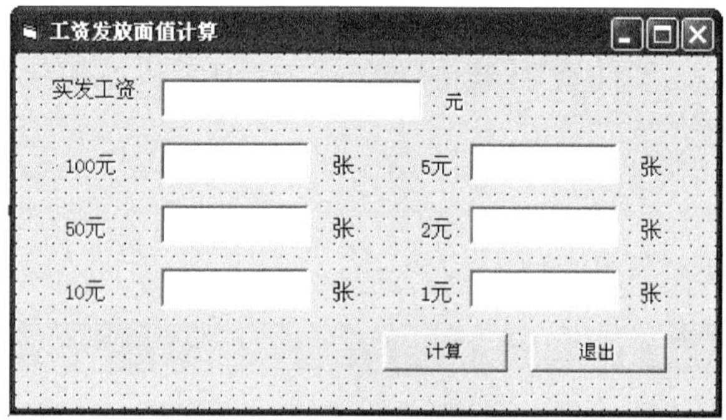

图 3-5 【例 3.4】界面效果

(2) 编写按钮的事件过程。

```
Private Sub Command1_Click()
    x = Val(Text1.Text)              'x 为实发工资数
    y = x \ 100
    Text2.Text = y                   '求 100 元票张数并显示
    x = x - 100 * y                  '求剩余款项
    y = x \ 50
    Text3.Text = y                   '求 50 元票张数并显示
    x = x - 50 * y                   '求剩余款项
    y = x \ 10
    Text4.Text = y                   '求 10 元票张数并显示
    x = x - 10 * y                   '求剩余款项
    y = x \ 5
    Text5.Text = y                   '求 5 元票张数并显示
    x = x - 5 * y                    '求剩余款项
```

```
    y = x \ 2
    Text6.Text = y                  '求 2 元票张数并显示
    x = x - 2 * y
    Text7.Text = x                  '求 1 元票张数并显示
    Text1.SelStart = 0
    Text1.SelLength = Len(Text1.Text)
    Text1.SetFocus
End Sub
Private Sub Command2_Click()
   End                              '结束程序运行
End Sub
Private Sub Text1_Change()
    Text2.Text = ""
    Text3.Text = ""
    Text4.Text = ""
    Text5.Text = ""
    Text6.Text = ""
    Text7.Text = ""
End Sub
```

(3) 最终程序效果如图 3-6 所示。

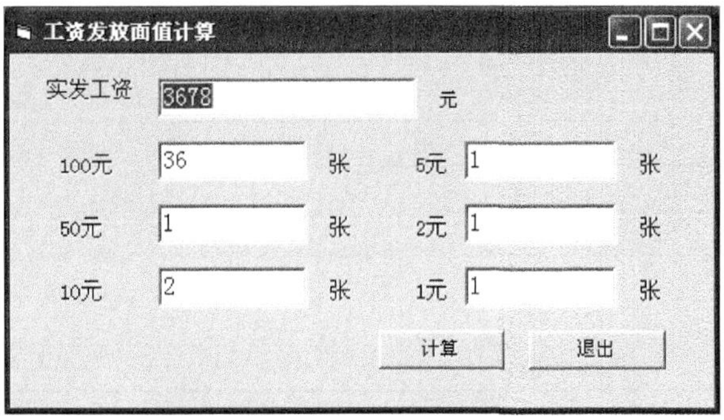

图 3-6 【例 3.4】最终程序效果

3.5.6 颜色函数

VB 提供了两个颜色函数 RGB 和 QBColor，其中 QBColor 函数能够选择 16 种颜色，RGB 函数能够选择更多的颜色。

1. RGB 函数

RGB 函数其中的 R 代表红色、G 代表绿色、B 代表蓝色。

格式：

```
RGB(数值表达式 1,数值表达式 2,数值表达式 3)
```

其中，数值表达式 1 的值是[0,255]之间的整数，表示颜色中红色的部分；数值表达式 2 的值是[0,255]之间的整数，表示颜色中绿色的部分；数值表达式 3 的值是[0,255]之间的整数，表示颜色中蓝色的部分。

功能：由红、绿、蓝这三种颜色的不同比例值调和生成其他的颜色。

表 3-12 列出了一些常见的 RGB 函数颜色效果。

表 3-12　RGB 函数

RGB 函数	常　数	返　回　值	颜　色
RGB(0,0,0)	VbBlack	&H0	黑色
RGB(255,0,0)	VbRed	&HFF0	红色
RGB(0,255,0)	VbGreen	&HFF00	绿色
RGB(0,0,255)	VbBlue	&HFF0000	蓝色
RGB(0,255,255)	VbCyan	&HFFFF00	青色
RGB(255,0,255)	VbMagenta	&HFF00FF	紫红色
RGB(255,255,0)	VbYellow	&HFFFF	黄色
RGB(255,255,255)	VbWhite	&HFFFFFF	白色

2. QBColor 函数

颜色也可以用 QBColor 函数来表示。VB 中用 QBColor(i)代表一种颜色，如表 3-13 所示。

表 3-13　QBColor 函数参数表

i 值	颜　色	i 值	颜　色
0	黑色	8	灰色
1	蓝色	9	亮蓝色
2	绿色	10	亮绿色
3	青色	11	亮青色
4	红色	12	亮红色
5	粉红色	13	亮粉红色
6	黄色	14	亮黄色
7	白色	15	亮白色

说明：

(1) 颜色码使用 0～15 之间的整数，每个颜色码代表一种颜色。

(2) RGB 函数与 QBColor 函数实际上都返回一个 6 位的 16 进制的长整数，这个数从左到右，每两位一组代表一种基色，它们的顺序是蓝绿红。因此，也可以直接用 6 位的 16 进制颜色代码表示。

习　题　3

一、选择题

1. 下面哪个不是 VB 合法的变量名。(　　)

A. a.1　　B. x1　　C. xy　　D. Printa

2. 与数学表达式 ln(a+b)/(3x)+5 对应的 VB 表达式是(　　)。

A. log(a+b)/(3 * x)+5　　B. (log(a+b)/(3 * x))+5

C. ln(a+b)/(3 * x)+5　　D. (ln(a+b)/(3 * x))+5

3. MyDate = #7/21/1997#，表达式 Format(MyDate,"yyyy 年 m 月 dd 日")的值是(　　)。

A. 1997 年 7 月 21 日　　B. 7 月 21 日 1997 年

C. 1997/7/21　　D. 97 年 7 月 21 日

4. 语句 Print 5 * 5\5/5 的输出结果是(　　)。

A. 5　　B. 25　　C. 0　　D. 1

5. 语句 Print sgn(－6 ^2)＋Abs(－6 ^2)＋int(－6 ^2) 的输出结果是(　　)。

A. －36　　B. 1　　C. －1　　D. －72

6. 以下语句

```
a = sqr(3)
Print format(a,"####.###")
```

的输出结果是(　　)。

A. 1.732　　B. 0001.732　　C. ###1.732　　D. 1.7320

7. 以下程序段

```
a = sqr(3)
b = sqr(2)
c = a > b
Print c
```

的输出结果是(　　)。

A. －1　　B. 0　　C. False　　D. True

8. 表达式：4＋5\6 * 7/8 mod 9 的值是(　　)。

A. 4　　B. 5　　C. 6　　D. 7

9. 设 a＝2，b＝3，c＝4，d＝5，表达式 a > b and c <＝d or 2 * a > c 的值是(　　)。

A. True　　B. False　　C. －1　　D. 1

10. 下列可作为 VB 中允许表示出来的数是(　　)。

A. 10 ^(0.25)　　B. D32　　C. 2.5E-19　　D. 12E3

11. 设 a＝2，b＝3，c＝4，d＝5，表达式 3 > 2 * b or a＝c and b <> c or c > d 的值是(　　)。

A. 1　　B. True　　C. False　　D. －1

12. 设 a＝2，b＝3，c＝4，d＝5，表达式 not a <＝c or 4 * c＝b ^2 and b <> a＋c 的值是(　　)。

A. 1　　B. －1　　C. True　　D. False

二、简答题

1. 简述标识符的命名规则。

2. 说明下列哪些是 VB 合法的常量，并指出合法常量的数据类型。

(1) 123.0　　(2) %123　　(3)1E1

(4) 256D2　　(5) 123,456　　(6) 0123

(7) "ABCD "　　(8) "5678 "　　(9) #2014/12/1#

(10) 100#　　(11) VB　　(12) &O100

(13) &O79　　(14) &H12A　　(15) &H1AG

(16) True　　(17) T　　(18) －123.0!

3. 说明下列符号哪些是合法的 VB 变量名。

(1) x123　　(2) x_123　　(3) 123_x

(4) x 123　　(5) Single　　(6) ABC

(7) true　　(8) date( )　　(9) sinx

三、填空题

1. 写出下列式子的 VB 表达式。

(1) $|a+b|+c^3$ ________　　(2) $\dfrac{5x+\sqrt{2y}}{xy}$ ________

(3) $\dfrac{-b-\sqrt{b^2-4ac}}{2a}$ ________　　(4) 连接"VB "和"程序设计"________

(5) $\sin 45°+\dfrac{e^{10}+\ln 10}{\sqrt{x+y+1}}$ ________　　(6) $\dfrac{1}{\dfrac{1}{x}+\dfrac{1}{y}+\dfrac{1}{z}}$ ________

2. 根据下列条件写出 VB 表达式。

(1) 随机产生一个 d 到 h 范围的小写字母。________。

(2) 产生一个[100,200] 范围内的正整数。________。

(3) 已知直角坐标系中一个点的坐标是(x,y),表示位于第 2 或第 4 象限点的表达式。________。

(4) 表示 x 是 3 或 7 的倍数。________。

(5) 将 x 四舍五入保留两位小数。________。

(6) 将字符串 s 中的小写字符转换为大写。________。

(7) 取字符串 s 中第 5 个字符开始的 3 个字符。________。

(8) 表示 10≤x≤50 的表达式。________。

(9) x,y 中有一个小于 z。________。

(10) x,y 都大于 z。________。

3. 写出下列表达式的值。

(1) 100+33 Mod 10 \ 7+Asc(" a ")________。

(2) 100 +" 100 " +123 ________。

(3) Len(" VB 程序设计语言")________。

(4) 10+True−5 ________。

(5) s= " 123456 ",表达式：Val(left(s,2)+Mid(s,4,2))的值 ________。

(6) Year("2014-5-12")的值。________。

(7) Format(1234.567, " 00.00 ")的值。________。

(8) Round(1234.567,0)的值。________。

第4章 VB程序设计基础

程序设计是一个将算法转换为用程序设计语言表示的过程。在学习程序设计之前，首先应该熟悉算法以及算法的表示方法。第1章中讲述了算法的定义及算法的表示方法，并详细介绍了结构化程序设计的三种基本结构，即顺序结构、选择结构和循环结构。本章主要学习VB中顺序结构相关的语句和函数。

4.1 顺序结构

顺序结构是按照程序中语句的书写顺序依次执行语句的程序结构。顺序结构不含流程的跳转，构成顺序结构的语句不能改变程序的流程。顺序结构的流程图如图4-1所示。VB中顺序结构主要由赋值语句、输入语句(或函数)、输出语句(或函数)实现。

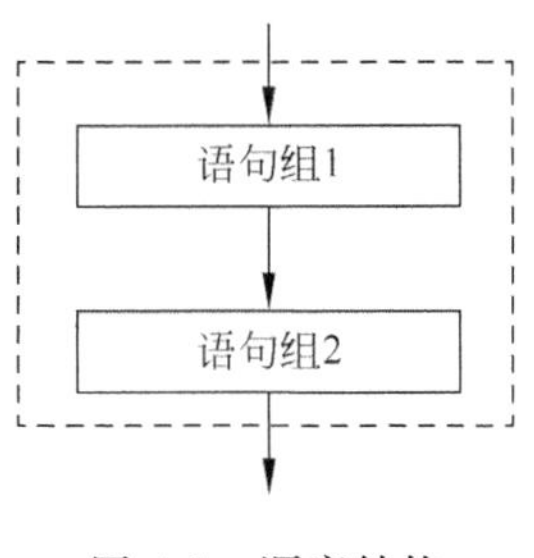

图4-1 顺序结构

4.2 赋值语句

在顺序结构中赋值语句是使用得最多的语句。赋值语句可以将指定的值赋给某个变量或对象的某个属性，赋值语句也是VB程序中最常用的语句。

1. 赋值语句的一般格式

```
[Let]名称 = 表达式
```

说明：

(1) Let：语句关键字，可以省略。

(2) 名称：变量名、对象的属性名。

(3) "="：赋值号

(4) 表达式：可以是任何合法的表达式，值类型必须和赋值号左边的变量或属性的数据类型一致，否则程序运行时会显示"类型不匹配"的错误信息，如图4-2所示。

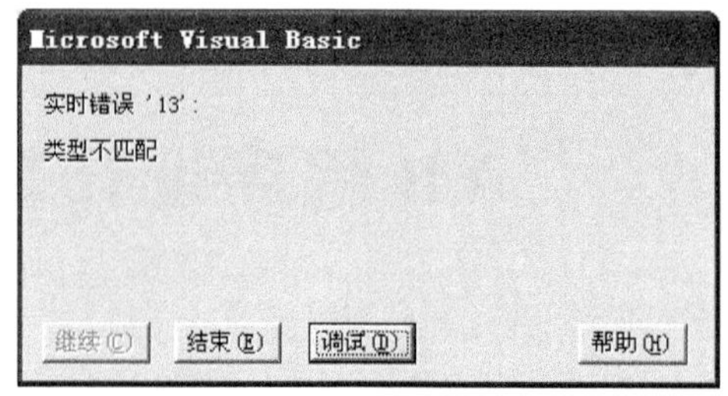

图 4-2 “类型不匹配”的错误信息

2. 赋值语句常用格式

格式 1：

```
变量名 = 表达式
```

格式 2：

```
[对象名.]属性名 = 表达式
```

赋值语句的执行过程是，先计算“=”右边表达式的值，然后将该值赋给“=”左边的变量或对象的属性。在格式 2 中，若省略对象名，则对象默认为当前窗体。

例如：

```
x = 1                         '把 1 赋给 x
y = x * 3                     '计算 x * 3 的值,得 3,把 3 赋给 y
x = x + 1                     '计算 x + 1 的值,得 2,把 2 赋给 x
a$ = "Hello"                  '把"Hello"赋给 a
Text1.Text = "VB 程序设计!"    '把"VB 程序设计!"赋给 Text1 的 Text 属性
```

注意：

(1) 赋值号与关系运算符的等号都用“=”表示，VB 系统会根据“=”所处的位置自动判断是何种意义的符号，也就是在关系表达式中出现的判为等号，否则判为赋值号。

(2) 赋值号左边的名称只能是变量名或对象的属性名，不能是常量和表达式。下面均为错误的赋值语句。

```
Time() = i + j                '左边是内部函数
6 = sqr(x) + y + z            '左边是常量
X + y = 2                     '左边是表达式
```

3. 赋值号两边数据类型不同时的处理

(1) 当表达式为数值型且与变量类型不同时，表达式的值会自动转换为左边变量的类型。例如：

```
i% = 3.5                      'i 为整型变量,转换时四舍五入,结果是 i 的值为 4
```

(2) 当左边变量是数值类型，表达式是数字字符串，会自动转换成数值类型再赋值；当表达式是非数字字符或空串，则出错。例如：

```
i% = "123"                    'i 的值是 123,等价于 i% = val("123")
i% = "1a12"或 i% = ""          '程序运行时会弹出"类型不匹配"的错误信息对话框,如图 4-2 所示
```

(3) 当将逻辑型数据赋值给数值型变量时，True 转换为－1，False 转换为 0；反之当数值型数据赋值给逻辑型变量时，非 0 转换为 True，0 转换为 False。

(4) 任何非字符类型数据赋值给字符类型变量时，将自动转换为字符类型。

建议使用转换函数将表达式的值的数据类型转换为赋值号左边变量的类型，以保证程序的正常运行。

【例 4.1】 已知半径，求圆的周长和圆面积。

分析：用户交互界面设计，输入圆半径，输出圆周长和圆面积。

算法设计，操作：接受用户输入的数据后，利用数学公式对数据进行计算，并把结果赋值给输出对象。

输入数据使用 TextBox 文本框对象，输出数据使用 Label 标签对象，操作使用 CommandButton 命令按钮对象。

数学公式为：

圆周长：$c=2\pi r$

圆面积：$s=\pi r^2$

(1) 界面设计。在窗体上创建 5 个标签、1 个文本框、1 个命令按钮，设置对象属性，如表 4-1 所示。

表 4-1 【例 4.1】对象属性设置

对　　象	属　　性	设　　置
Form1	Caption	计算圆的周长和面积
Label1	Caption	半径
Label2	Caption	周长：
Label3	Caption	面积：
Label4	Caption	Label4
Label5	Caption	Label5
Text1	Text	空
Command1	Caption	计算

设计完成的程序界面如图 4-3 所示。

(2) 编写程序代码。在命令按钮 Click 事件过程中编写代码如下：

```
Private Sub Command1_Click()
Dim r!, c!, s! '声明变量 r,c,s
    r = Val(Text1.Text)
    c = 2 * 3.14159 * r
    s = 3.141592 * r * r
    Label4.Caption = c
    Label5.Caption = s
End Sub
```

程序代码主要使用了赋值语句。“r = Val(Text1. Text)”是将用户输入的数据赋给变量 r，其中的 Val 函数是将 Text1 文本框中输入的文本转换为数值。后面的两句是计算圆的周长和面积，分别赋给变量 c 和 s。“Label4. Caption = c 和 Label5. Caption = s”两句是将圆周长和面积的值在标签上显示(输出)出来。

(3) 程序运行效果。程序运行时在文本框中输入数值 5，程序运行结果如图 4-4 所示。

图 4-3 【例 4.1】程序设计界面

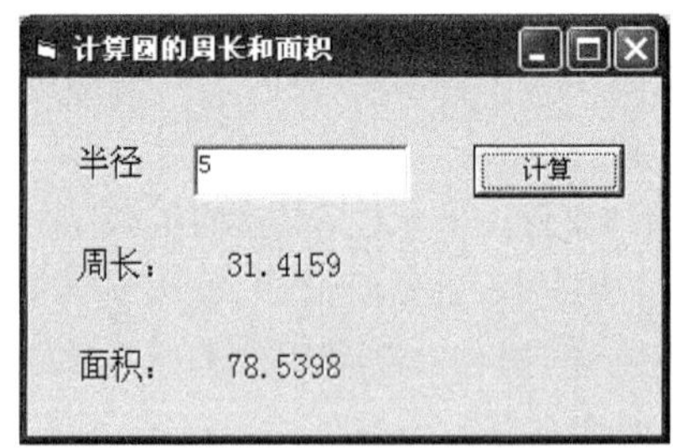

图 4-4 【例 4.1】程序运行界面

4.3 数据输入

程序运行时一般需要获取外部数据。计算机获取外部数据的方法一般是人机交互输入数据和从文件或数据库获取数据。从文件或数据库获取数据将在后续章节中讲述，这里主要讲述 VB 中人机交互输入数据的方法。

VB 中，一般通过文本框(TextBox 对象)、输入对话框(InputBox 函数)实现数据输入操作。

TextBox 对象在第 2 章已经讲述，它是在设计界面时创建的对象，用户输入的值存放在 Text 属性中，获取其值使用赋值语句。例如，x＝Val(Text1.Text)。

InputBox 函数是在程序运行时临时打开一个对话框，接受用户输入数据。例如：

```
x = Val(InputBox("输入 x:"))
```

InputBox 函数的格式：

变量[$] = InputBox(提示[,[标题][,[默认值][,[x 坐标][,[y 坐标]]]]])

作用：打开一个对话框，等待用户输入数据。当用户单击“确定”按钮时，函数返回输入的值，其值的数据类型为字符型；当用户单击“取消”按钮或按 Esc 键时，则放弃当前输入，返回值为空字符串。函数运行时的对话框如图 4-5 所示。

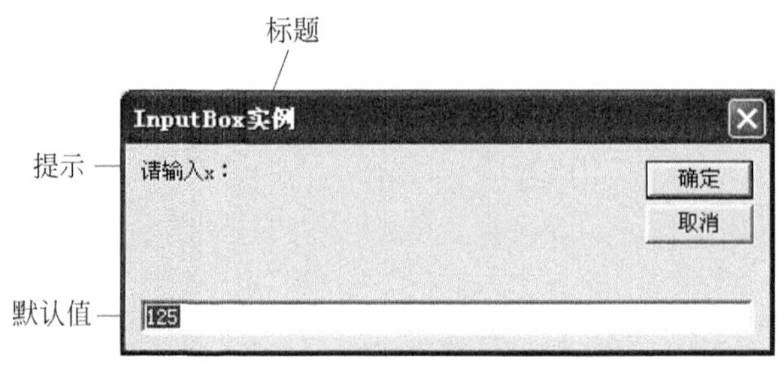

图 4-5 InputBox 函数的运行界面

InputBox 函数中各参数的含义：

(1)"提示"：必选项。字符串表达式，在对话框中作为提示信息。若要用多行显示提示信息，则可以在各行之间用 vbNewLine、chr(10)或 chr(13)来分隔，vbNewLine 是代表回车换行的常量。例如：

```
s = InputBox ("第一行" & vbNewLine & "第二行")
s =  InputBox ("第一行" & chr(10) & "第二行")
s =  InputBox ("第一行" & chr(13) & "第二行")
```

(2)"标题"：字符串表达式，在对话框中标题栏显示。若省略，则标题为应用程序名。

(3)"默认值"：字符串表达式，在没有其他输入时作为默认值。

(4)"x 坐标位置""y 坐标位置"：整数表达式。坐标确定对话框左上角在屏幕上的位置。屏幕的左上角为坐标原点，单位为 Twip。1Twip==1/567cm。

注意：各项参数必须按次序一一对应，除了"提示"不能省略外，其余各项均可省略，但省略部分也要用逗号占位符表示。调用一次 InputBox 函数只能输入一个值。

例如

```
x  =  InputBox("输入数据" & vbNewLine & "x:", , "输入", 200, 200)
```

vbNewLine 是系统常量，值是回车换行，即其 ASCII 值是 13。

【例 4.2】 某公司业务员的工资由两部分组成，即底薪和绩效工资。假设底薪为 2000 元，绩效工资为营业额的 5%。输入底薪和本月营业额，计算实发工资并显示。

(1) 界面设计。在窗体上创建 3 个标签对象、1 个命令按钮对象，设置对象属性，如表 4-2 所示。

表 4-2 【例 4.2】对象属性设置

对　　象	名　　称	属　　性	设　　置
Form1	Form1	Caption	计算工资
Label1	Label1	Caption	底薪：
Label2	Label2	Caption	本月营业额：
Label3	Label3	Caption	实发工资：
Command1	Command1	Caption	计算

设计完成的界面效果如图 4-6 所示。

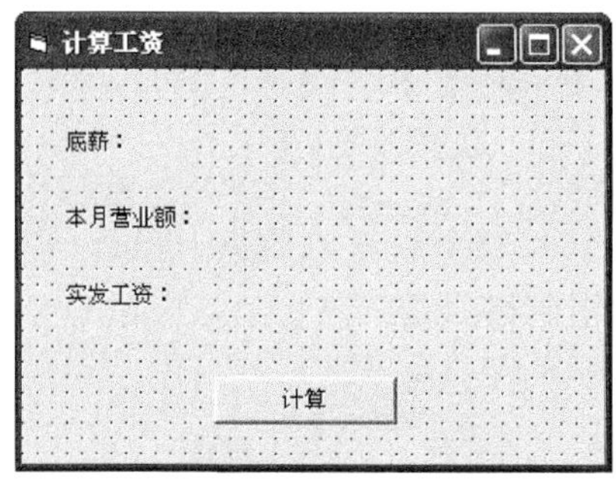

图 4-6 【例 4.2】程序设计界面

(2) 编写按钮的事件过程。在"计算"按钮的 Click 事件过程中编写程序代码如下：

```
Private Sub Command1_Click()
  Dim dx As Integer
  Dim yye As Single
  Dim sfgz As Single
  dx = 2000
  yye = Val(InputBox("输入本月营业额:", "计算工资"))
  sfgz = dx + yye * 0.05
  Label1.Caption = Label1.Caption & dx
  Label2.Caption = Label2.Caption & yye
  Label3.Caption = Label3.Caption & sfgz
End Sub
```

(3) 程序运行效果。最终程序的运行效果如图 4-7 所示。

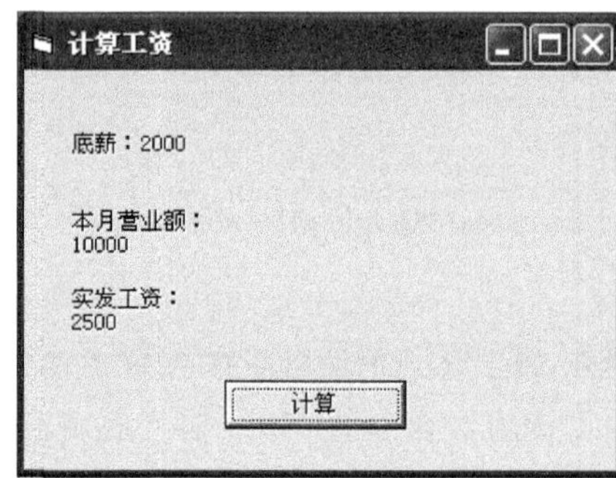

图 4-7 【例 4.2】的运行界面

4.4 数据输出

程序运行后一般要将计算结果输出。输出包括在屏幕上显示、打印机上打印及大批量数据输出到文件或数据库中三种方式。输出到文件或数据库中的方法将在后面章节讲述，本节主要讲述在屏幕上输出的方法。

VB 中一般通过 Print 方法、消息对话框(MsgBox 函数或过程)、文本框对象(TextBox)、标签对象(Label)等实现数据的输出。

4.4.1 文本框对象和标签对象

1. 文本框对象

利用文本框对象的 Text 属性既可以输入数据，也可以将计算结果输出显示。文本框对象作为输出时，一般使用的语句格式是：

```
Text1.Text = 表达式
```

2. 标签对象

利用标签对象的 Caption 属性可以将数据输出，显示到窗体上。一般使用的语句格式是：

```
Label1.Caption = 表达式
```

4.4.2 Print 方法

Print 方法的作用是在对象上输出信息，一般是在窗体(Form)或图片框(Picture)对象上输出。

1. 直接输出到窗体

使用 Print 方法可以在窗体或图片框上输出文本或表达式的值。

语法格式：

```
[对象名称.] Print [表达式列表][{,|;}]
```

功能：在对象上输出表达式的值。

说明：

(1) 对象名称：可以是窗体(Form)、图片框(PictureBox)或打印机(Printer)。如果省略"对象名称"，则在窗体上直接输出。

例如：

```
Print "12 * 3 = ";12 * 3                 '在当前窗体上输出 12 * 3 =  36
Picture1.Print "VB 程序设计"              '在图片框 Picture1 上输出"VB 程序设计"
Printer.Print "计算机软件"                '在打印机上输出"计算机软件"
```

(2) 表达式列表：是一个或多个表达式，可以是数值表达式或字符串。对于数值表达式，将输出表达式的值；对于字符串，则照原样输出。如果省略"表达式列表"，则输出一个空行。

(3) 当输出多个表达式时，各表达式之间用逗号分隔符(,)或分号分隔符(;)隔开。如果使用逗号分隔符，则各输出项按标准输出(分区输出)格式显示，即以 14 个字符宽度为单位将行分为若干区，逗号后面的表达式在下一个分区输出。如果使用分号分隔符，则按紧凑格式输出，即各输出项之间无间隔地连续输出在一行上。

当输出数据时，数值数据的前面有一个符号位，后面有一个空格，而字符串前后都没有空格。

(4) 如果在语句行的末尾使用分号分隔符，则下一个 Print 输出的内容将紧跟在当前 Print 所输出的信息后面；如果在语句行的末尾使用逗号分隔符，则下一个 Print 输出的内容将在当前 Print 所输出信息的下一个分区显示；如果省略语句行末尾的分隔符，则 Print 方法自动换行。

例如：

```
Print  1;2;3
Print  4,5,
Print  6
Print  7,8
Print
Print  9,10
```

输出结果为：

```
1 2 3
4             5             6
7             8

9             10
```

(5) Print 方法具有计算和输出的双重功能，对于表达式，总是先计算后输出。

例如：

```
Print 12;12 * 2;"计算机" & "程序设计"
```

输出结果为：

```
12  24  计算机程序设计
```

【例 4.3】 使用 Print 方法在窗体上直接输出字符串或数值表达式的值。设计界面时，窗体上只有一个命令按钮，显示为“输出”。程序运行后，单击“输出”按钮，则窗体上显示用 Print 方法输出的数据。

(1) 界面设计。在窗体上创建一个命令按钮，设置对象的属性，如表 4-3 所示。

表 4-3 【例 4.3】对象属性设置

对　　象	属　　性	设　　置
Form1	Caption	Print 方法实例
Command1	Caption	输出

设计完成的界面效果如图 4-8 所示。

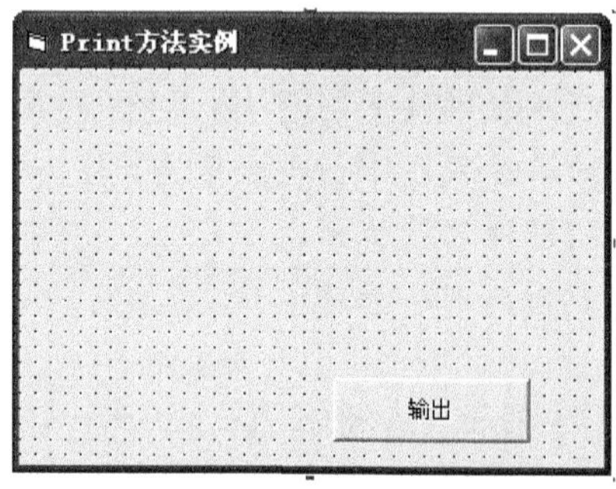

图 4-8 【例 4.3】程序设计界面

(2) 编写按钮的事件过程。在“输出”按钮的 Click 事件过程中编写程序代码如下：

```
Private Sub Command1_Click()
Print "2 * 3 + 5 = "; 2 * 3 + 5
  Print
  Print          "欢迎使用"
  Print ,        "Visual"
  Print , ,      "Basic"
  Print
```

```
  Print "        欢迎使用",
  Print "Visual"; "Basic"
End Sub
```

(3) 程序运行效果。最终程序的运行效果如图 4-9 所示。

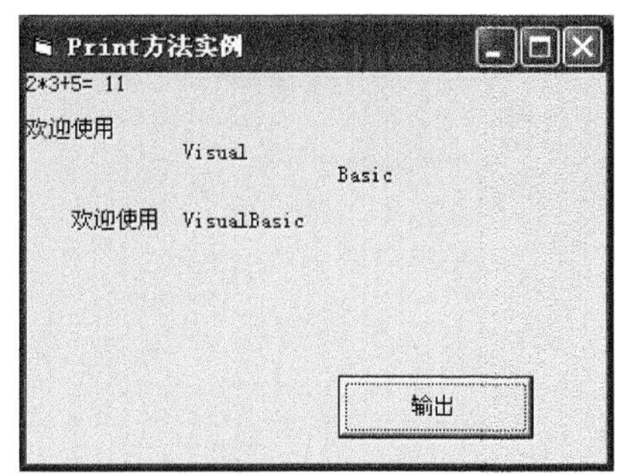

图 4-9 【例 4.3】运行结果界面

2. 定位输出

为了使数据按指定的位置输出，VB 提供了几个函数，使 Print 方法可以定位输出。

(1) Tab 函数。在 Print 方法中，可以使用 Tab 函数对输出定位。格式：

```
Tab(n)
```

其中，n 为数值表达式，其值为一整型数。Tab 函数把显示或打印位置移到由参数 n 指定的列数，从此列开始输出数据。要输出的内容放在 Tab 函数后面，并用分号隔开。

例如：

```
Print Tab(10); "学号" ;Tab(40); "姓名"
```

通常屏幕最左边的列号为 1。如果当前的显示位置已经超过 n，则自动下移一行。当 n 大于行的宽度时，显示位置为 n Mod 行宽。当在一个 Print 方法中有多个 Tab 函数时，每个 Tab 函数对应一个输出项，各输出项之间用分号隔开。

(2) Spc 函数。在 Print 方法中，还可以使用 Spc 函数来对输出进行定位。与 Tab 函数不同，Spc 函数返回值是若干个空格。格式：

```
Spc(n)
```

其中，n 为数值表达式，其值为一整型数，表示在显示或打印时下一个表达式之前插入的空格数。Spc 函数与输出项之间用分号隔开。

例如：

```
Print "ABC" ; Spc(5); "DEF"
```

输出结果为：

```
ABC   DEF
```

当 Print 方法与不同大小的字体一起使用时，使用 Spc 函数打印的空格字符的宽度总是等于选用字体内以磅数为单位的所有字符的平均宽度。

Spc 函数与 Tab 函数的作用类似，可以互相代替。但应该注意，Tab 函数从对象的左端开始计数，而 Spc 函数只表示两个输出项之间的间隔。

除 Spc 函数外，还可以用 Space 函数，该函数与 Spc 函数的功能类似。

【例 4.4】 在【例 4.3】中使用 Tab 函数与 Spc 函数，如图 4-10 所示。

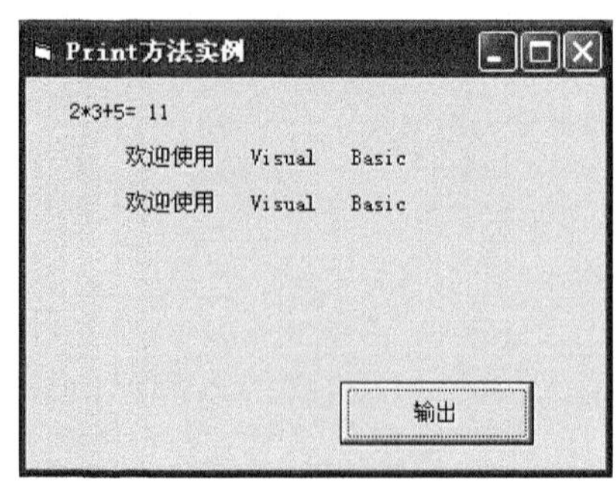

图 4-10 使用 Tab 函数与 Spc 函数

只需改写命令按钮的 Click 事件代码：

```
Private Sub Command1_Click()
    Print
    Print Tab(5);          "2 * 3 + 5 = "; 2 * 3 + 5
    Print
    Print Tab(10);         "欢迎使用"; Tab(21); "Visual Basic"
    Print
    Print Tab(10);         "欢迎使用"; Spc(3); "Visual"; Spc(3); "Basic"
End Sub
```

3. 输出到图片框

图片框(PictureBox)对象也具有 Print 方法，因此，前面的例子也可以输出到图片框里。

【例 4.5】 使用 Print 方法在图片框中输出字符串或表达式的值。设计界面时，窗体上有一个图片框和一个命令按钮，命令按钮显示为“输出”，程序运行后，单击“输出”按钮，图片框上就显示用 Print 方法输出的数据。

(1) 界面设计。在窗体上创建 1 个图片框对象、1 个命令按钮对象，设置对象属性，如表 4-4 所示。

表 4-4 【例 4.5】对象属性设置

对　　象	属　　性	设　　置
orm1	Caption	Print 方法实例
Picture1	BackColor	白色
Command1	Caption	输出

设计完成的界面效果如图 4-11 所示。

(2) 编写命令按钮的事件过程。在“输出”按钮的 Click 事件过程中编写程序代码如下：

```
Private Sub Command1_Click()
Picture1.Print
```

```
Picture1.Print Tab(5);        "2 * 3 + 5 = "; 2 * 3 + 5
Picture1.Print
Picture1.Print Tab(10);       "欢迎使用"; Tab(20); "Visual Basic"
Picture1.Print
Picture1.Print Tab(10);       "欢迎使用"; Spc(2); "Visual"; Spc(2); "Basic"
End Sub
```

(3) 程序运行效果。最终程序的运行效果如图 4-12 所示。

图 4-11 【例 4.5】程序设计界面

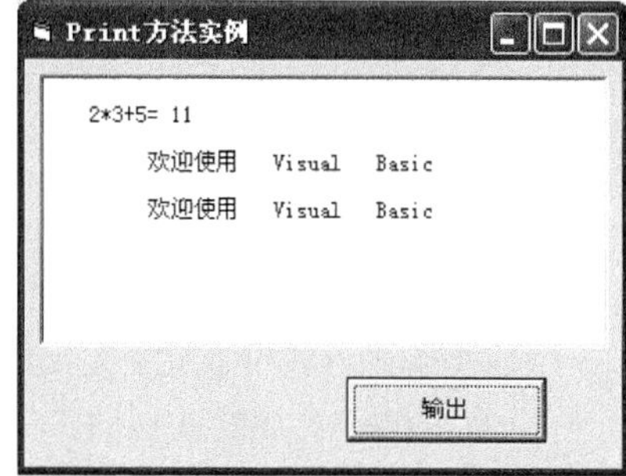

图 4-12 【例 4.5】的运行界面

4. 清除方法 Cls

Cls 方法可以清除 Form 或 PictureBox 对象上由 Print 方法或图形方法在运行时输出的文本或图形,清除后的区域以背景色填充。但设计时使用 Picture 属性设置的背景位图和放置的对象不受 Cls 影响。格式:

```
[对象名称.] Cls
```

其中,对象名称可以是窗体(Form)名或图片框(PictureBox)名,如果省略"对象名称",则清除窗体上由 Print 方法和图形方法在运行时所输出的文本或图形。

【例 4.6】 在【例 4.3】中使用 Cls 方法清除窗体中由 Print 方法所生成的文本,运行结果如图 4-13 所示。

只需在【例 4.3】中增加命令按钮 Command2(清屏),并且编写其 Click 事件代码:

```
Private Sub Command2_Click()
    Cls
End Sub
```

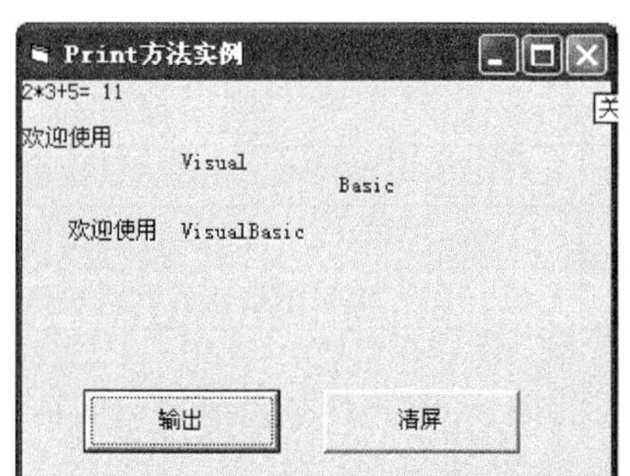

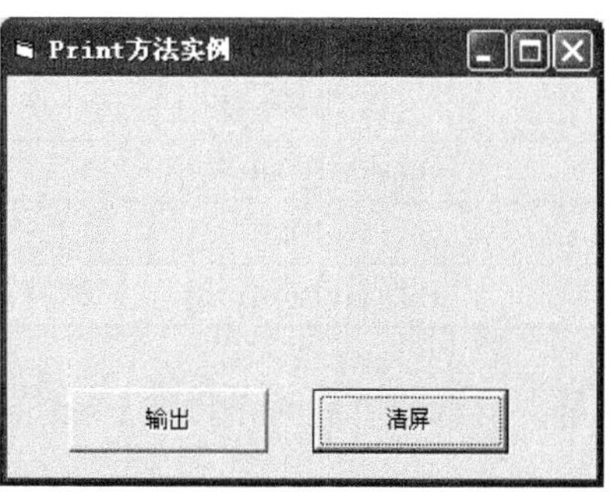

图 4-13 【例 4.6】的运行界面

4.4.3 消息对话框 MsgBox 函数和过程

MsgBox 的作用是在屏幕上打开一个消息框，通知用户消息并等待用户选择消息框中的按钮。

MsgBox 函数的格式：

```
变量[%] = MsgBox(提示[,[按钮][,标题]])
```

MsgBox 过程的格式：

```
MsgBox 提示[,[按钮][,标题]]
```

其中：

(1) “提示”和“标题”的含义同 InputBox 函数。

(2) “按钮”为整型表达式，其值是三个数值之和，这三个数值分别代表钮的数目及类型、使用的图标样式及默认按钮。表 4-5～表 4-7 分别列出了这三个数值的含义。

表 4-5　按钮的类型及其对应的值

值	符号常数	描　述
0	vbOKOnly	确定按钮
1	vbOKCancel	确定和取消按钮
2	vbAbortRetryIgnore	放弃、重试和忽略按钮
3	vbYesNoCancel	是、否和取消按钮
4	vbYesNo	是和否按钮
5	vbRetryCancel	重试和取消按钮

表 4-6　图片的样式及其对应的值

值	符号常数	描　述
16	vbCritical	关键信息图标
32	vbQuestion	询问信息图标“?”
48	vbExclamation	警告信息图标“!”
64	vbInformation	信息图标

表 4-7　默认按钮及其对应的值

值	符号常数	描　述
0	vbDefaultButton1	第一个按钮为默认按钮
256	vbDefaultButton2	第二个按钮为默认按钮
512	vbDefaultButton3	第三个按钮为默认按钮

当用户单击消息框中的一个按钮后，消息框关闭，并将用户单击的按钮的值赋值给赋值号左边的变量。

MsgBox 函数的返回值是根据用户所单击的按钮而定的，见表 4-8。

表 4-8　MsgBox 函数的返回值

值	符号常数	描　　述
1	vbOK	确定
2	vbCancel	取消
3	vbAbort	放弃
4	vbRetry	重试
5	vbIgnore	忽略
6	vbYes	是
7	vbNo	否

通常,在程序中要根据 MsgBox 函数返回值的不同作不同的处理,这需要用到后面章节中介绍的选择结构方面的知识。

MsgBox 过程执行时也产生一个消息框,但 MsgBox 过程没有返回值,因此常用于信息提示。

【例 4.7】 编写一个账号和密码输入验证程序,验证规则是:

① 账号由不超过 6 位的数字组成,输入不正确时显示消息框提示。

② 密码为不超过 6 位的字符,输入时文本框内显示"*"。假设密码为"Good",按登录按钮验证密码正确性,密码输入错误时,显示"密码错误"提示消息框。

(1) 界面设计。在窗体上创建 2 个标签、2 个文本框、1 个命令按钮,设置对象属性,如表 4-9 所示。

表 4-9　【例 4.7】对象属性设置

对　　象	属　　性	设　　置
Form1	Caption	用户登录
Label1	Caption	账号:
Label2	Caption	密码:
Text1	Text	空
	MaxLength	6
Text2	Text	空
	PasswordChar	*
	MaxLength	6
Command1	Caption	登录

设计完成的界面效果如图 4-14 所示。

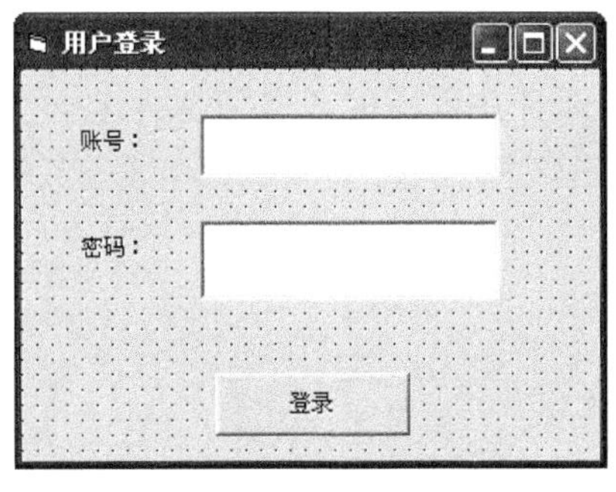

图 4-14　【例 4.7】程序设计界面

(2) 编写程序代码。在"登录"按钮的 Click 事件过程和文本框失去焦点的事件过程中编写程序代码如下：

```
Private Sub Command1_Click()
    Dim i As Integer
    If Text2.Text <> "Good" Then
    i = MsgBox("密码错误!", 5 + 48, "警告")
    If i = 4 Then
      Text2.Text = ""
      Text2.SetFocus
    Else
      End
    End If
  End If
End Sub

Private Sub Text1_LostFocus()
   If Not IsNumeric(Text1.Text) Then
     MsgBox "账号必须输入数字", , "警告"
     Text1.Text = ""
     Text1.SetFocus
   End If
End Sub
```

(3) 程序运行效果。程序运行效果如图 4-15 所示，错误提示界面如图 4-16 所示。

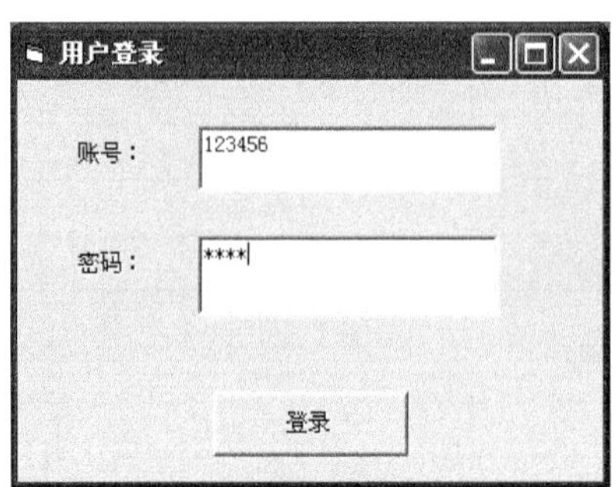

图 4-15 【例 4.7】的运行界面

图 4-16 【例 4.7】错误提示界面

4.4.4 注释语句和结束语句

1. 注释语句

为了提高程序的可读性，通常在程序的适当位置加上必要的注释。在 VB 中用"'"或 Rem 来标识一条注释语句。格式为：

'|Rem <注释内容>

例如：

```
Rem  2010年编写
Private Sub Form_click()
    Dim a$                          '定义一个字符串变量
```

```
    a = "Visual Basic6.0 中文版"        '为变量赋值
    Print a                             '打印 a 的内容
End Sub
```

说明：

(1) 注释语句是非执行语句，不参加程序的编译，对程序的运行结果毫无影响。但在程序清单中，注释语句被完整地显示出来。

(2) 注释内容可以是任意字符。

(3) 注释语句除用来注释外，在调试程序时，还可用它将某些语句暂时屏蔽。若继续调试时发现被屏蔽的语句有用，去除注释标记即可。

(4) 注释语句在程序中呈绿色，很容易和非注释语句区别。

2. 结束语句

格式：

```
End
```

End 语句用来结束程序的执行，并关闭已打开的文件。

例如：

```
Private Sub Command3_Click()
  End
End Sub
```

该过程用于结束程序，即单击 Command3 按钮，结束程序的运行。

若一个程序没有 End 语句，此时要结束程序必须执行"运行"菜单中的"结束"命令，或单击工具栏中的"结束程序"图标。为了保持程序的完整性，特别是要求生成 EXE 文件的程序，应该含有 End 语句，并通过 End 语句结束程序的执行。

4.5 程序的调试

在程序开发过程中，不可避免地会发生错误。程序调试就是对程序进行测试，查找程序中的错误并将其改正。程序调试是程序开发过程中十分重要的一个环节。下面简要介绍如何使用 VB 的调试工具，程序调试的一般方法以及错误的捕获和错误处理程序的设计方法。

4.5.1 应用程序中的错误类型

程序设计中常见的错误可分为以下三种：编译错误、运行错误和逻辑错误。

1. 编译错误

编译错误指 VB 在编译程序过程中出现的错误。此类错误是由于代码书写错误而产生的，例如关键字输入错误，遗漏了必需的标点、符号等。

编译错误多因语法不能满足编译而发生，故也称为语法错误。

例如，Printt "hello" 语句会导致编译错误。如图 4-17 所示。

当在代码窗口中输入一个语句时，为了使 VB 能够立即显示语法出错信息，应选中"自动语法检测"。选择"工具"菜单中的"选项"，在"选项"对话框的"编辑器"选项卡中，即可选中或清除"自动语法检测",如图 4-18 所示。

图 4-17　VB 编译错误

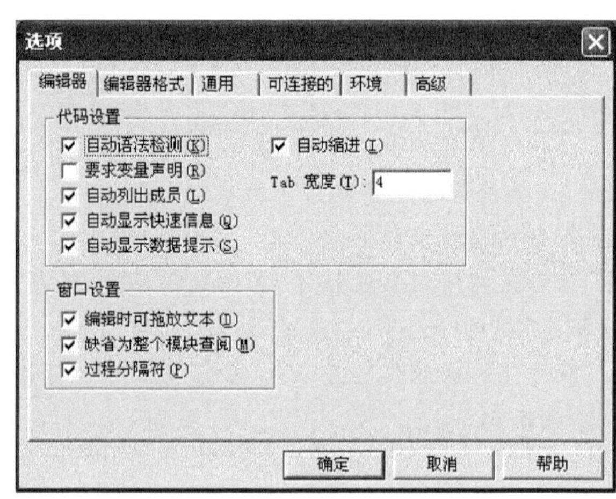

图 4-18　自动语法检测

对于结构性语句,例如,For…Next 语句、Select…Case 语句、Do…Loop 语句等,在输入代码时编译系统不会检查其前后语句是否对应,但当用户运行存在此类缺陷的程序时,系统因无法编译仍将给出编译错误。例如,有下面的一段代码:

```
Private Sub Form_click()
score = Val(InputBox("input a number"))
Select Case score
    Case Is >= 85
        Print "优秀"
    Case Is >= 60
        Print "合格"
    Case Else
        Print "不合格"
End Sub
```

由于输入时遗漏了与 Select Case 对应的 End Select,当程序运行,单击窗体 Form1 时,系统将给出编译错误信息,如图 4-19 所示。如果用户在建立上述代码后没有执行 Form1_Click 事件,而试图生成该工程的 EXE 文件时,系统也会给出同样的编译错误。

2. 运行错误

运行错误指编译通过后,代码执行了非法操作或某些操作失败而发生的错误。例如,要打开的文件没找到,除法运算时除数为零,数据溢出等。通常,运行错误是指那些语句本身没有语法错误,但却无法执行的语句。

例如:

```
average = Sum / amount      '错误提示如图 4-20 所示
   Print 245 * 1000         '由于 245 * 1000 的值超过了整数的范围,也会弹出同样的错误提示
```

单击"结束"按钮,可中止程序的运行;单击"调试"按钮,将进入中断模式,光标定位在发现错误的语句处,并可进行修改;单击"帮助"按钮,若事先安装了 VB 帮助文件,将会获得有关此错误的帮助信息。

图 4-19　VB 编译错误

图 4-20　VB 运行错误

3. 逻辑错误

逻辑错误是在没有任何系统提示的情况下，却导致应用程序未能按照预期目标执行的那些错误。导致逻辑错误的原因很多，有时很难查找。

例如：

把语句 s=s+l 中的英文字母 l 写成了数字 1。

将语句 c=a+b 中的+写成了 * 等等。

通常，逻辑错误不会产生错误提示信息，故较难排除，需要程序员认真分析，有时需借助调试工具才能查出原因并改正。

4.5.2　三种模式

VB 开发环境有三种模式：设计模式，运行模式和中断模式。开发环境中的标题能够显示出当前所处的模式，如图 4-21 所示。

图 4-21　VB 标题栏上三种模式的显示

1. 设计模式

创建应用程序的大多数工作都是在设计模式下完成的。启动 VB 后就进入了设计模式。

2. 运行模式

单击“启动”按钮进入运行模式。在运行模式，用户可以与应用程序交互，还可以查看代码，但不能修改代码。

3. 中断模式

在运行时，选择“运行”菜单中的“中断”命令可切换到中断模式。此外，应用程序在运行时产生错误，也可以自动切换到中断模式。在中断模式下，可以查看并编辑代码，重新启动应用程序，结束执行或从中断处继续运行。大多数调试工具只能在中断模式下使用。

4.5.3 程序调试方法

1. VB 6.0 系统的调试工具

程序中的错误是难以避免的，VB 6.0 中提供了专门的调试工具来进行错误跟踪与调试。

(1) 设置自动语法检测。在 VB 编辑器中，有一些自动功能可以使用户的编程非常方便、快捷。要设置编辑器的自动功能，可单击"工具"菜单中的"选项"菜单项，并在弹出的"选项"对话框中选择"编辑器"选项卡，如图 4-22 所示。

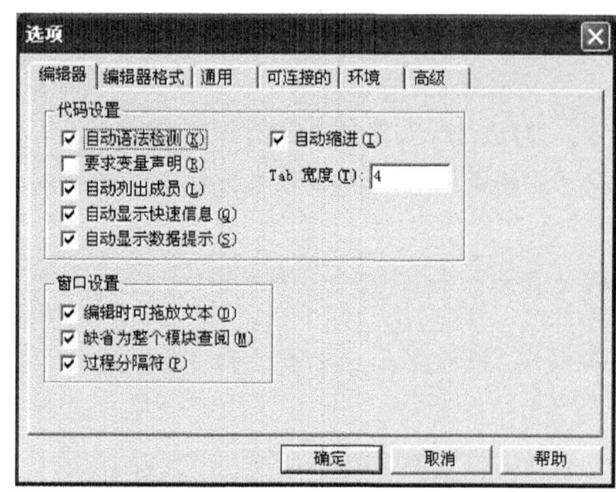

图 4-22 "选项"对话框

(2) 调试工具。调试工具能够分析代码的运行过程，跟踪变量、表达式和属性值的变化情况。VB 有专门的调试菜单和调试工具栏。在使用调试工具时，可以通过"调试"菜单进行操作，如图 4-23 所示。也可以右击"工具栏"，选择"调试"，激活"调试"工具栏，使用调试工具栏进行调试，如图 4-24 所示。

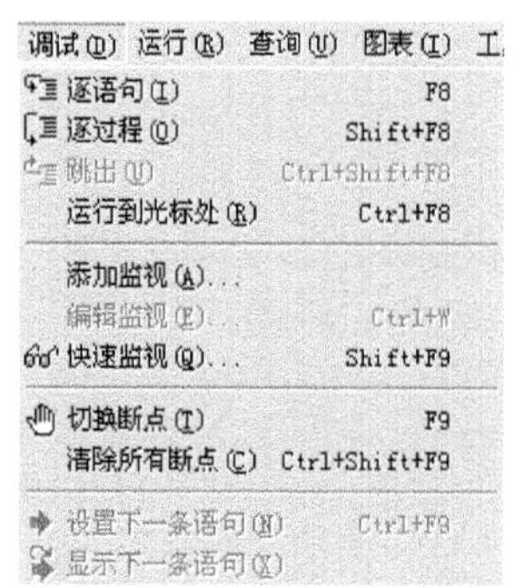

图 4-23 "调试"菜单

图 4-24 "调试"工具栏

2. 调试和排错方法

在 VB 中利用什么工具和如何进行调试，这是我们下面要解决的问题。

1）控制程序的运行

为了控制程序的运行，可以运用设置断点、插入观察变量、逐行执行和过程跟踪等方式。

（1）设置断点。VB 在运行应用程序时，遇到具有断点的代码会中断应用程序的执行。通常，断点被设置在代码被怀疑可能有问题的区域。断点可以在设计模式或中断模式下设置。设置断点的简便方法是在代码窗口中，在要设置断点的那一行代码的灰色左页边上单击。若要取消断点，单击断点行左边小圆点即可。

（2）逐语句执行。在设计模式或中断模式下，按 F8 键或单击“调试”菜单中的“逐语句”就进入逐语句执行方式。每按一次 F8 键就执行一个语句。

2）程序调试窗口

在中断模式下，利用调试窗口可以观察有关变量的值。VB 提供了“立即”“本地”“监视”和“堆栈”四种调试窗口。

（1）立即窗口。立即窗口可以在中断模式下自动激活，还可以通过其他方法打开。如单击“调试”工具栏上的“立即窗口”按钮、“视图”工具栏上的“立即窗口”命令或按下 Ctrl+G 快捷键。该窗口是最方便、最常用窗口，如图 4-25 所示。

图 4-25　立即窗口

（2）本地窗口。该窗口只显示当前过程中的所有变量和对象值，只在中断模式下可用，在设计和运行时均不可用。当程序的执行从一个过程切换到另一过程时，本地窗口的内容也会随之发生相应的变化，即它只反映当前过程中可用的变量，如图 4-26 所示。

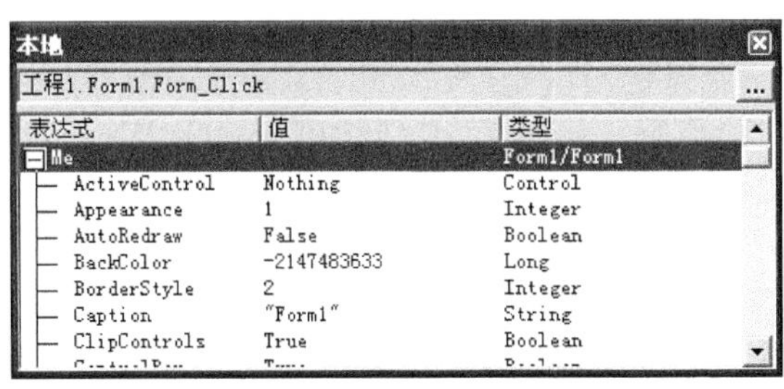

图 4-26　本地窗口

（3）监视窗口。该窗口在代码运行过程中监控并显示当前所监视的表达式的值。在中断状态下，可以用监视窗口显示当前的某个变量或表达式的值。在使用监视窗口监视表达式的值时，应首先利用“调试”菜单中的“添加监视命令”或“快速监视”命令添加监视表达式及设置监视类型，如图 4-27 所示。

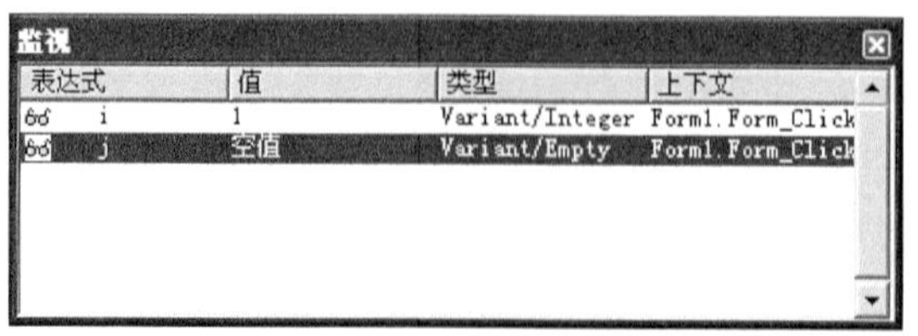

表达式	值	类型	上下文
i	1	Variant/Integer	Form1.Form_Click
j	空值	Variant/Empty	Form1.Form_Click

图 4-27　监视窗口

(4) 堆栈窗口。当应用程序执行一系列嵌套过程时,使用堆栈窗口可以跟踪操作的过程。当程序的嵌套比较复杂时,使用单步跟踪不能清楚地对程序进行监视,用"调用堆栈"对话框可以使该操作过程比较清楚地显现出来。单击工具栏中的"调用堆栈"按钮,可激活"调用堆栈"对话框,如图 4-28 所示。

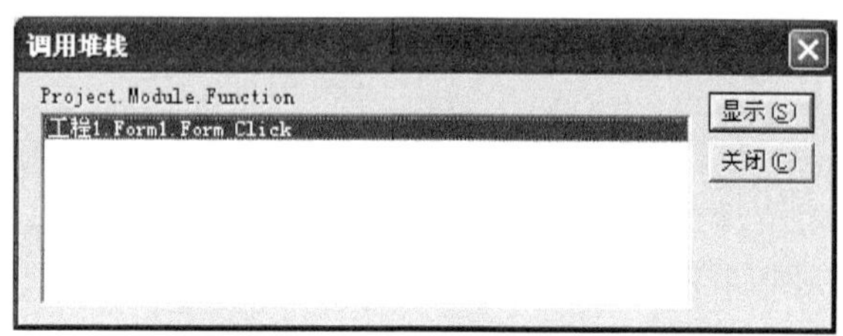

图 4-28　"调用堆栈"对话框

4.5.4　出错处理

利用 VB 系统中的调试工具可以排除程序中代码的错误,但是无法处理由于运行环境、资源使用等原因出现的错误。为了捕获错误,VB 提供了错误捕获与错误处理语句。

1. 设置错误捕获

当出现错误时,使用 On Error Goto 设置错误捕获陷阱,从而截取可捕获的错误。

语法是:

(1) On Error Goto 行号| 行标号

功能:该语句用来设置错误陷阱,并指定错误处理子程序的入口。"行号"或"行标号"是错误处理子程序的入口,位于错误处理子程序的第一行。

例如:

```
On Error Goto 100
```

指当发生错误时,跳到从行号 100 开始的错误处理子程序。

(2) On Error Resume Next

功能:当程序发生错误时,程序不会中止执行,而是忽略错误,继续执行出错语句的下一条语句。

(3) On Error Goto 0

功能:取消程序中先前设定的错误陷阱。

2. 编写错误处理程序

当程序中出现运行错误时，程序的运行将转到错误处理程序，错误处理程序根据可预知的错误类型决定采取何种措施。错误处理程序可根据需要而定，可繁可简。

3. Resume 语句

错误处理程序通过 Resume 语句结束。

习 题 4

一、选择题

1. InputBox 函数的第 1 个参数的含义是(　　)

A. 对话框标题栏上显示的标题

B. 自动显示在对话框的输入框中的默认值

C. 对话框上显示的提示字符串

D. 对话框左上角相对于窗体的位置坐标

2. 执行了语句 MsgBox "消息框", , "错误信息"后，所产生的消息框的标题是(　　)

A. "错误信息"　　B. 无标题

C. "消息框"　　D. 出错，不能产生信息框

3. Print Format(1234.56, "###.#") 语句输出的是(　　)

A. 123.4　　B. 1234.56　　C. 1234.5　　D. 1234.6

4. 下面可以交换变量 a、b 中值的程序段是(　　)

A. a=b: b=a　　B. a=c: c=b: b=a

C. b=a: a=c: c=b　　D. c=a: a=b: b=c

5. 当 MsgBox 函数返回值为 1 时，对应的符号常量是 vbOk。那么此时用户所做的操作是(　　)。

A. 用户单击了对话框中的"确定"按钮

B. 用户单击了对话框中的"取消"按钮

C. 用户单击了对话框中的"是"按钮

D. 用户单击了对话框中的"否"按钮

6. 由于在 VB 中，InputBox 函数的默认返回值类型为字符串，那么当用 InputBox 函数作为数值型数据输入时，下列操作中可以有效防止程序出错的操作是(　　)。

A. 事先对要接收的变量定义为数值型

B. 在函数 InputBox 前面使用 Str 函数进行类型转换

C. 在函数 InputBox 前面使用 Value 函数进行类型转换

D. 在函数 InputBox 前面使用 String 函数进行类型转换

7. 下面语句中，可以在当前窗体上输出 123,456.789 的语句是(　　)。

A. Print Format(123456.789,"000,000.00")

B. Print Format(123456.789,"00,000.00")

C. Print Format(123456.789,"###,###.###")

D. Print Left("123456.789",9)

8. 下面关于 MsgBox 函数的说法中，不正确的是（　　）。
   A. MsgBox 函数的第一个参数是 Prompt，表示在消息框中要显示给用户的信息
   B. MsgBox 函数第二个参数是 Title，表示消息框的标题，显示在消息框窗口顶部的标题栏区
   C. MsgBox 函数必须有 Prompt 参数
   D. MsgBox 函数可以不要 Title 参数

二、填空题

1. 算法的基本控制结构有三种：顺序结构、________和________。
2. 赋值语句中"＝"左边必须是________，右边是表达式。
3. Print 方法在输出时，若使用逗号分隔符，则输出项以________个字符宽度为单位将输出行分为若干区段。
4. InputBox 函数返回值的类型是________。
5. MsgBox 函数返回一个与用户所选按钮相对应的________
6. 在 VB 中用________或________来标识一条注释语句。
7. End 语句的作用是________。
8. VB 的三种模式是：设计模式、________和________。

三、指出下列赋值语句中的错误

1. 5a＝Sqr(b)＋c
2. x＋y＝a * b
3. x＝1＋Sqr(－5)
4. y＝Sin(x)/(10 Mod 2)

四、简答题

1. MsgBox 函数与 InputBox 函数的区别是什么？各自返回值的数据类型是什么？
2. 下面程序段的输出结果是什么？

```
Private  Sub  Command_Click( )
   a = 23
   b = a\5
   c = a Mod 10
   Print  a + b + c
End Sub
```

第5章 选择结构

现实生活中的问题往往是复杂多变的，我们应用计算机的目的就是要解决现实中的问题，因此仅采用顺序结构是不够的，必须利用选择等结构来解决现实应用中的各种复杂问题。

例如，比较两个数的大小，计算出这两个数中较大的数。这个问题人工计算起来并不复杂，但如果用计算机来解决，我们需要考虑如何将这一算法用计算机程序设计语言描述。这时，需要计算机作出判断，而用顺序执行的语句是无法描述的。

本章主要介绍选择结构，其特点是：根据不同的"条件"，选择执行不同分支的语句，并且在任何情况下均有"无论分支多少，必择其一；纵然分支众多，仅选其一"。

VB中提供了多种形式的条件语句来实现选择结构。即对条件进行判断，根据判断结果，选择执行不同的分支。VB中实现选择结构的语句有：If…Then语句、If…Then…Else语句及Select Case语句。

5.1 单分支结构

If语句即条件语句，它根据的给定条件，决定是否执行Then子句里面的语句块。VB中单分支结构语句由块式If语句和行式If语句实现。

5.1.1 块式单分支If语句

1. 语法格式

```
If <表达式> Then
    语句块
End If
```

2. 说明

表达式：一般为关系表达式、逻辑表达式或算术表达式。当为算数表达式时，表达式值非零为True(真)，否则为False(假)。

语句块：可以是一个或多个语句。

3. 执行过程

(1) 首先判断表达式的值；

(2) 当表达式的值为True(真)时，执行Then后的语句块；

(3) 当表达式的值为False(假)则跳过If执行End If后面的语句。

4. 流程图

块式单分支 If 语句流程图如图 5-1 所示。

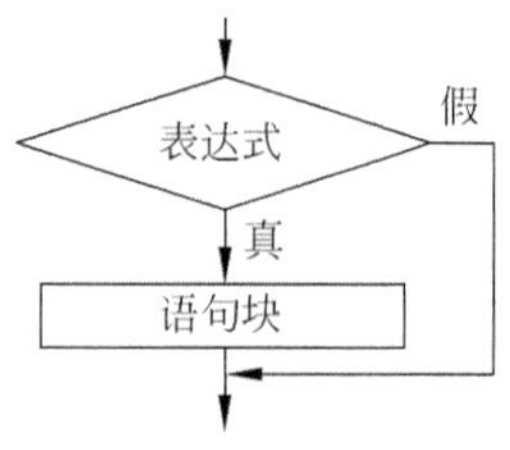

图 5-1 块式单分支 If 语句流程图

【例 5.1】 设计一个 100 以内整数的加法程序。程序要求：用 Label1 和 Label3 显示随机生成的两个 100 以内的整数，用户在文本框中输入计算结果，单击“计算”按钮后，在 Label5 中显示答案是否正确。

(1) 界面设计。在窗体上创建 5 个标签、1 个文本框、1 个命令按钮，设置对象属性，如表 5-1 所示。

表 5-1 【例 5.1】对象属性设置

对象	属性	设置
Form1	Caption	加法计算
Label1	Caption	空
Label2	Caption	+
Label3	Caption	空
Label4	Caption	=
Label5	Caption	空
TextBox1	Text	空
Command1	Caption	计算

设计完成的程序界面如图 5-2 所示。

(2) 编写程序代码。分别在 Form_Load 事件和 Command_Click 事件过程编程如下：

```
Private Sub Form_Load()
   Label1.Caption = Int(Rnd * 100)
   Label3.Caption = Int(Rnd * 100)
End Sub
Private Sub Command1_Click()
   Dim x%, y%, z%
   x = Val(Label1.Caption)
   y = Val(Label3.Caption)
   z = Val(Text1.Text)
   If x + y = z Then
    Label5.Caption = "计算正确"
   End If
   If x + y <> z Then
    Label5.Caption = "计算错误"
   End If
End Sub
```

(3) 程序运行结果。程序运行时，产生了被加数和加数，在文本框中输入计算结果，程序运行效果如图 5-3 所示。

本例是一个简单的单分支结构的应用，它用了两个 If 语句来判断回答是否正确。读者可能发现程序每次运行时，界面中给出的两个整数都是一样的，请找出原因并解决此问题。

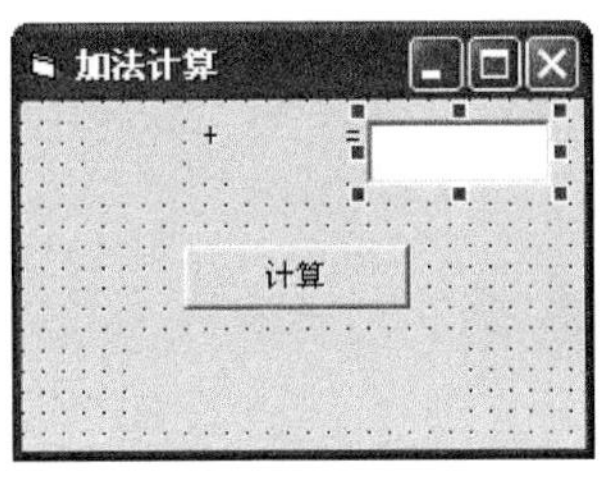

图 5-2 【例 5.1】程序设计界面

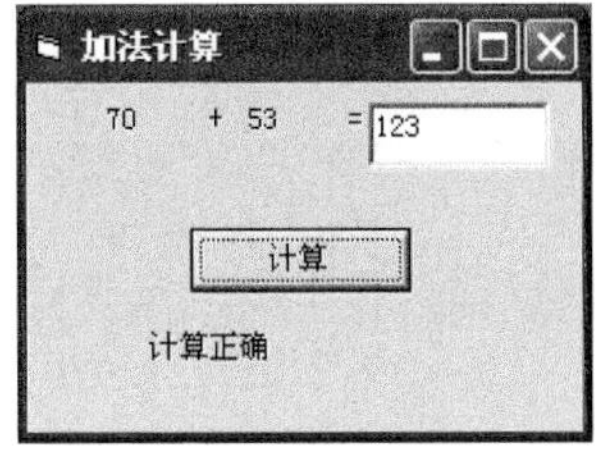

图 5-3 【例 5.1】程序运行界面

【例 5.2】 已知两个数 x 和 y，比较其大小，使得 x 大于 y。

分析：要实现两个数的交换，实际上是实现两个变量值的交换。变量的值实际上是存储在计算机内存中的，计算机内存具有"取之不尽，一冲就没"的特点，因此交换两个变量的值必须借助第三个变量间接交换的途径。就像现实生活中一瓶酱油和一瓶醋要互换瓶子，必须借助一个空瓶子，先把酱油（或醋）倒入空瓶子，再把醋（或酱油）倒入到已倒空的瓶子里，最后把酱油（或醋）倒入到已倒空的瓶子里，这样来实现互换。实现过程如图 5-4 所示。

主要程序如下：

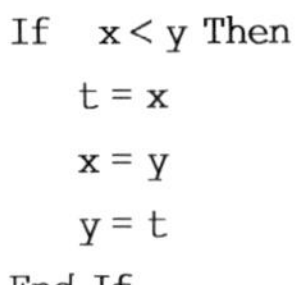

```
If  x < y Then
   t = x
   x = y
   y = t
End If
```

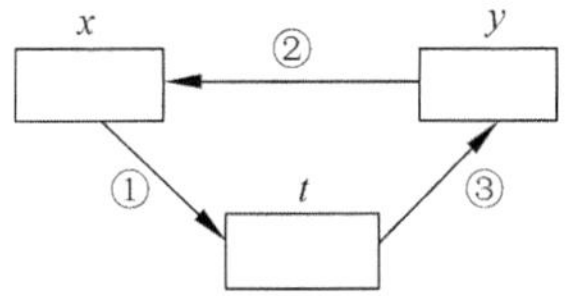

图 5-4 两个变量值的交换过程示意图

读者可以根据所学知识，将此例编写完整。

5.1.2 行式单分支 If 语句

1. 语法格式

If <表达式> Then 语句块

2. 说明

表达式：一般为关系表达式、逻辑表达式或算术表达式。表达式值非零为 True（真），否则为 False（假）。

语句块：可以是一条或多条语句，但多条语句必须写在一行上，并使用冒号"："分隔。

3. 执行过程

（1）首先判断表达式的值；

（2）若为 True（真）则执行 Then 里的语句或语句块；

（3）若为 False（假）则跳过 If 执行下一条语句。

从行式单分支 If 语句的语法格式和执行过程可以看出，它是一种简化的选择结构，它把一个简单的 If 结构写在一行中，减少了语句行，省略了 End If。所以，行式单分支 if 语句完全可以用块式 if 代替。

4. 流程图

与块式单分支 If 语句的结构逻辑图相同，如图 5-1 所示。

【例 5.3】 将【例 5.2】的程序段改为行式 If 语句如下：

```
If  x < y Then t = x: x = y: y = t
```

5.2 双分支条件语句

5.2.1 块式双分支 If 语句

1. 语法格式

```
If <表达式> Then
  语句块 1
Else
  语句块 2
End If
```

2. 说明

表达式：一般为关系表达式、逻辑表达式或算术表达式。表达式值非零为 True(真)，否则为 False(假)。

语句块 1、2：可以是一条或多条语句。

3. 执行过程

(1) 首先判断表达式的值；

(2) 若为 True(真)则执行语句块 1；

(3) 若为 False(假)则执行语句块 2。

4. 流程图

双分支块式 If 语句流程图如图 5-5 所示。

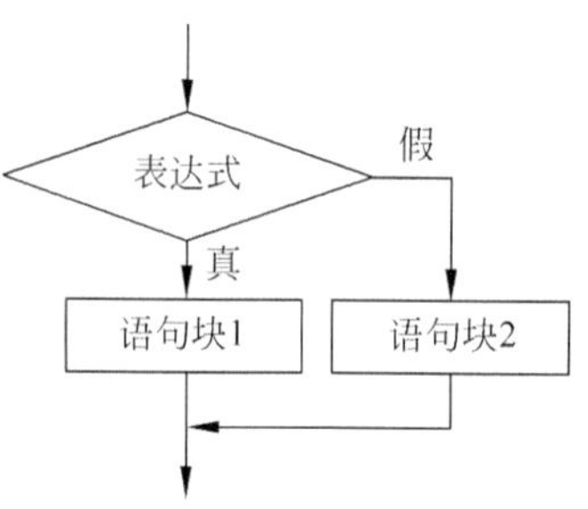

图 5-5 双分支块式 If 语句流程图

【例 5.4】 求分段函数的值 $y=\begin{cases}1-x, & (x\leqslant 0)\\ 1+x, & (x>0)\end{cases}$

程序运行时，可以在文本框 1 中输入 x 的值，单击"计算"命令按钮时，根据 x 的值是否大于 0 计算 y 的值，并在文本框 2 显示计算的结果；单击"退出"命令按钮时，将结束程序的运行。

(1) 界面设计。在窗体上创建 2 个标签、2 个文本框、2 个命令按钮，设置对象属性，如表 5-2 所示。

表 5-2 【例 5.4】对象属性设置

对　　象	属　　性	设　　置
Form1	Caption	计算分段函数
Label1	Caption	x:
Label2	Caption	y:
TextBox1	Text	空
TextBox2	Text	空
Command1	Caption	计算
Command2	Caption	退出

(2) 编写事件过程。为 Command1_Click 和 Command2_Click 事件过程编写程序代码如下：

```
Private Sub Command1_Click()
   Dim x!, y!
   x = Val( Text1.Text)
   If x <= 0 Then
    y = 1 - x
   Else
    y = 1 + x
   End If
  Text2.Text = y
End Sub

Private Sub Command2_Click()
    End
End Sub
```

(3) 程序运行结果。程序运行时在文本框 Text1 中输入 150，程序运行结果如图 5-6 所示。

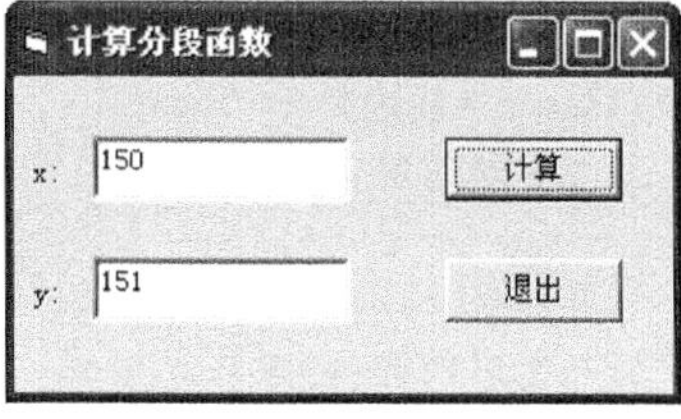

图 5-6 【例 5.4】程序运行界面

【例 5.5】 将【例 5.1】用双分支 If 语句重新编写代码。程序代码如下：

```
Private Sub Command1_Click()
   Dim x%, y%, z%
   x = Val(Label1.Caption)
   y = Val(Label3.Caption)
   z = Val(Text1.Text)
   If x + y = z Then
    Label5.Caption = "回答正确"
   Else
    Label5.Caption = "回答错误"
   End If
End Sub
```

5.2.2 行式双分支 If 语句

1. 语法格式

If <表达式> Then 语句块 1 Else 语句块 2

2. 说明

表达式：一般为关系表达式、逻辑表达式或算术表达式。表达式值非零为 True(真)，否则为 False(假)。

语句块 1、2：可以是一条或多条语句，但多条语句必须写在一行上，并使用冒号“：”分隔。

3. 执行过程

(1) 首先判断表达式的值；

(2) 若为 True(真)则执行语句块 1;

(3) 若为 False(假)则执行语句块 2。

4. 流程图

与块式双分支 If 语句的流程图相同,如图 5-5 所示。

【例 5.6】 将【例 5.4】的程序段改为行式双分支 If 语句,如下:

```
Private Sub Command1_Click()
   Dim x!, y!
   x = Val(Text1.Text)
   If x <= 0 Then y = 1 - x Else y = 1 + x
   Text2.Text = y
End Sub
```

5.3 多分支 If 语句

多分支 If 语句可以实现多路分支的选择算法。

1. 语法格式

```
If <表达式 1> Then
     <语句块 1>
ElseIf <表达式 2> Then
     <语句块 2>
          …
  [Else
      语句块 n+1 ]
End If
```

2. 说明

表达式:一般为关系表达式、逻辑表达式或算术表达式。表达式值非零为 True(真),否则为 False(假)。

语句块 1、2…:可以是一条或多条语句。

3. 执行过程

(1) 首先判断表达式 1 的值;

(2) 若表达式 1 的值为 True(真)就执行语句块 1,然后转到 End If 以后执行;

(3) 若表达式 1 的值 False(假)就执行下一个判断;

(4) 一直这样做下去,直到得出最后结果。

4. 流程图

多分支 If 语句流程图如图 5-7 所示。

注意:

(1) 不论有几个分支,程序执行了一个分支后,其余分支不再执行。

(2) ElseIf 不能写成 Else If。

(3) 当多分支中有多个条件同时满足时,则执行第一个满足条件下的语句块,因此要注意对多分支中条件表达式的书写次序,防止某些值被过滤。

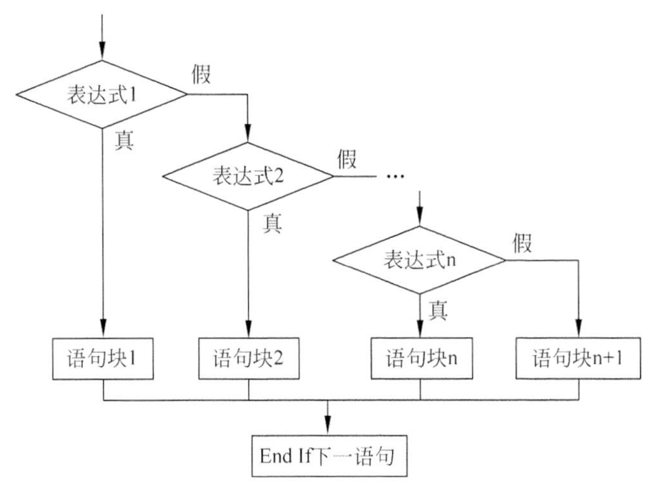

图 5-7　多分支 If 语句流程图

【例 5.7】 象限判断。

程序运行时，在文本框 Text1 中输入坐标点 x 的值，在文本框 Text2 中输入坐标点 y 的值，单击"计算"命令按钮时，根据 x 和 y 的值判断是在第几象限，并在文本框 3 显示判断的结果；单击"退出"命令按钮时，将结束程序的运行。

(1) 界面设计。在窗体上创建 3 个标签、3 个文本框、2 个命令按钮，设置对象属性，如表 5-3 所示。

表 5-3　【例 5.7】对象属性设置

对　　象	属　　性	设　　置
Form1	Caption	象限判断
Label1	Caption	X
Label2	Caption	Y
Label3	Caption	结果
Text1	Text	空
Text2	Text	空
Text3	Text	空
Command1	Caption	计算
Command2	Caption	退出

(2) 编写事件过程。在 Command1_Click 和 Command2_Click 事件过程编写程序代码如下：

```
Private Sub Command1_Click()
  Dim x!, y!, z!
  x = Val(Text1.Text)
  y = Val(Text2.Text)
  If x > 0 And y > 0 Then
   Text3.Text = "第一象限"
  ElseIf x > 0 And y < 0 Then
   Text3.Text = "第四象限"
```

```
        ElseIf x < 0 And y > 0 Then
         Text3.Text = "第二象限"
        ElseIf x < 0 And y < 0 Then
         Text3.Text = "第三象限"
        ElseIf x = 0 And y <> 0 Then
         Text3.Text = "y 轴"
        ElseIf x <> 0 And y = 0 Then
         Text3.Text = "x 轴"
        ElseIf x = 0 And y = 0 Then
         Text3.Text = "原点"
        End If
End Sub

Private Sub Command2_Click()
        End
End Sub
```

(3) 程序运行结果。程序运行时，在文本框中分别输入－2 和－5，程序运行结果如图 5-8 所示。

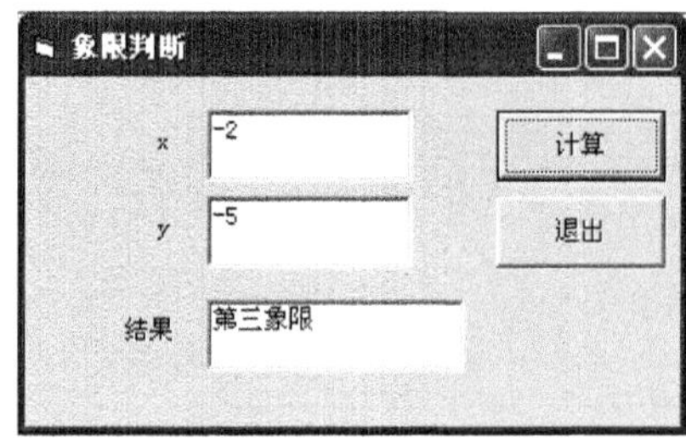

图 5-8 【例 5.7】程序运行界面

5.4 Select Case 语句

通常，If 条件选择结构只适用于描述较简单的单分支或双分支条件处理，在对一个表达式的不同取值情况做出很多不同的处理时，用多分支 If 语句程序结构又显得较为杂乱，所以，VB 又提供了 Select Case 语句(也叫做情况语句)来描述较为复杂的多分支条件处理。

1. 语法格式

```
Select Case 测试变量或表达式
      Case <表达式列表 1>
           <语句块 1>
      Case <表达式列表 2>
           <语句块 2>
      …
      [Case Else
           <语句块 n + 1>]
End Select
```

2. 说明

<表达式列表>：与<测试变量或表达式>同类型，其值是下面四种形式之一：

(1) 表达式，如 A +5。

(2) 一组枚举表达式(用逗号分隔)，如 2，4，6，8。

(3) 表达式 1 To 表达式 2，如 60 To 100 或 "a" To "z"。

(4) 还可以是包含 Is 关系表达式，如 Is＜60，表示小于 60 的值。

3. 执行过程

根据“测试变量或表达式”的值，选择第一个符合条件的语句块执行。程序执行一个分支后，其余分支不再执行。

具体执行过程如下：

(1) 求“测试变量或表达式”的值。

(2) 顺序测试该值和哪一个 Case 子句的表达式列表中的值相匹配。

(3) 如果有匹配的 Case 子句，则执行该 Case 子句下的语句块，然后执行 End Select 后面的语句。

(4) 如果都没有匹配的 Case 子句，则执行 Case Else 下的语句块，然后执行 End Select 后面的语句。

4. 流程图

Select Case 语句流程图如图 5-9 所示。

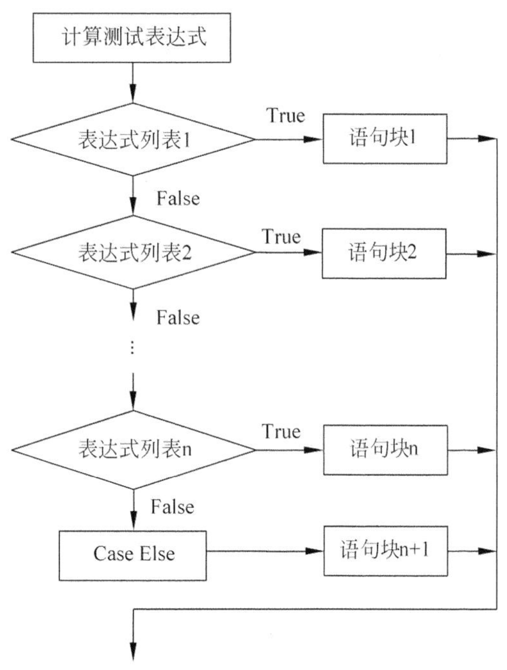

图 5-9 Select Case 语句流程图

注意：

(1) 如果不止一个 Case 子句的表达式列表与测试表达式相匹配，则只执行与第一个匹配的 Case 子句相关联的语句块。

(2) Select Case 语句只能对单个变量或表达式进行条件判断，否则只能使用多分支 If 语句。

(3) Case 子句中不能出现逻辑等运算符和表达式中的变量。

【例 5.8】 输入一个学生的百分制成绩，输出五级计分制(优秀、良好、中等、及格或不及格)。

程序运行时，可以在文本框 Text1 中输入百分制成绩，单击“计算”命令按钮时，计算出五级计分制，并在文本框 Text2 中输出计算的结果；单击“退出”命令按钮时，将结束程序的运行。

(1) 界面设计。在窗体上创建 2 个标签、2 个文本框、2 个命令按钮，设置对象属性，如表 5-4 所示。

表 5-4 【例 5.8】对象属性设置

对　象	属　性	设　置
Form1	Caption	成绩转换
Label1	Caption	百分制成绩
Label2	Caption	五级制成绩
TextBox1	Text	空
TextBox2	Text	空
Command1	Caption	计算
Command2	Caption	退出

(2)编写事件过程。在 Command1_Click 和 Command2_Click 事件过程中编写程序代码如下：

```
Private Sub Command1_Click()
  Dim score As Single
  score = Val( Text1.Text)
  Select Case score
    Case Is >= 90
      Text2.Text = "优秀"
    Case Is >= 80
      Text2.Text = "良好"
    Case Is >= 70
      Text2.Text = "中等"
    Case Is >= 60
      Text2.Text = "及格"
    Case Else
      Text2.Text = "不及格"
   End Select
End Sub

Private Sub Command2_Click()
End
End Sub
```

(3) 程序运行结果。程序运行时在文本框 Text1 中输入 92，运行结果如图 5-10 所示。

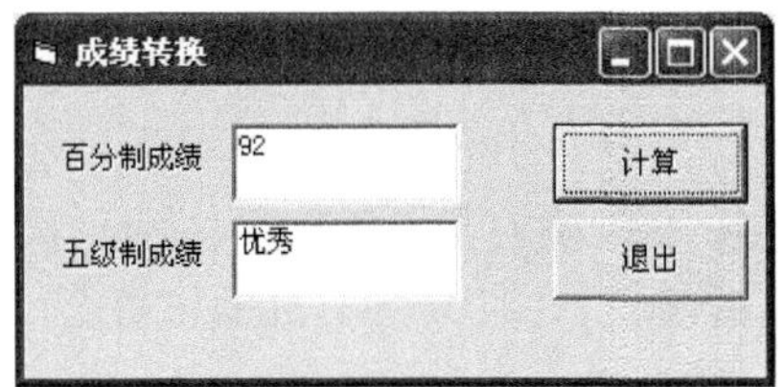

图 5-10 【例 5.8】程序运行界面

5.5 选择结构的嵌套

在 If 语句的 Then 分支和 Else 分支中可以完整地嵌套另一 If 语句或 Select Case 语句，同样 Select Case 语句每一个 Case 分支中都可嵌套另一 If 语句或另一 Select Case 语句。下面是两种正确的嵌套形式：

(1)

```
IF <条件 1> Then
      …
     If <条件 2> Then
        …
     Else
      …
     End If
      …
Else
      …
     IF <条件 3> Then
        …
     Else
        …
     End If
     …
End IF
```

(2)

```
IF <条件 1> Then
    …
  Select Case
      Case…
          IF <条件 1> Then
          …
          Else
          …
          End If
          …
        Case…
      …
```

```
        End Select
        ...
    End IF
```


【例 5.9】 输入密码，若输入正确，弹出消息框，显示“欢迎使用本系统!”。若输入错误，则弹出消息框，显示“密码错误!”，并且只有三次输入机会。

(1) 界面设计。在窗体上创建 2 个标签、2 个文本框、1 个命令按钮，设置对象属性，如表 5-5 所示。

表 5-5 【例 5.9】对象属性设置

对　　象	属　　性	设　　置
Form1	Caption	密码验证
Label1	Caption	密码:
Label2	Caption	空
txtPassWord（文本框）	Text	空
	PasswordChar	*
Command1	Caption	确认

建立的用户界面如图 5-11 所示。

(2) 编写事件过程。在命令按钮 Command1_Click 事件过程中编写如下程序代码。

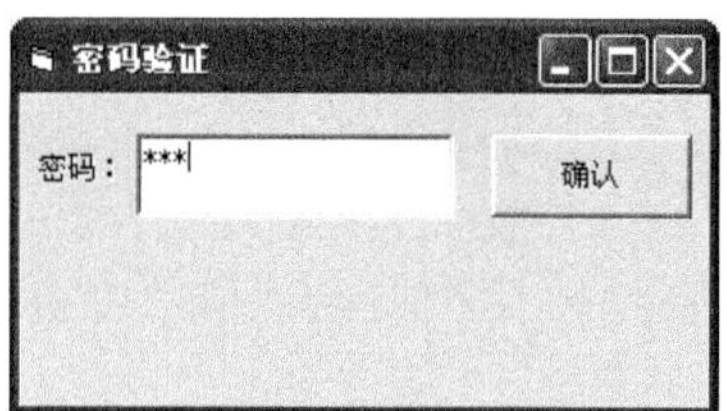

图 5-11 【例 5.9】用户界面

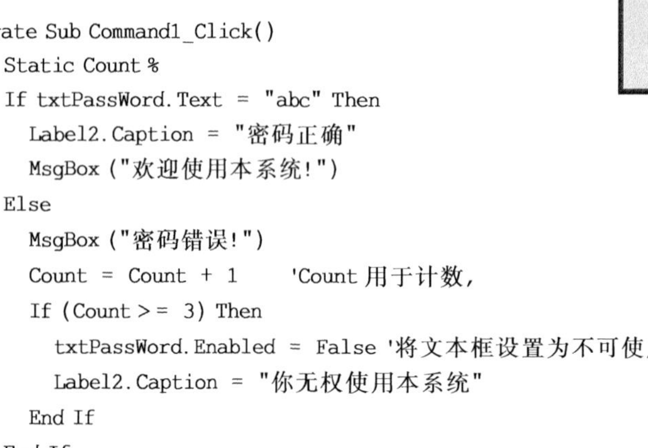

```
Private Sub Command1_Click()
    Static Count %
    If txtPassWord.Text = "abc" Then
      Label2.Caption = "密码正确"
      MsgBox ("欢迎使用本系统!")
    Else
      MsgBox ("密码错误!")
      Count = Count + 1      'Count 用于计数,
      If (Count >= 3) Then
        txtPassWord.Enabled = False '将文本框设置为不可使用
        Label2.Caption = "你无权使用本系统"
      End If
    End If
End Sub
```

(3) 程序运行结果。程序运行时在文本框 txtPassWord 中输入正确的密码值“abc”，运行结果如图 5-12 所示。如果三次输入错误，则结果如图 5-13 所示。

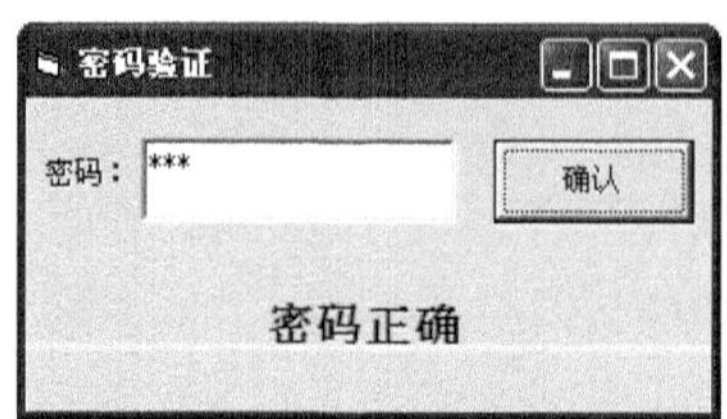

图 5-12 【例 5.9】密码输入正确时的程序运行界面

图 5-13 【例 5.9】密码输入三次错误时的程序运行界面

5.6 IIf 函数

IIf 函数用来执行简单的条件判断。

1. 语法格式

```
IIf(<条件表达式>,<表达式 1>,<表达式 2>)
```

2. 说明

(1)"条件表达式"可以是关系表达式、数值表达式。如果用数值表达式作为条件,则非 0 为真,0 为假。

(2)"表达式 1"是当条件表达式为真时,函数返回的值,可以是任何表达式。

(3)"表达式 2"是当条件表达式为假时,函数返回的值,可以是任何表达式。

(4) 函数值:当条件表达式为真,返回<表达式 1>的值,否则,返回<表达式 2>的值。

(5) 语句 result= IIf(<条件表达式>,<表达式 1>,<表达式 2>)相当于:

```
If <条件表达式> then y = <表达式 1 > else y = <表达式 2 >
```

程序执行时,计算条件表达式的值,当表达式的值为 True 时,将表达式 1 的值赋给 result;当条件表达式的值为 False 时,将表达式 2 的值赋给 result。

【例 5.10】 用 IIF 函数改写【例 5.4】。

核心代码如下:

```
Private Sub Command1_Click()
  Dim x!, y!
  x = Val(Text1.Text)
  y = IIf(x <= 0, 1 - x, 1 + x)
  Text2.Text = y
End Sub
```

习 题 5

一、选择题

1. 关于选择结构语句的嵌套,下列说法正确的是(　　)。

　A. 只有 If 语句可以嵌套

　B. 只有 Select Case 语句可以嵌套

C. If 语句和 Select Case 语句可以相互嵌套

D. If 语句和 Select Case 语句不能相互嵌套

2. 对 Select Case 语句表达式值的规定，下列说法不正确的是(　　)。

A. 可以是一个值，也可以是多个值的列表

B. 如果列表中的值不连续，就用分号隔开

C. 如果列表中的值连续，可用 To 表达式

D. 表达式值的类型必须与测试表达式的类型一致

3. 设 x 是整型变量，与函数 IIf(x>0，−x，x)有相同结果的代数式是(　　)。

A. |x|　　B. −|x|　　C. x　　D. −x

4. 下面程序段的执行结果是(　　)。

```
Private Sub Command1_Click()
    X = 2
    Y = 1
    If X * Y < 1 Then
        Y = Y - 1
    Else
        Y = -1
    End If
    Print Y - X
End Sub
```

A. −3　　B. 3　　C. −1　　D. 0

二、填空题

1. 行式 If 语句中，如果是多条语句，则必须写在一行上，并使用________分隔。

2. Select Case 语句以________开始，以________结束。执行时首先计算出________的值，然后顺序与结构中每一个 Case 的值进行比较。如果相等，就执行与该 Case 相关联的________。程序执行一个分支后，其余分支________。

3. 下面的程序判断输入的成绩 x 是否不及格，如果不及格则输出“不及格”；否则，什么都不输出。请填空。

```
Private Sub Command1_Click( )
    x = InputBox("请输入成绩")
    If ________ Then
        Print "不及格"
    End If
End Sub
```

三、写出下列程序运行结果

1.
```
Private Sub Form_Click( )
Dim x%
x = InputBox("请输入一个整数")
If x <= 30 And x > 10 Then
  If x > 20 Then
    If x < 25 Then y = 10 Else y = 20
  Else
```

```
    If x > 15 Then y = 30 Else y = 50
  End If
End If
Print y
End Sub
```

假设输入 18。

2.
```
Private Sub Form_Click( )
Dim x %
x = InputBox("请输入一个整数")
Select Case x
  Case 1 To 5
     y = -1
  Case 5 To 10
     y = 0
  Case 10 To 15
     y = 1
End Select
Print y
End Sub
```

假设输入 5。

四、编程题

1. 输入三个不同的数,将它们从大到小排序。
2. 编写程序,输入一个整数,判定该数是否是素数。
3. 输入一个数,判断它能否同时被 3 和 5 整除。
4. 有如下分段函数:

$$y=\begin{cases}x^2+3x+2 & \text{当 } x>20\\ \sqrt{3x}-2 & \text{当 } 10\leqslant x\leqslant 20\\ \dfrac{1}{x}+|x| & \text{当 } 0<x<10\end{cases}$$

编程实现输入 x,计算 y 并输出。

第 6 章　循环结构

实际应用中会有大量数据要进行统计计算，并且有大量重复的操作，用顺序执行的语句很难实现，用循环控制结构可以简洁明了地实现重复操作的问题算法。

循环是在一定的条件下重复执行一组语句，使用循环结构可以实现循环算法。

本章将对循环结构进行详细介绍。VB 提供了三种不同风格的循环语句，它们分别是：For…Next 语句、While…Wend 语句、Do…Loop 语句。

6.1　循环结构概述

在程序设计中经常会遇到在某一条件成立时，要重复执行某些操作。在有些情况下，操作过程不太复杂，但需要反复进行相同的处理，而解决这种逻辑上并不复杂的问题时，如果单纯用顺序结构来处理，那将得到一个非常乏味且冗长的程序。

例如，求 sum＝1＋2＋3＋4＋…＋10，如果用顺序结构来解决这个问题，将会得到以下程序：

```
Private Sub Form_Click()
  Dim s&, i%
  s = 0
  i = 1
  s = s + i
  i = i + 1
  s = s + i
  i = i + 1
  …
  i = i + 1       'i 的值累加到 10
  s = s + i
  Print "1～10 之间所有整数的和 = "; s
End Sub
```

由上面的例子可以看出，程序的绝大部分是在反复执行 i＝i＋1 和 s＝s＋i 这两条语句，不同的是 i 的值在变化。使用这样的方法，编制的程序不但烦琐，而且难写，容易出错。虽然程序简单易懂，但缺乏最基本的编程技巧。所以衡量程序质量的好坏不仅要看它的逻辑正确与否，性能是否满足要求，更重要的是看它是否简洁，是否容易阅读和理解。要想方便地解决这类问题，最好的方法就是使用循环结构。所谓循环结构，就是在给定条件成立的情况下，重复执行一个程序段；当给定条件不成立时，退出循环，再执行循环下面的程序。实现循环结构的语句称为循环语句。

上述的算法问题,可以设两个整型变量 s 和 i,用 s 存放累加和,i 的值从 1 变化到 10,并按下列步骤实现算法。

(1) 给 s 赋值 0,i 赋值 1;

(2) 令 s=s+i,i=i+1;

(3) 若 i<=10,则重复执行步骤(2);

(4) 输出 s 的值。

在以上步骤中,步骤(2)和步骤(3)是需要重复执行的操作。这种重复执行的操作可由程序中的循环结构来完成。其算法流程图如图 6-1 所示。

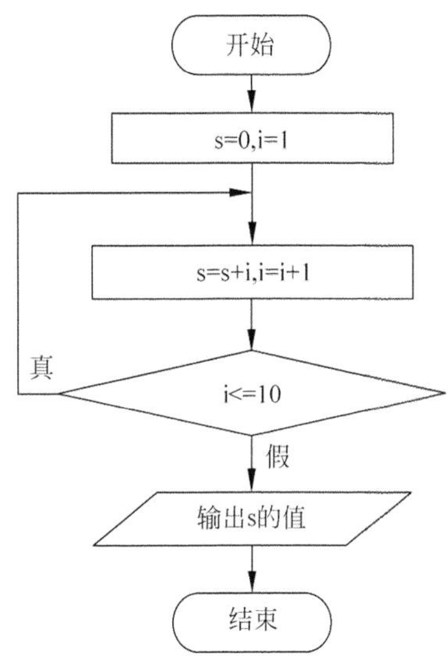

图 6-1　求累加和的循环结构流程图

这是一个典型的循环控制流程。通过上面的对比可以看出,循环结构适合于解决处理的过程相同,处理的数据相关,但处理的具体值不同的问题。从流程图可以看出,如果一个程序模块的出口有转到入口的流程线,就构成了循环。重复执行的多条语句称为语句块(也叫循环体),让语句块重复执行的条件称为循环条件。一个循环不能无休止地执行下去,所以必须有循环结束条件。循环结构要注意以下 3 个问题。

(1) 需要循环的语句块(即循环体)是什么?

(2) 进入循环的条件是什么?

(3) 结束循环的条件是什么?

进入循环条件和结束循环条件一般来说是一个问题的两个方面,是相辅相成的。但有时也不一定存在必然的运算关系。例如,重复执行某一程序段,直到某一事件发生(如单击鼠标等)为止。

6.2　For 循环

For…Next 循环语句通常用于循环次数已知的算法结构中,也称为计数循环。For…Next 语句使用一个循环变量,每重复一次循环之后,循环变量的值就会自增或自减。

1. 语法格式

```
For 循环变量 = 初值 to 终值 [Step  步长]
    [循环体]
Next [循环变量]
```

2. 说明

(1) 循环变量：也叫循环控制变量，是被用作循环计数器的数值型变量，只能是简单变量。

(2) 初值、终值：数值表达式，值可以是整数或实数。当控制变量为整型而赋值为实型数时，VB 将对其舍入取整。

(3) 步长：循环变量的增量，数值表达式。步长决定循环的执行情况。当步长＞0 时，做递增循环，即需要终值＞＝初值；当步长＜0 时，做递减循环，即需要终值＜＝初值；步长＝1 时，可以省略 step 子句。步长不应为 0，否则会陷入“死循环”之中，如表 6-1 所示。当所有循环中的语句都执行后，步长的值会加到循环变量中。此时，循环中的语句可能会再次执行(再次进行循环判断，结果为真时)，也可能会退出循环并从 Next 语句之后的语句继续执行。

表 6-1　步长说明

步　　长	循 环 方 向	初值和终值的设置	备　　注
＞0	递增	初值＜＝终值	其中步长＝1 时可省略
＜0	递减	初值＞＝终值	
＝0	死循环		

(4) 循环体：For 语句和 Next 语句之间的语句序列。省略循环体时，For 语句依然执行。

(5) Next 后面的循环变量与 For 语句中的循环变量必须相同。如果省略 Next 语句中的循环变量，将不影响循环的执行。但如果 Next 语句在它相对应的 For 语句之前出现，则会产生错误。

(6) 在循环体中改变循环变量的值，将会使程序代码的阅读和调试变得困难。

3. 执行过程

(1) 把“初值”赋给“循环变量”，并自动记下终值和步长。

(2) 比较“循环变量”是否超过“终值”。如果超过就结束循环，执行 Next 后面的语句；否则，执行一次循环体。

(3) 执行 Next 语句，将循环变量加上步长的值再赋给循环变量，转到(2)继续执行。

注意：在 For 循环中，所说的“超过”有两种含义，即大于或小于。当步长为正值时，判断控制变量是否大于终值；当步长为负值时，检查控制变量是否小于终值。

4. 流程图

循环结构流程图如图 6-2 所示。

【例 6.1】 分析下面程序段中 For 语句的执行过程，写出执行结果。

```
For n = 1 To 10 Step 3
    Print n,
Next n
```

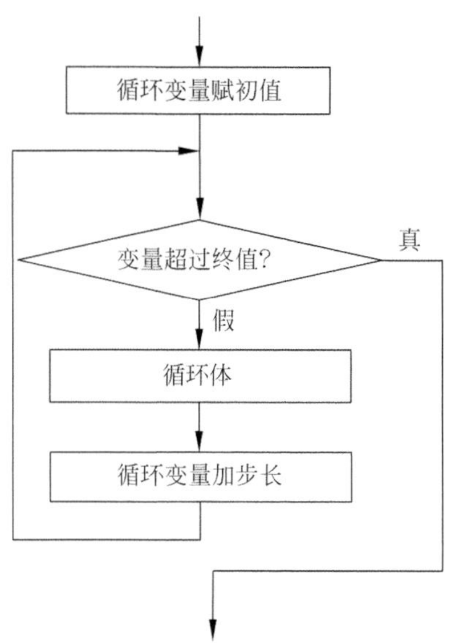

图 6-2　For 语句结构流程图

执行具体情况如表 6-2 所示。

表 6-2　【例 6.1】执行情况

循 环 次 数	执行时 *n* 的值	与终值比较	执行循环体否	执行后加步长后 *n* 的值
1	1	<10	执行	$n=n+3=4$
2	4	<10	执行	$n=n+3=7$
3	7	<10	执行	$n=n+3=10$
4	10	=10	执行	$n=n+3=13$
5	13	>10	停止执行	

程序的执行结果为：

```
1         4         7         10
```

For 循环遵循“先判断，后执行”的原则。先判断循环变量是否超过终值，然后决定是否执行循环体语句。如果把 For 语句的“初值”设定成超过“终值”，For 语句将根本不执行循环体的语句块，而直接执行 Next 语句后面的语句。即在下列情况下，循环体将不会被执行。

- 当步长为正数，初值大于终值时。
- 当步长为负数，初值小于终值时。

而当初值等于终值时，不管步长是正数还是负数，均执行一次循环体。

例如下面就是一个没有意义的语句：

```
For x = 3 To 1
  <语句块>
Next x
```

5. 注意事项

(1) For 语句和 Next 语句必须成对出现，缺一不可，且 For 语句必须在其对应的 Next 语句之前。

(2) 循环次数由初值、终值和步长确定，计算公式为：

循环次数 = Int((终值 − 初值)/ 步长) + 1

例如有以下程序段：

```
Dim x%
For x = 3 To 13 Step 4
 Print x,
Next x
Print "x = "; x
```

循环执行次数是：Int((13−3)/4)+1=3

程序最终输出为：

```
3      7      11      x = 15
```

分析此程序段可知，在 For 循环中，x 的值分别为 3,7,11，最后一次增加步长后，x 的值为 15，则结束循环，所以执行最后一个 Print 时，将输出 x=15。

(3) 循环控制变量通常用整型数据，也可以用单精度型数据或双精度型数据。而无论循环控制变量是什么数据类型，初值、终值和步长都要转换成与循环控制变量相同的数据类型。

(4) 循环体是可选项，当省略该项时，For…Next 执行“空循环”。利用这一特性，可以起到延时的作用。

【例 6.2】 求累加和 1+2+3+4+…+10。

分析：采用累加的方法，用变量 sum 来存放累加的和(初值为 0)，用变量 i 来存放“加数”。这里 i 又称为计数器，从 1 开始到 10。

程序代码如下：

```
Private Sub Form_Click()
  Dim sum%, i%
  sum = 0
   For i = 1 To 10
   sum = sum + i
  Next i
  Print "1 + 2 + 3 + ... + 10 = "; sum
End Sub
```

上述程序中，循环体内引用了控制变量 i 参与运算，这是程序设计中常用的方法。

【例 6.3】 求 $N!$ (N 为自然数)。

分析：由阶乘的定义 $N!=1\times2\times\cdots\times(N-2)\times(N-1)\times N=(N-1)!\times N$，可以看出，一个自然数的阶乘，等于该自然数与前一个自然数的阶乘的乘积，即从 1 开始连续地乘下一个自然数，直到 N 为止。根据分析可知，可以使用 For 循环语句实现求 N!问题。

程序代码如下：

```
Private Sub Form_Click()
 Dim i%, s#, n%
 n = InputBox("请输入一个自然数:", "提示输入", "5")
 s = 1
 For i = 1 To n
  s = s * i
 Next i
 Print n; "!= "; s
End Sub
```

程序运行时,“提示输入”对话框中输入 5,运行结果如图 6-3 所示。

图 6-3 【例 6.3】程序运行界面

6.3 While 循环

前面介绍的 For…Next 循环语句适合解决循环次数事先能够确定的问题。对于只知道控制条件,但不能预先确定需要执行多少次循环体的情况,可以使用 While 循环,即 While…Wend 语句,它也叫当型循环语句,它根据某一条件进行判断,决定是否执行循环。

1. 语法格式

```
While 条件
  [循环体]
Wend
```

2. 说明

“条件”用于指定循环条件,可以是关系表达式或逻辑表达式。While 循环就是当“条件”为 True 时,执行循环体;为 False 时不执行循环体。

3. 执行过程

(1) 执行 While 语句,判断条件是否成立。

(2) 如果条件成立,则执行循环体,转(3);否则,转到(4)执行。

(3) 执行 Wend 语句,转到(1)执行。

(4) 执行 Wend 语句下面的语句。

4. 流程图

While 循环语句的流程图如图 6-4 所示。

下面结合程序段做进一步的说明:

```
a = 1
While a < 10
  Print a;
```

```
  a = a + 2
Wend
```

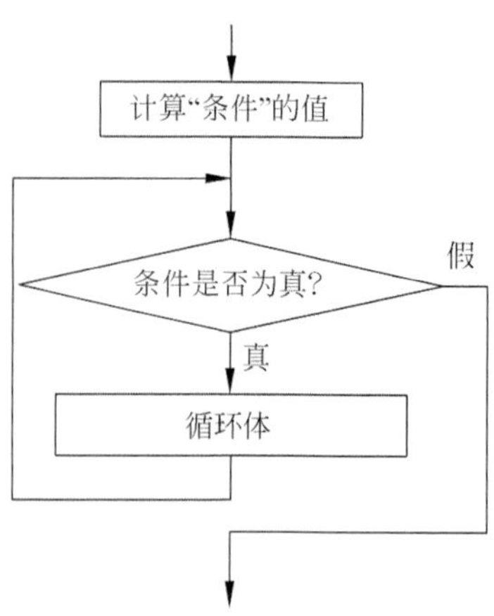

图 6-4　While 循环语句的流程图

上面的程序就是在 a<10 的条件下，重复执行语句 Print a 和 a=a+2。每次执行循环之前，都要计算条件表达式的值。如果值的结果为 True，则执行循环体，然后再对条件进行计算判断，从而确定是否再次执行循环体；如果结果为 False，则结束循环，执行 Wend 下面的语句。

该程序段的执行结果为：

```
1  3  5  7  9
```

5. 注意事项

(1) While 循环语句自身不能改变循环条件值，所以必须在 While 语句的循环体内增加相应语句，使得整个循环趋于结束，否则可能造成死循环。

(2) 当 While 循环语句一开始条件就不成立时，循环体语句一次也不被执行。

(3) 凡是用 For 循环编写的程序，都可以用 While 循环语句实现，反之则不一定。

【例 6.4】 假设我国现有人口 13 亿，若年增长率为 1.4%，试计算多少年后我国人口增加到或超过 18 亿。

人口计算公式为：$p=y(1+r)^n$

其中，y 为人口初值，r 为年增长率，n 为年数。

程序代码如下：

```
Private Sub Form_Click()
  Dim p!, r!, I%
  p = 13
  r = 0.014
  n = 0
  While p < 18
     p = p * (1 + r)
     n = n + 1
  Wend
  Print n; "年后我国人口将达到"; p; "亿"
```

```
End Sub
```

程序运行后窗体上显示结果是：

```
24年后我国人口将达到18.14907亿
```

【例6.5】 从键盘上输入一个字符串，以“*”结束，并对所输入的字符串中的字母、数字以及其他字符的个数进行统计。

分析：需要输入的字符串中的字符个数没有给定，而停止记数的条件是输入字符“*”，所以可以用While语句实现，循环条件为输入字符为非“*”，循环结束条件为输入的字符是“*”。其程序代码如下：

```
Private Sub Form_Click()
 Dim ch$, c%, s%, n%
 c = 0
 s = 0
 n = 0
 ch = InputBox("请输入一个字符:")
 While ch <> "*"      '当ch不为"*"时,进入循环
   If ch >= "a" And ch <= "z" Or ch >= "A" And ch <= "Z" Then
     c = c + 1
   ElseIf ch >= "0" And ch <= "9" Then
     s = s + 1
   Else
     n = n + 1
   End If
   ch = InputBox("请输入一个字符:")
Wend
Print "字母个数为:"; c
Print "数字个数为:"; s
Print "既不是字母也不是数字的字符有"; n; "个"
End Sub
```

程序中，变量ch接受键盘输入的字符，变量c用于统计字母个数，变量s用于统计数字个数，变量n用于统计既不是字母也不是数字的字符个数。

进入循环体之前，输入第一个字符并赋给变量ch，用于建立进入循环的条件，如果条件成立，则进入循环，判断是否为字母、数字或其他字符，并分别进行统计；然后再从键盘输入字符赋给变量ch，再判断是否再次进行循环。所以是继续或终止循环，都依赖于对ch所赋的值。

6.4 Do循环

Do循环语句也是根据条件决定是否循环的语句，但Do循环语句的构造形式很灵活，既可以构成先判断后执行的形式，也可以构成先执行后判断的形式；它可以根据需要决定是条件满足时执行循环体，还是一直执行循环体到条件满足。Do循环有两种语法形式。

6.4.1 先判断后执行的 Do…Loop 语句

1. 格式

```
Do {While|Until} <条件>
  [<循环体>]
Loop
```

2. 说明

先判断后执行形式的 Do…Loop 语句是先判断，后执行。其执行过程如图 6-5、图 6-6 所示。

3. 执行过程

如果是 Do While <条件>…Loop

(1) 执行 Do While 语句，判断条件是否成立。

(2) 如果条件成立，则执行循环体，转(3)；否则，转到(4)执行。

(3) 执行 Loop 语句，转到(1)执行。

(4) 执行 Loop 语句下面的语句。

如果是 Do Until <条件> … Loop

(1) 执行 Do Until 语句，判断条件是否成立。

(2) 如果条件成立，则转到(4)执行；否则，执行循环体，转(3)。

(3) 执行 Loop 语句，转到(1)执行。

(4) 执行 Loop 语句下面的语句。

4. 流程图

Do {While|Until} <条件> … Loop 语句流程图如图 6-5、图 6-6 所示。

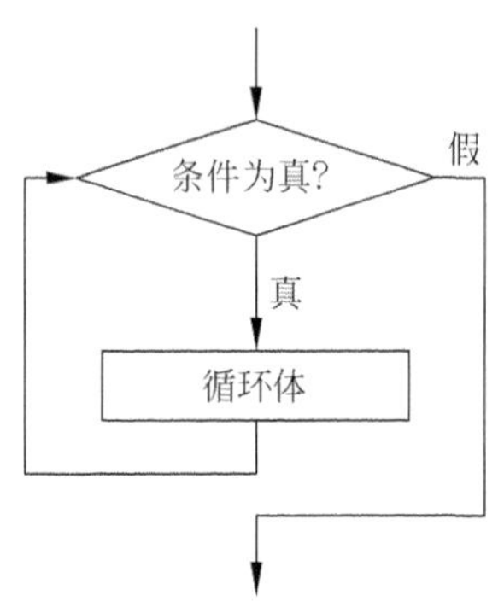

图 6-5 Do While…Loop 语句流程图

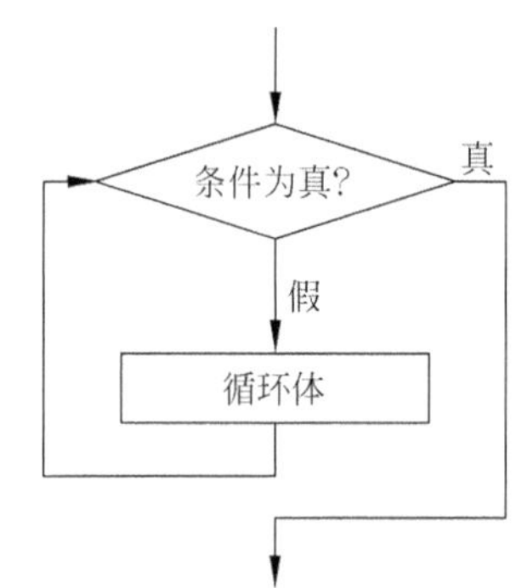

图 6-6 Do Until…Loop 语句流程图

5. 注意事项

(1) 关键字 While 用于指明条件成立时执行循环体，直到条件不成立时结束循环(如图 6-5 所示)。

(2) 而 Until 则正好相反，条件不成立时执行循环体，直到条件满足才退出循环(如图 6-6 所示)。

6.4.2 先执行后判断的 Do…Loop 语句

1. 格式

```
Do
    [<循环体>]
Loop {While|Until} <条件>
```

2. 说明

先执行后判断形式的 Do…Loop 语句是先执行,后判断。其执行过程如图 6-7、图 6-8 所示。

3. 执行过程

如果是 Do…Loop While <条件>

(1) 执行循环体语句。

(2) 执行 Loop While 语句,判断条件是否成立

(3) 如果条件成立,转(1); 否则,转到(4)执行。

(4) 执行 Loop 语句下面的语句。

如果是 Do … Loop Until <条件>

(1) 执行循环体语句。

(2) 执行 Loop Until 语句,判断条件是否成立

(3) 如果条件成立,转(4); 否则,转到(1)执行。

(4) 执行 Loop 语句下面的语句。

4. 流程图

Do…Loop {While|Until}<条件> 语句流程图如图 6-7、图 6-8 所示。

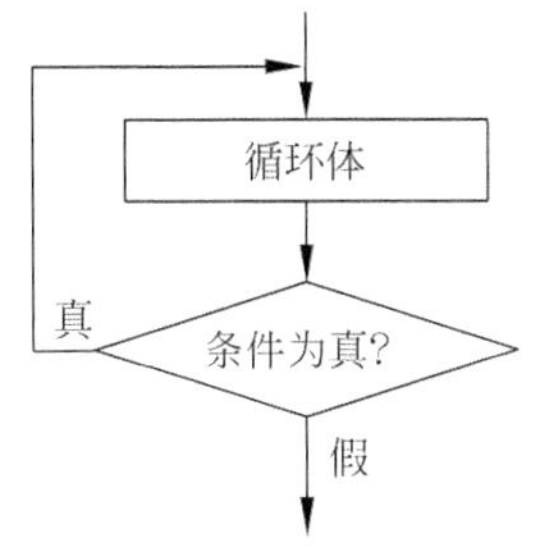

图 6-7 Do…Loop While 语句流程图

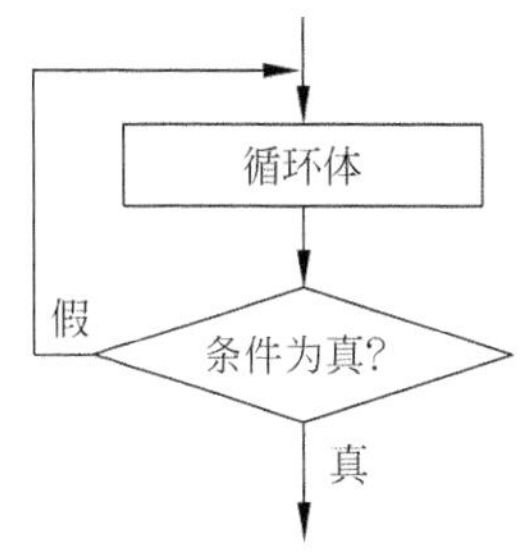

图 6-8 Do…Loop Until 语句流程图

5. 注意事项

(1) 关键字 While 用于指明条件成立时执行循环体,直到条件不成立时结束循环(如图 6-7 所示)。

(2) 而 Until 则正好相反,条件不成立时执行循环体,直到条件满足才退出循环(如图 6-8 所示)。

【例 6.6】 求两自然数 m,n 的最大公约数。

求两个数的最大公约数,一般采用辗转相除法,算法如下:

① 使 $m>n$;

② m 除以 n 得到余数 r；

③ 若 $r=0$，则 n 为要求的最大公约数，算法结束；否则转④ ；

④ $n \rightarrow m$，$r \rightarrow n$，再转到② 。

(1) 界面设计。在窗体上创建 3 个标签、3 个文本框、1 个命令按钮，设置对象属性，如表 6-3 所示。

表 6-3 【例 6.6】对象属性设置

对　　象	属　　性	设　　置
Form1	Caption	计算最大公约数
Label1	Caption	m:
Label1	Caption	n:
Label3	Caption	公约数:
Text1	Text	空
Text2	Text	空
Text3	Text	空
Command1	Caption	计算

设计完成后的程序界面如图 6-9 所示。

(2) 编写事件过程。在 Command1_Click 事件过程编写代码如下。

```
Private Sub Command1_Click()
    Dim m As Integer, n As Integer, r As Integer, t As Integer
    m = Val(Text1.Text)
    n = Val(Text2.Text)
    If m < n Then
        t = m
        m = n
        n = t
    End If
    r = m Mod n
    Do While r <> 0
        m = n
        n = r
        r = m Mod n
    Loop
    Text3.Text = n
End Sub
```

注意：若使用 Do Until 语句，应该将 Do While r <> 0 改写为 Do Until r =0

(3) 运行结果。程序运行时在 Text1 和 Text2 文本框中分别输入 15、18，程序运行结果如图 6-10 所示。

【例 6.7】 用先执行后判断的 Do…While 语句实现求 1～10 的累加和。

程序代码如下：

```
Private Sub Form_Click()
  Dim sum%, i%
  i = 1
```

```
  sum = 0
  Do
    sum = sum + i
    i = i + 1
  Loop While i <= 10
  Print "1 + 2 + 3 + ... + 10 = "; sum
End Sub
```

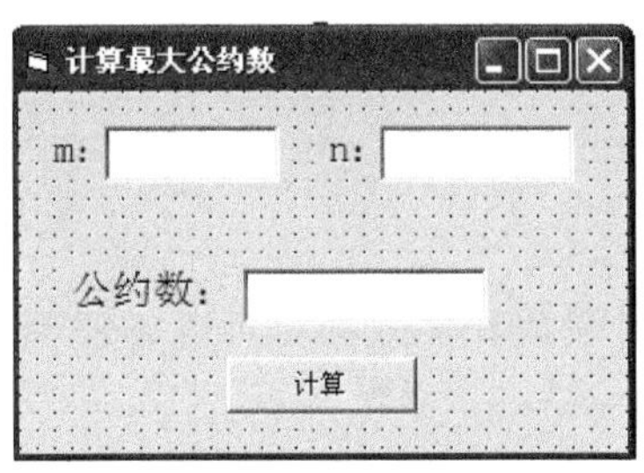

图 6-9 【例 6.6】程序设计界面

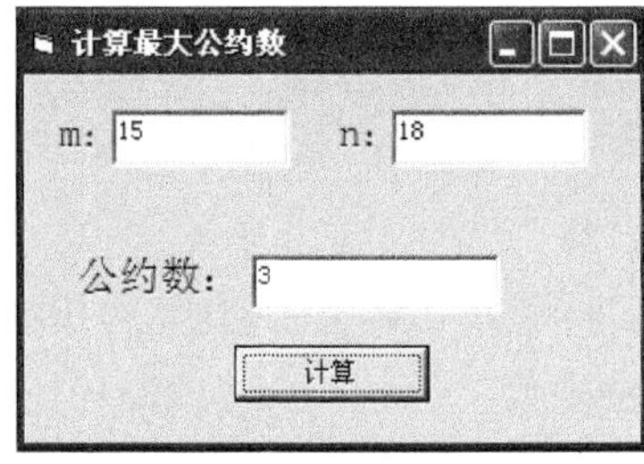

图 6-10 【例 6.6】程序运行界面

6.5 循环结构的嵌套

在一个循环体内又包含了一个完整的循环语句，这样的结构称为多重循环或循环嵌套。在程序设计时，许多问题要用双重或多重循环才能解决。

For 循环、While 循环、Do 循环都可以互相嵌套。

双重循环的执行过程是外循环执行一次，内循环执行一遍，在内循环结束后，再进行下一次外循环，如此反复，直到外循环结束。

对于循环的嵌套，要注意以下事项：

(1) 在多重循环中，各层循环的循环控制变量不能同名。

(2) 外循环必须完全包含内循环，不能交叉。

例如下面两个简化的循环嵌套程序段，图 6-11 是正确的，图 6-12 是错误的，原因是内循环和外循环有交叉部分。

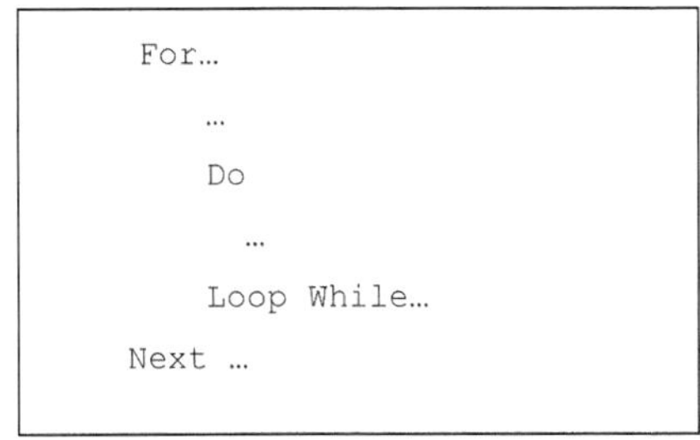

图 6-11 正确的循环嵌套形式

图 6-12 错误的循环嵌套形式

【例 6.8】 编写程序，单击窗体时，在窗体上打印如图 6-13 所示的图形。

分析：这是输出显示一个由"*"组成的 3 行、5 列的图案。外循环用来控制行，即 $i=1\sim3$，在每行中输出 5 个"*"符号，即 $j=1\sim5$。

程序代码如下：

```
Private Sub Form_Click()
  Dim i%, j%
  For i = 1 To 3
    For j = 1 To 5
      Print "*";
    Next j
    Print
  Next i
End Sub
```

图 6-13 【例 6.8】程序运行结果

【例 6.9】 打印九九乘法表，如图 6-14 所示。

分析：打印九九乘法表，只要利用循环变量作为乘数和被乘数就可以方便地解决。外循环控制被乘数，即 $i=1\sim9$；内循环控制乘数，即 $j=1\sim9$。

Form1

九九乘法表

```
1×1=1
2×1=2  2×2=4
3×1=3  3×2=6   3×3=9
4×1=4  4×2=8   4×3=12  4×4=16
5×1=5  5×2=10  5×3=15  5×4=20  5×5=25
6×1=6  6×2=12  6×3=18  6×4=24  6×5=30  6×6=36
7×1=7  7×2=14  7×3=21  7×4=28  7×5=35  7×6=42  7×7=49
8×1=8  8×2=16  8×3=24  8×4=32  8×5=40  8×6=48  8×7=56  8×8=64
9×1=9  9×2=18  9×3=27  9×4=36  9×5=45  9×6=54  9×7=63  9×8=72  9×9=81
```

图 6-14 【例 6.9】程序运行结果

程序代码如下：

```
Private Sub Form_Click()
     Dim i%, j%, str$
     Print Tab(35); "九九乘法表"
     For i = 1 To 9
      For j = 1 To i
        str = i & "×" & j & "=" & i * j
   Print Tab((j - 1) * 9 + 1); str;
      Next j
      Print
   Next i
End Sub
```

程序运行结果如图 6-14 所示。

【例 6.10】 编写程序，打印出 100～200 之间的素数。

分析：素数又称质数，它是指一个大于 1 的自然数且除了 1 和自身外，没有其他自然数能够整除该数。换句话说，只有两个正因数（1 和自己）的自然数即为素数。而决定一个数 m 是否为素数，我们只要确定在大于 1 且小于等于 $m-1$ 的正整数中是否存在能整除 m 的数。如果有，m 就不是素数；如果没有，则 m 是素数。

程序代码如下：

```
Private Sub Command1_Click()
```

```
    Dim i As Integer, m As Integer, n As Integer
    n = 0
    For m = 101 To 200 Step 2
       For i = 2 To m - 1
         If m Mod i = 0 Then Exit For '如 m 能整除 i,则结束 i 循环,即 m 不是素数
      Next i
      If i > m - 1 Then
          Print m;
          n = n + 1
          If n Mod 5 = 0 Then Print
      End If
    Next m
End Sub
```

也可以使用一个标记变量判断,程序如下。

```
Private Sub Command1_Click()
   Dim i%, m%, flag%, n%
     n = 0
     For m = 101 To 200 Step 2
        flag = 0
        For i = 2 To Sqr(m)
           If m Mod i = 0 Then flag = 1'如 m 能整除 i,则将 flag=1,即 m 不是素数
        Next i
        If flag = 0 Then                   'flag=0 说明在上面循环中,没有改变 flag 的值
           Print m;
           n = n + 1
           If n Mod 5 = 0 Then Print
        End If
    Next m
End Sub
```

程序界面设计与运行结果如图 6-15 所示。

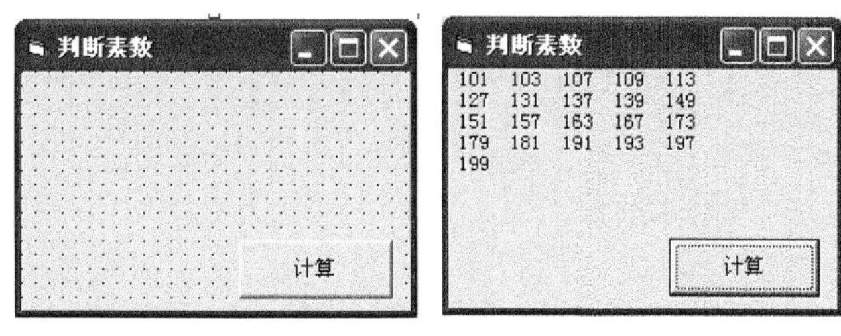

图 6-15 【例 6.10】程序界面设计与运行结果

说明：

(1) 因为在 100～200 之间,偶数不会是素数,所以 For 循环设置步长为 2。

(2) 变量 flag 作为一个标记变量,若 flag=0 表示在程序执行过程中没有找到一个除了 1 和它本身以外的能整除 m 的正整数,即 m 为素数；若 flag=1,则说明找到了某个能整除 m 的正整数,即 m 不是素数。

(3) 变量 n 用于控制换行,它控制每行输出 5 个素数。

思考：为什么将 flag = 0 语句放在两个循环之间，而不放在两个循环之外？

【例 6.11】 百鸡问题：我国古代数学家张丘建在《算经》一书中提出了“百鸡问题”：鸡翁一值钱五，鸡母一值钱三，鸡雏三值钱一。百钱买百鸡，问鸡翁、鸡母、鸡雏各几何？

分析：数学中解答该问题的方法是设公鸡 x 只，母鸡 y 只，小鸡 z 只。依题意可以列出以下方程组

$$\begin{cases} x + y + z = 100 \\ 5x + 3y + \dfrac{z}{3} = 100 \end{cases}$$

在这个方程组中，由于有三个未知数，两个方程，属于不定方程，无法直接求解。可用“穷举法”，即将各种可能的组合全部一一测试，将符合条件的组合输出即可。

程序代码如下：

```
Private Sub Form_Click()
  Dim x%, y%, z%
  For x = 1 To 100
    For y = 1 To 100
      For z = 1 To 100
        If x + y + z = 100 And x * 5 + y * 3 + z / 3 = 100 Then
           Print "公鸡: "; x; "只", "母鸡: "; y; "只", "小鸡: "; z; "只"
        End If
      Next z
    Next y
  Next x
End Sub
```

程序运行结果如图 6-16 所示。

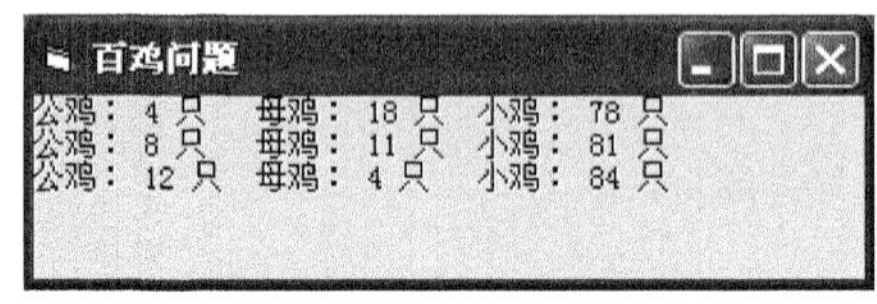

图 6-16 【例 6.11】程序运行结果

说明：从程序中不难看出，x 和 y 的循环结束条件可以简化。读者还可以根据所学知识，将上述程序改为用双重循环实现。

6.6 循环的退出

一般情况下，三种循环语句的每一次循环都要完整地执行循环体的全部语句序列，才能决定是否结束循环，但在某些情况下，为了减少循环次数或便于程序调试，可能需要提前强制退出循环。VB 以出口语句 Exit 的形式，为 For…Next 和 Do…Loop 循环语句提供了相应的强制退出循环的语句。出口语句可以是无条件形式，也可以是有条件形式。

6.6.1　Exit For

用于 For…Next 循环，在循环体中可以出现一次或多次。当系统执行到该语句时，就强制退出当前循环。

无条件退出的形式是：

```
Exit For
```

无条件退出形式的出口语句没有测试条件，直接强制退出循环，常用于程序调试时的跟踪查看中间结果，调试成功后删除该语句。

有条件退出的形式是：

```
If　条件　Then　Exit For
```

即当循环执行过程中满足某个条件时，就执行循环退出语句结束循环。

6.6.2　Exit Do

用于 Do 循环，在使用上和 Exit For 类似，它也有两种形式。

无条件退出的形式是：

```
Exit Do
```

有条件退出形式是：

```
If　条件　Then　Exit Do
```

出口语句给程序员以极大的方便，它能够在循环体的任何地方设置一个或多个终止循环的条件。另外，出口语句显式地标示了循环的结束点，没有破坏程序的结构，有时还能简化程序的编写，提高程序的可读性。

【例 6.12】　在 1000～10 000 之间找一个既能被 11 整除又能被 13 整除的数。

程序代码如下：

```
Private Sub Form_Click()
  Dim n%
  For n = 1000 to 10000
    If n Mod 11  =  0 And n Mod 13  =  0 Then
      Print n
      Exit For
    End If
  Next n
End Sub
```

6.7　各种循环语句的比较

循环结构在程序设计中是一个用得很多，也是非常重要的结构，必须很好地掌握和理解，并能熟练地运用它们解决实际问题。VB 中各种循环语句的特点比较如表 6-4 所示。

表 6-4 各种循环语句特点的比较

语 句 形 式	特点	循 环 条 件	循环终止条件	循环次数
For…next	先判断	递增：控制变量<=终值 递减：控制变量>=终值	控制变量>终值 控制变量<终值	(终值－初值)\步长＋1
While …Wend	先判断	条件＝真	条件＝假	>=0
Do While…loop	先判断	条件＝真	条件＝假	>=0
DoUntil…loop	先判断	条件＝假	条件＝真	>=0
Do…loop While	后判断	条件＝真	条件＝假	>=1
Do…loop Until	后判断	条件＝假	条件＝真	>=1

习 题 6

一、选择题

1. 假设有以下程序段

```
For i = 1 To 3
  For j = 5 To 1 Step -1
   Print i * j
  Next j
Next i
```

则 Print i * j 的执次数是(　　)。

A. 12　　B. 14　　C. 15　　D. 16

2. 执行以下程序段后，x 的值为(　　)。

```
Dim x%, i%
x = 0
For i = 20 To 1 Step -2
 x = x + i \ 5
Next i
```

A. 16　　B. 17　　C. 18　　D. 19

3. 假设有以下程序段

```
Private Sub Form_Click( )
 s = 0
 For i = 9 To 42 Step 11
  s = s + i
 Next i
 If i > 50 Then s = s + i Else s = s - i
 Print s
End Sub
```

程序运行后，单击窗体，输出结果是(　　)。

A. 155　　B. 60　　C. 42　　D. 50

4. 假设有以下程序段

```
Private Sub Form_Click( )
 a = 1: b = 1
 For j = 3 To 6
  For k = j To 1 Step -1
   b = b * k
  Next k
  a = a + b
 Next j
 Print "a = "; a
End Sub
```

程序运行后，单击窗体，输出结果是(　　)。

A. 12459031　　B. a=12459031　　C. 24　　D. a=24

5. 假设有以下程序段

```
Private Sub Form_Click( )
a = 0
For j = 1 To 15
 a = a + j Mod 3
Next j
Print a
End Sub
```

程序运行后，单击窗体，输出结果是(　　)。

A. 105　　B. 1　　C. 120　　D. 15

6. 设有以下程序

```
Private Sub Form_Click( )
 x = 50
 For i = 1 To 4
  y = InputBox("请输入一个整数")
  y = Val(y)
  If y Mod 5 = 0 Then
   a = a + y
   x = y
  Else
   a = a + x
  End If
 Next i
 Print a
End Sub
```

程序运行后，单击窗体，在输入对话框中依次输入15,24,35,46，输出结果是(　　)。

A. 100　　B. 50　　C. 120　　D. 70

7. 设有如下程序

```
Private Sub Command1_Click( )
 Dim c%, d%
```

```
    c = 4
    d = InputBox("请输入一个整数")
    Do While d > 0
      If d > c Then
        c = c + 1
      End If
      d = InputBox("请输入一个整数")
    Loop
    Print c + d
End Sub
```

程序运行后，单击命令按钮，如果在对话框中依次输入 1、2、3、4、5、6、7、8、9、0，则输出结果是(　　)。

A. 12　　B. 11　　C. 10　　D. 9

8. 有如下程序：

```
Private Sub Form_Click( )
Dim i% , sum%
sum = 0
For i = 2 To 10
  If i Mod 2 <> 0 And i Mod 3 = 0 Then
    sum = sum + i
  End If
Next i
Print sum
End Sub
```

程序运行后，单击窗体，输出结果是(　　)。

A. 12　　B. 30　　C. 24　　D. 18

二、填空题

1. 设有如下程序

```
Private Sub Form_Click( )
  Dim a% , s%
  n = 8
  s = 0
  Do
    s = s + n
    n = n - 1
  Loop While n > 0
  Print s
End Sub
```

以上程序的功能是________，程序运行后，单击窗体，输出结果是________。

2. For 循环次数由初值、终值和确定，计算公式为：________________。

3. Do While…Loop 循环语句是先________后________；Do…Loop While 循环语句是先________后________。

4. Do 循环中，带 While 的循环语句是当条件________时，执行循环体，而带 Until 的循环语句是当条件__________时，执行循环体。

5. For 循环中，________语句退出循环，Do 循环中，用________语句退出循环。

三、写出下列程序的运行结果

1. 在窗体上画一个命令按钮，并编写如下事件过程：

```
Private Sub Command1_Click( )
 Dim i#
 For i = 5 To 1 Step -0.8
  Print Int(i);
 Next i
End Sub
```

请写出该程序的运行结果。

2. 在窗体上画一个名称为 Command1 的命令按钮，然后编写如下事件过程：

```
Private Sub Command1_Click( )
 Dim a%
 a = 0
 For i = 1 To 2
  For j = 1 To 4
    If j Mod 2 <> 0 Then
      a = a - 1
    End If
    a = a + 1
  Next j
 Next i
 Print a
End Sub
```

请写出该程序的运行结果。

3. 假定有如下事件过程：

```
Private Sub Form_Click( )
  Dim x%, n%
  x = 1
  n = 0
  Do While x < 28
   x = x * 3
   n = n + 1
  Loop
  Print x, n
End Sub
```

请写出该程序的运行结果。

四、编程题

1. 求水仙花数。水仙花数是指一个 3 位数，其各位数字的立方和等于该数本身。如：$153=1^3+5^3+3^3$。

2. 求 n!。

3. 找出 1000 以内的所有完数。一个数如果恰好等于它的因子之和，这个数就称为“完数”。例如 6＝1＋2＋3。

4. 设用 100 元钱买 100 支笔，其中钢笔每支 3 元，圆珠笔每支 2 元，铅笔每支 0.5 元，问钢笔、圆珠笔和铅笔可以各买多少支？（每种笔至少买 1 支）

5. 验证哥德巴赫猜想：一个大偶数可以分解为两个素数之和。试编程将 200～500 之间的全部偶数表示为两个素数之和。

第7章 数　组

前面章节程序中所使用的变量,无论是整型、单精度型、字符串型、逻辑型等数据类型的变量,都属于简单变量。当处理问题所涉及的变量较少时,使用简单变量就可以解决问题。但在实际应用中往往要处理同一性质的成批数据,仅用简单变量几乎无法实现。有效的方法是通过数组来解决问题。

本章主要介绍数组的基本概念和基本操作方法,介绍动态数组、控件数组的概念、作用及使用方法,同时通过实例介绍数组在实际问题中的典型应用,包括数据统计、矩阵操作、排序问题等。

7.1 数组的概念

7.1.1 数组与数组元素

在实际应用中,常常需要处理相同类型的一批数据。例如,计算一个班学生(一般 30 人以上)的平均成绩,并统计成绩高于平均分的人数。传统的做法要存储和统计这 30 个学生的成绩,至少需要命名 30 个简单变量,但这是不实用的方法。程序设计中的解决方案是使用一个数组(如 grade)来实现,学生成绩可以分别表示为:

```
grade(1), grade(2), grade(3), grade(4),…grade(99), grade(30)
```

在 VB 中,数组是用同一个名称来表示一组变量的有序集合。通常将数组中的每一个变量称为数组元素,以数组名和下标唯一标识,因此数组元素又称为下标变量。例如,grade(1)表示 grade 数组中下标为 1 的数组元素。

说明:

(1) 数组名的命名规则与简单变量的命名规则相同。

(2) 数组元素是顺序排列的,共用一个数组名,并通过下标来唯一标识。

(3) 下标必须是整数,否则系统将按四舍五入自动取整。

(4) 下标必须用圆括号括起来,例如,不能将数组元素 grade(2)写成 grade2。

(5) 下标的最大值和最小值分别称为数组的上界和下界,下标是上、下界范围内的一组连续整数。引用数组元素时,不能超出数组声明时的上、下界范围。

7.1.2 数组的类型

数组是一种数据存储结构,不是一种新的数据类型。和简单变量一样,数组也有自己的数据类型,如 Byte、Boolean、Integer、Single、Double、Date、String、Variant 和用户自定义类型等，都可以用来声明数组。

一般情况下，一个数组中的所有元素具有相同的数据类型。但当数据类型为 Variant 时，数组中可以包含不同类型的数据，但其本质上仍然是一个单一数据类型(Variant)的数组。

7.1.3 数组的维数

数组元素中下标的个数称为数组的维数。因此，一维数组仅有一个下标，二维数组则有两个下标，……，以此类推。一维数组形如 grade(30)，可以视作一维坐标轴(如 X 轴)上的点，只能表示线性顺序，即数组中所有元素顺序地排成一行。二维数组有两个下标，如 Score(3,4)，可视为二维坐标系中的点，能够表示平面信息，即数组中所有元素能按行和列顺序排成一个矩阵。三维数组要用三个下标来引用数组，形如 Word(3,4,10)，可视为三维坐标系中的点，能够表示三维立体信息，即数组中所有元素能按长、宽和高顺序排成一个长方体。超过三维的数组可以用现实生活中的其他事物来类比，维数越高则越抽象。

例如，要表示 30 个学生某一门课程的成绩，使用由 30 个元素组成的一维数组即可；而要表示 30 个学生 5 门课程的成绩(如表 7-1 所示)，通常应采用一个 30 行 5 列的二维数组。

表 7-1 学生成绩表

姓　名	语　文	数　学	物　理	化　学	英　语
王小二	80	90	85	68	87
张一凡	78	79	90	65	68
赵　四	90	80	65	65	68
…	…	…	…	…	…
刘　三	90	90	80	70	88

可以将表 7-1 中的成绩数据(加底纹的部分)用一个二维数组来表示，若数组名为 score，则第 i 个学生第 j 门课程的成绩可表示为 score (i,j)。其中，$i = 1,2,\cdots,30$，表示学生的序号，在二维数组中称为行下标；$j = 1,2,3,4,5$，表示课程号，在二维数组中称为列下标。

一维数组和二维数组最为常用，三维及以上的多维数组，在实际中应用较少。

7.1.4 静态数组和动态数组

根据在程序运行过程中能否改变数组的大小(即能否动态地增加或减少数组元素的个数)，可将数组分为静态数组和动态数组两种形式。

静态数组也称为定长数组或固定大小的数组，其数组元素的个数是在数组定义时指定的，程序运行时是固定不变的。动态数组的大小则可在程序运行中根据需要进行调整。

7.2 一维数组

7.2.1 一维数组的定义

数组的定义又称为数组的声明。数组应当先定义后使用，以便让系统给该数组分配相应的内存单元。静态一维数组的定义格式如下：

说明符 数组名(下标) [As 类型]

说明：

(1)“说明符”为保留字，可以为 Dim、Public、Private 和 Static 中的任何一个。在实际使用中可根据情况进行选用(本章主要讲述用 Dim 声明数组)。定义数组后，数据类型为数值型的数组中的全部元素均被初始化为 0，数据类型为字符型的数组中的全部元素均被初始化为空字符串。

(2)“数组名”的命名遵守标识符规则。在同一个过程中，数组名不能与变量名相同。

(3)“下标”的一般形式为“[下界 to]上界”。

① 上界、下界必须为常整数，并且下界应该小于上界。例如：

```
Dim a(2 to 5) as integer          '定义数组 a,含 4 个整型数组元素,下标值从 2 到 5
```

② 如果省略“下界”，则下界值默认为 0。例如：

```
Dimb(5) as single                 '定义数组 b,含六个单精度型数组元素,下标值从 0 到 5
```

③ 如果希望改变下标默认值，则可以通过语句 Option Base n 来设置。

注意：

- n 值为数组下标的默认下界，只能是 0 或 1；
- Option Base n 只能出现在模块级的所有过程之前，且一个模块只能一次；
- 必须放在数组定义之前，且只影响包含该语句的模块中的默认数组下界。例如：

```
Option Base 1                     '在模块的"通用声明"段中声明
        …
Dim c(5) as double                '定义数组 a,含五个双精度型数组元素,下标值从 1 到 5
```

- 一维数组的大小为：上界－下界＋1。
- 要注意区分一维数组的“元素个数”和“可以使用的最大下标值”。

(4)“As 类型”用于说明数组元素的类型，若省略，则数组为 Variant 类型。

(5) 可以通过类型说明符来指定数组的类型。

例如，以下两个定义数组的语句等价：

```
Dim a%(2 to 5),b!(5),c#(5)
Dim a(2 to 5) As Integer,b(5) As Single ,c(5) As Double
```

7.2.2 一维数组的引用

定义数组后，就可以使用了。一维数组元素的引用格式如下：

数组名(下标)

说明：

(1) 下标可以是整型常量、变量或表达式。如：a(20)、a(x)、a(m+n)都是合法的数组元素引用形式。

(2) 下标值不能越界，应在数组声明的范围之内。例如：

```
Dim b%(5)
```

定义一维数组 b 后，在内存中分配了 6 个连续的存储单元，用于存储数组 b 的 6 个元素 b(0)，b(1)，b(2)，b(3)，b(4)，b(5)的值。对数组 b 而言，相应的内存单元分配如图 7-1 所示。

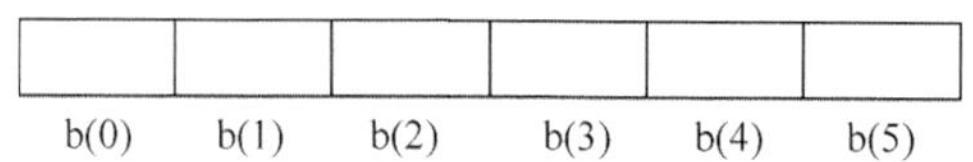

图 7-1　一维数组定义后的内存分配示意图

注：在引用数组元素时，下标的合理范围只能是 0～5，而诸如 b(6)、b(7)等的下标引用是错误的，即越界引用。

(3) 数组元素的使用方法与同类型的变量完全相同。例如：

```
b(1) = 1 : b(2) = 1
b(3) = InputBox("请输入一个整型数")
Print b(4);
```

(4) 数组一般和循环语句一起使用。数组的赋值或输出操作往往通过循环来实现，将数组下标作为循环变量，通过循环可以遍历一维数组，即访问一维数组的所有元素。

【例 7.1】 给一维数组 a 赋初值，要求每个元素的值等于其下标的平方，并输出每个下标及其对应元素的值。

分析：可利用循环结构实现数组的输入和输出，只要将循环变量作为数组元素的下标，并在每次循环中依次改变循环变量的值，即可访问数组中的所有元素。

源程序代码如下：

```
Private Sub Form_Click ()
    Dim a(1 To 10) As Integer, i As Integer
    Print "下标", "元素的值"
    For i = 1 To 10
    a(i) = i ^ 2
    Print i, a(i)
    Next i
End Sub
```

程序运行结果界面如图 7-2 所示。

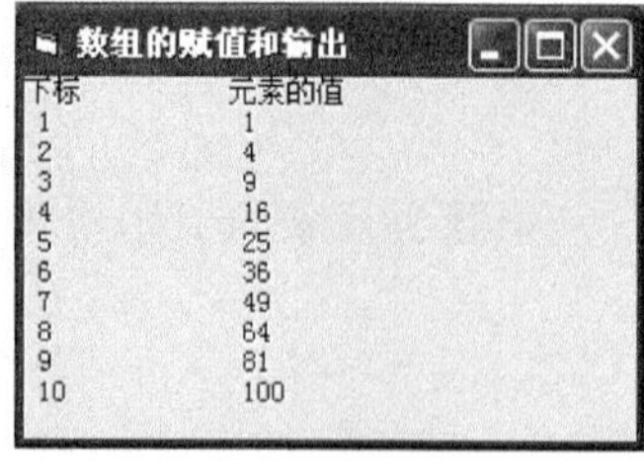

图 7-2　数组的赋值和输出

【例 7.2】 编写程序，随机产生 10 个 100 至 300 之间的整数，按逆序输出。

分析：在循环体中，利用 Rnd 函数为数组元素赋值；使用 Print 方法将数组元素输出。

源程序代码如下：

```
Private Sub Command1_Click()
  Dim a%(10), i%
  Print "输入的数据："
  For i = 1 To 10
    a(i) = Int(Rnd * 201 + 100)
    Print a(i);
  Next i
  Print
  Print "逆序输出："
  For i = 10 To 1 Step -1
    Print a(i);
  Next i
End Sub
```

程序界面设计及运行结果界面如图 7-3 所示。

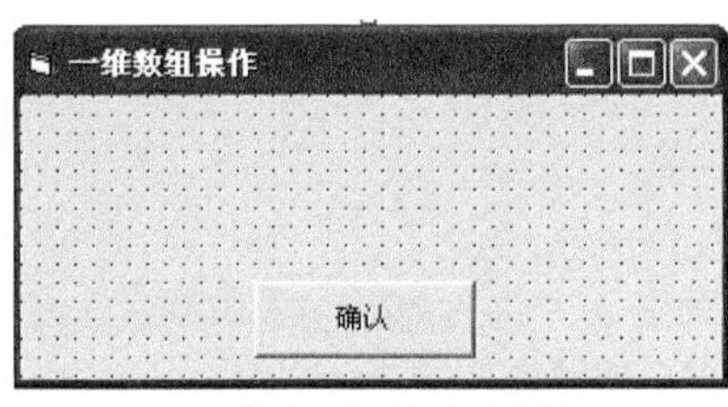

(a)【例7.2】界面设计图

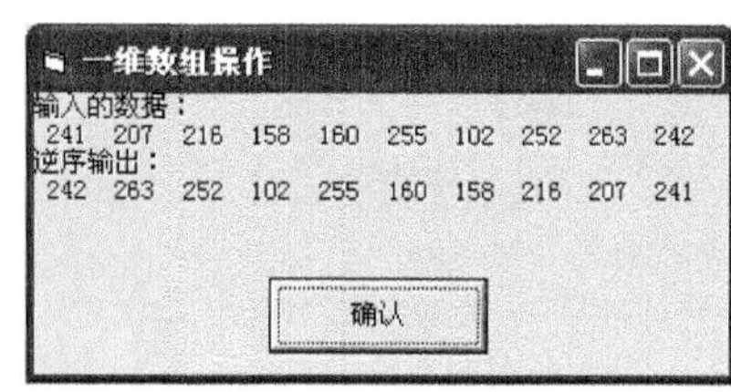

(b)【例7.2】程序运行界面

图 7-3　数组元素的逆序输出

7.2.3　一维数组的应用举例

本节通过例题来介绍一维数组的实际应用和典型算法。

1. 数据统计和处理

利用数组中存储的信息，可以对数据进行各种统计和处理。例如，求累加值、最大值、最小值、平均值，对数据和信息进行分类统计等。

【例 7.3】 从键盘上输入 30 个学生的考试成绩，统计并输出高于平均成绩的人数。

分析：该问题可以分解为三个相互独立的部分来处理：

(1) 输入 30 个学生的成绩，并存入一维数组；

(2) 求得平均分；

(3) 将这 30 个分数依次和平均成绩进行比较，若高于平均分，则累计个数。

源程序代码如下：

```
Private Sub Command1_Click()
     Dim score(1 To 30) As Integer                       '声明有 30 个元素的数组 score
     Dim aver As Single, overn As Integer, i As Integer
     aver = 0
     For i = 1 To 30
         core(i) = Val( InputBox("输入学生的成绩") )     '输入成绩
         aver = aver + score (i)                         '计算成绩的累加和
```

```
    Next i
    aver = aver / 30                              '求 30 个人的平均分
    overn = 0
    For i = 1 To 30                               '统计高于平均分的人数
        If score (i) > aver Then overn = overn + 1
    Next i
    Print aver, overn
End Sub
```

【例 7.4】 随机产生 10 个 10 至 100 之间的整数，存入一个数组，求数组元素的最大值及其下标和最小值及其下标。

分析：该问题可以分解分为两部分来处理：

(1) 产生 10 个 10 至 100 之间的随机整数，并保存到一维数组中；

(2) 对这 10 个整数求最大、最小值及其所在位置。

源程序代码如下：

```
Private Sub Command1_Click()
    Dim a%(10), max%, min%, i%,imax%,imin%
    Randomize
    Print "产生的随机数为":
    For i = 1 To 10
        a(i) = Int(Rnd * 91 + 10)         '产生 10 个随机整数,并保存到一维数组中
        Print a(i);                       '数组的输出
    Next i
    Print
    max = a(1)                            '将第 1 个元素作为当前的最大数和最小数
    min = a(1)
    imax = 1
    imin = 1
    For i = 2 To 10
        If max < a(i) Then                '查找最大数
          max = a(i)
          imax = i
        End if
        If min > a(i) Then                '查找最小数
          min = a(i)
          imin = i
        End if
    Next i
    Print "最大值:"; max; "最大值位置:";imax
    Print "最小值:"; min; "最小值位置:";imix
    Print
End Sub
```

程序设计界面及运行结果界面如图 7-4 所示。

2. 递推问题

递推算法的核心思想是：通过前项计算后项，从而将一个复杂的问题转换为一个简单过程的重复执行。由于一个数组本身包含了一系列变量，因此利用数组可以简化递推算法。

(a)【例7.4】程序设计界面

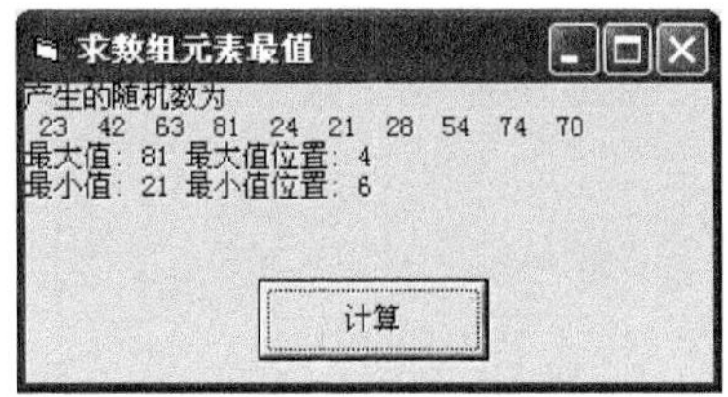

(b)【例7.4】程序运行结果界面

图 7-4 求数组元素的最值及其位置

【例 7.5】 计算 Fibonacci 数列(该数列的第一项和第二项都为 1,从第三项开始,每项都是前两项的和)的前 20 个数,即 1,1,2,3,5,8,…,并按每行打印 5 个数的格式输出。

分析:可以利用一维数组 Fib 计算并存放 Fibonacci 数列的前 20 个数,且必有下列递推关系成立:

$$\text{Fib}(1) = 1,\quad \text{Fib}(2) = 1$$
$$\text{Fib}(n) = \text{Fib}(n-1) + \text{Fib}(n-2) \quad (3 \leqslant n \leqslant 20)$$

源程序代码如下:

```
Private Sub Command1_Click()
    Dim Fib% (20), i%
    Fib(1) = 1: Fib(2) = 1                     '初始条件
    For i = 3 To 20
        Fib(i) = Fib(i - 1) + Fib(i - 2)       '递推关系
    Next i
    For i = 1 To 20                            'Fibonacci 数列数据的输出
        Print Fib(i);
        If i Mod 5 = 0 Then Print              '控制每行打印五个数
    Next i
End Sub
```

讨论:用数组解决递推问题,不仅简化了代码设计,更重要的是大大地提高了程序的可读性。

3. 排序问题

排序是一维数组应用中最重要的内容之一。排序的方法有很多,如比较法、选择法、冒泡法、插入法以及 Shell 排序等。

这里介绍最常用的三种排序方法:比较法、选择法和冒泡法。

1) 比较法排序

设有 6 个数存放在数组 a 中。比较法排序的算法思路如下(以 6 个数的升序排列为例):

第 1 轮:将 a(1)与 a(2)~a(6)逐个比较。先比较 a(1)与 a(2),若 a(1)>a(2),则交换 a(1)和 a(2)中的数据,再比较 a(1)与 a(3),a(1)与 a(4),……,并将每次比较的较小数交换到 a(1)中。这样,第 1 轮结束后,a(1)中存放的必然是 6 个数中的最小数。

第 2 轮:将 a(2)与 a(3)~a(6)逐个进行比较,方法同上,故第 2 轮结束后,a(2)中存放的是 a(2)~a(6)这 5 个数中的最小者。

继续进行第 3 轮、第 4 轮、……,直到第 5 轮。其中,第 5 轮只需比较 a(5)与 a(6)两个数据。至此,6 个数已按从小到大的顺序(即升序)存放在数组 a 中。

利用比较排序法对 6 个数进行升序排列的过程如图 7-5 所示,图中只画出了交换数据的过程。

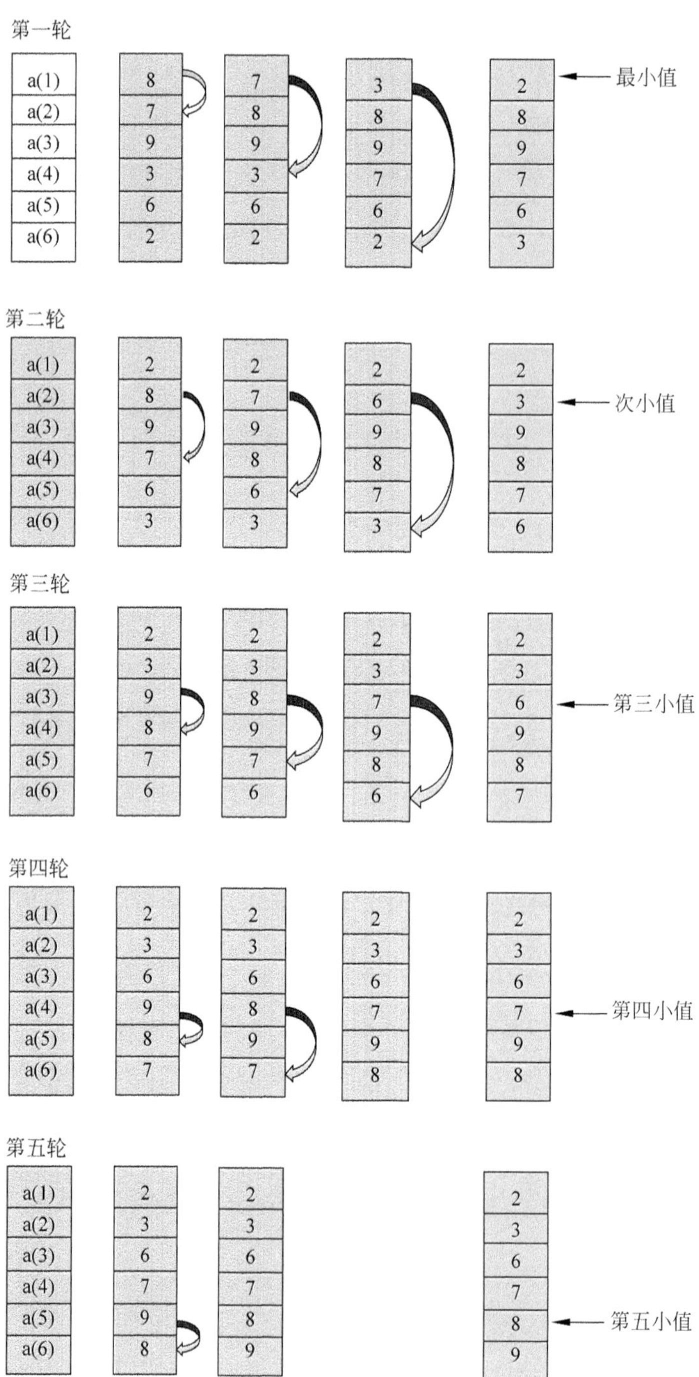

图 7-5 比较法排序的示意图

比较法排序(n 个数按升序排列)的程序流程图如图 7-6 所示。

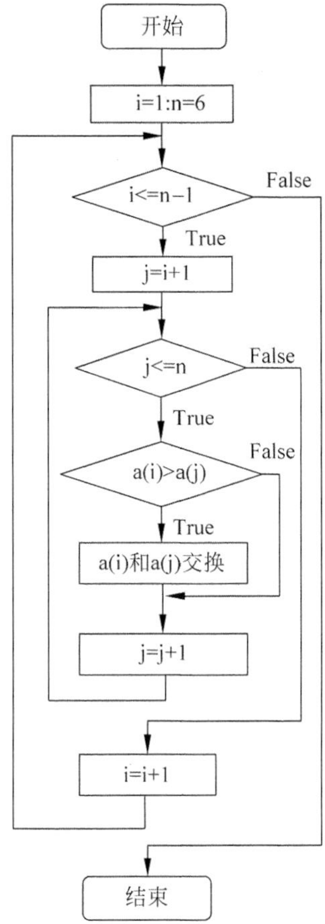

图 7-6　比较法排序的程序流程图

【例 7.6】 产生 10 个随机整数，范围是[100，300)，用“比较排序法”按从小到大的顺序排序，并输出排序后的数据。

按照比较法排序的算法，程序代码如下：

```
Private Sub Command1_Click ()
    Dim a % (1 To 10)
    Dim i %, j %, t %
    Randomize
    Print "原始数据如下: "
    For i = 1 To 10
        a(i) = Int(200 * Rnd + 100 )              '产生 10 个随机整数,区间[100, 300)
        Print a(i);
    Next i
    Print
    For i = 1 To 9                                 '比较法排序的核心代码
        For j = i + 1 To 10
            If a(i) > a(j) Then
                t = a(i): a(i) = a(j): a(j) = t    '交换 a(i)与 a(j)
            End If
```

```
        Next j
    Next i
    Print "排序后: "
    For i = 1 To 10
        Print a(i);
    Next i
    Print
End Sub
```

程序运行时,单击"比较法排序"(Command1)按钮将产生10个随机整数,并按照升序进行排序输出。程序界面设计及运行结果如图7-7所示。

(a)【例7.6】程序设计界面

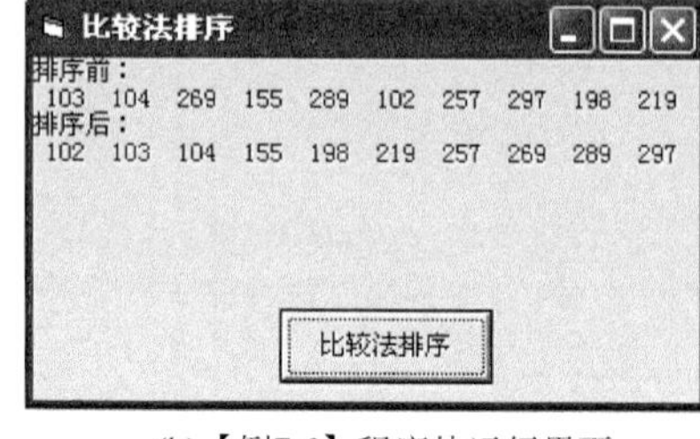

(b)【例7.6】程序的运行界面

图7-7 【例7.6】设计界面及运行结果界面

讨论:

(1) 如果要改为从大到小排序,只需将语句 If a(i)>a(j) Then…中的条件修改为: a(i)<a(j)。

(2) 也可以在每一轮排序结束后直接输出所产生的较小数,由此可将上述程序中的后两个循环结构合并为一个,代码如下:

```
Print "按从大到小的顺序排列: "
For i = 1 To 9
    For j = i + 1 To 10
        If a(i) < a(j) Then
            t = a(i): a(i) = a(j): a(j) = t        '交换 a(i), a(j)
        End If
    Next j
    Print a(i);                                    '依次输出 a(1) ~a(9)
Next i
Print a(10)                                        '输出 a(10)
```

2) 选择法排序

比较法排序比较容易理解,但在排序时可能需要较多的交换次数。选择法排序针对此不足进行了改进,其算法思路如下(以数组a的6个数组元素升序排列为例):

第1轮:在未排序的6个数 a(1)~a(6)中找到最小数,将其与 a(1)交换。

实现方法:引入一个变量k,令k等于1(先假定第1个元素值最小),将a(1)与a(2)比较,若a(1)>a(2),则将2赋值给k,即令k等于较小值的下标。再将a(k)与a(3)~a(10)逐个比较,并在比较的过程中始终令k记录下较小值的下标。完成比较后,如果k<>1(与假定不符)，则交换 a(k)和 a(1)；如果 k=1，则表示 a(1)就是这 6 个数中的最小数，不需要进行交换。

第 2 轮：在剩下未排序的 5 个数 a(2)～a(5)中找到最小数，将它与 a(2)交换。

实现方案：令变量 k 等于 2(再假定第 2 个元素为余下的 5 个数中的最小值)，将 a(2)与 a(3)～a(6)逐个比较，方法同上。

继续进行第 3 轮、第 4 轮、第 5 轮。

选择法排序每轮最多进行一次交换。以 n 个数按升序排列为例，其程序流程如图 7-8 所示。其中，k<>i 表示在第 i 轮的比较过程中，变量 k 的值曾经改变过，需要互换 a(i)与 a(k)，否则不进行任何操作。

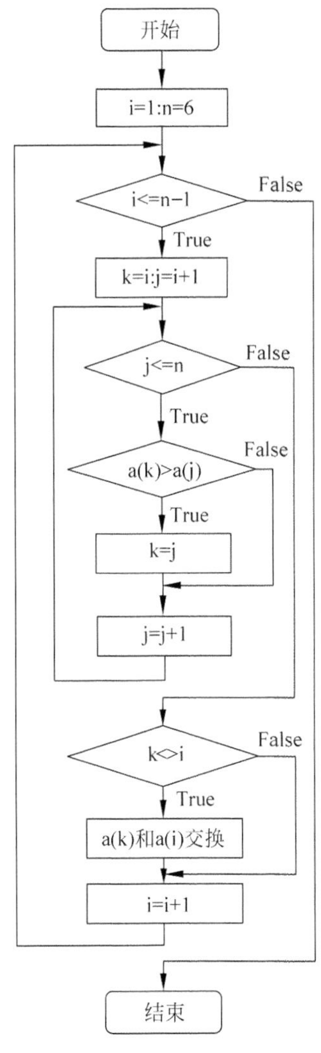

图 7-8　选择法排序程序流程图

【例 7.7】　改写【例 7.6】，用“选择法排序”实现 10 个随机整数的升序排列。

按照选择法排序的算法，改写排序部分的核心代码如下：

```
For i = 1 To 9
```

```
        k = i
        For j = i + 1 To 10
            If a(k) > a(j) Then k = j
        Next j
        If k <> i Then t = a(k) : a(k) = a(i) : a(i) = t
    Next i
```

3) 冒泡法排序

冒泡法排序的算法思路是：将待排序的数看作竖着排列的“气泡”，每次比较相邻的两个数，小的上浮，大的下沉(根据排序要求，亦可改为大数上浮，小数下沉)。冒泡法排序的基本思想是(以数组 a 的 6 个数组元素升序排列为例)：

第 1 轮：先将 a(1)与 a(2)比较，如果 a(1) ＞a(2)，交换 a(1)、a(2)，使得 a(2)存放较大数。再将 a(2)与 a(3)比较，并将较大的数放入 a(3)中，……，依次比较相邻两数，直到 a(5)与 a(6)。最后将 6 个数中的最大者放入 a(6)中。

第 2 轮：依次将 a(1)与 a(2)、a(2)与 a(3)，……，直到 a(5)与 a(6)比较，最后将此轮 5 个数中的最大者放入 a(5)中。

继续进行第 3 轮、第 4 轮、第 5 轮。

利用冒泡排序法对 6 个数进行升序排列的过程如图 7-9 所示，图中只画出了交换数据的过程。

冒泡法排序(n 个数按升序排列)算法的程序流程图如图 7-10 所示。

【例 7.8】 产生 10 个随机整数，用“冒泡法排序”按从小到大的顺序输出数据。

按照冒泡法排序的算法，源程序代码如下：

```
Private Sub Command1_Click()
    Dim a(1 To 10) As Integer
    Dim i As Integer, j As Integer, t As Integer
    Randomize
    Print "原始数据如下："
    For i = 1 To 10
        a(i) = Int(200 * Rnd) + 100               '产生 10 个随机整数,区间[100, 300)
        Print a(i);
    Next i
    For i = 1 To 9
        For j = 1 To 10 - i
            If a(j) > a(j + 1) Then
                t = a(j): a(j) = a(j + 1): a(j + 1) = t       '交换相邻两数
            End If
        Next j
    Next i
    Print: Print "按从小到大的顺序输出："
    For i = 1 To 10
        Print a(i);
    Next i
    Print
End Sub
```

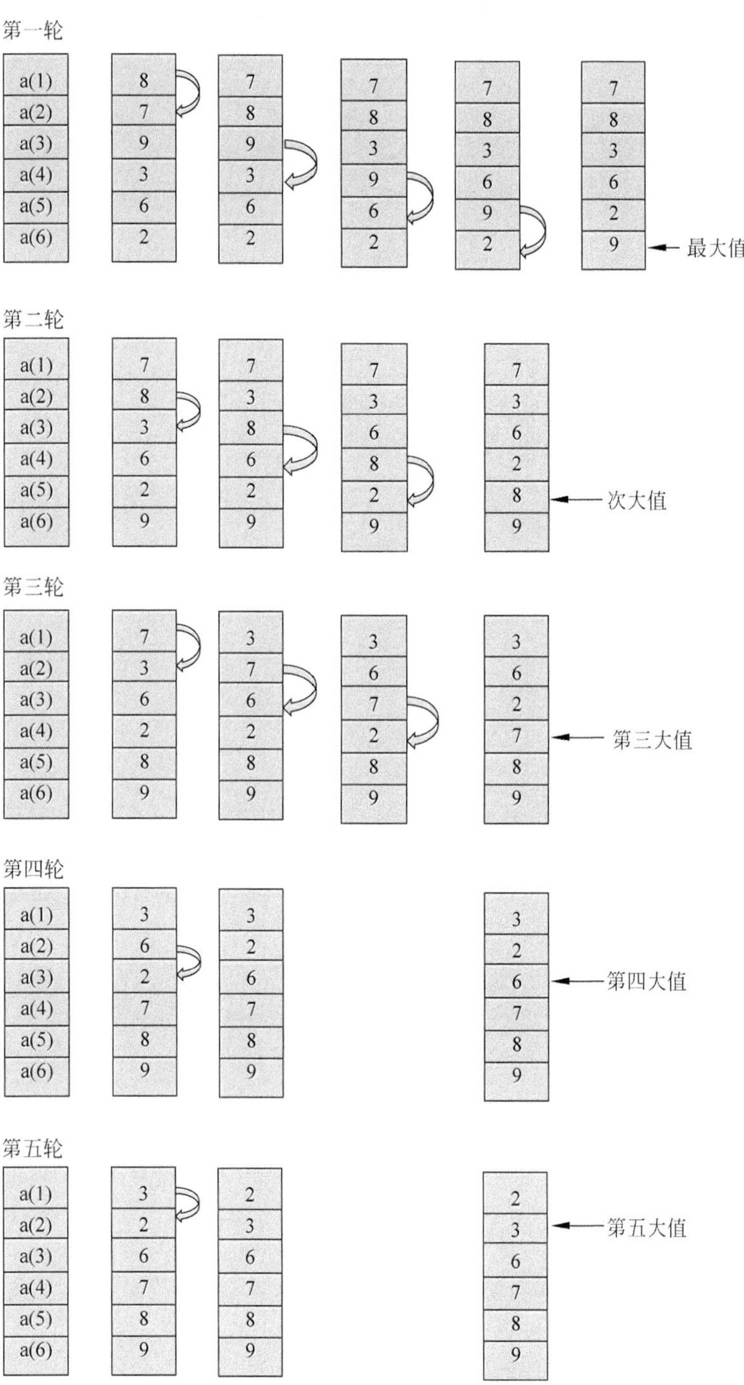

图 7-9　冒泡法排序的示意图

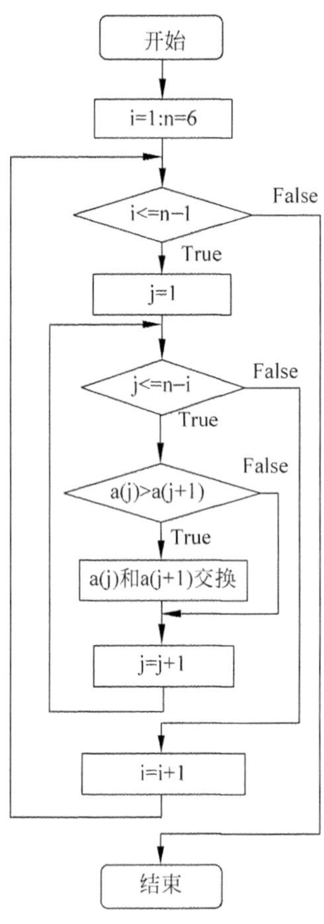

图 7-10　冒泡法排序的程序流程图

7.3　二维数组

7.3.1　二维数组的定义

二维数组的定义格式如下：

```
说明符　数组名(下标 1,下标 2) [As 类型]
```

说明：二维数组的声明格式与一维数组类似。

(1) “下标 1”“下标 2”的一般形式均为“[下界　to] 上界”；

(2) 如果省略“下界”,则下界默认为 0；

(3) 每一维的大小为：上界－下界＋1；

(4) 数组的大小：每一维大小的乘积。

例如：

```
Dima(2,3) as Integer
```

该语句定义了一个二维数组,名字为 a,类型为 Integer。该数组有 3 行(行下标 0～2)、

4 列(列下标 0～3),共有 12(3×4)个数组元素,如图 7-11 所示。

	第1列	第2列	第3列	第4列
第1行	a(0,0)	a(0,1)	a(0, 2)	a(0, 3)
第2行	a(1,0)	a(1,1)	a(1, 2)	a(1, 3)
第3行	a(2,0)	a(2,1)	a(2, 2)	a(2, 3)

图 7-11　二维数组 a 的示意图

(5) 如果希望取得数组中指定"维"的下界值和上界值,可以分别使用 Lbound 函数和 Ubound 函数来实现。其格式为:

Lbound(数组名[,维])

函数功能:返回数组某一"维"的下界值

Ubound(数组名[,维])

函数功能:返回数组某一"维"的上界值

这两个函数同样适用于一维数组。对于一维数组来说,参数"维"可以省略;对于多维数组,则不能省略。例如,Dim b(2 to 8,1 to 5)定义了一个二维数组 b,用下面的语句可以得到该数组各维的上下界值。

```
Print Lbound(b,1),Print Ubound(b,1)
Print Lbound(b,2),Print Ubound(b,2)
```

输出结果为:

```
2       8
1       5
```

7.3.2　二维数组的引用

二维数组元素的引用格式如下:

数组名(下标 1,下标 2)

说明:

(1) 下标 1、下标 2 可以是整型的常量、变量、表达式。

(2) 引用数组元素时,下标 1、下标 2 的取值应在数组声明的上、下界之内。

(3) 二维数组的赋值与输出操作一般通过二重循环来实现,将二维数组的行下标和列下标分别作为循环变量,通过二重循环就可以遍历二维数组。

例如,下面的代码,可以将一个二维数组 a1 存入另一个二维数组 a2:

```
Dim a1%(1 To 3,1 To 2), a2%(1 To 3,1 To 2)
```

```
For i = 1 to 3
     For j = 1 to 2
          a2(i,j) = a1(i,j)
     Next j
Next i
```


7.3.3 二维数组的应用举例

1. 数据统计和处理

可将 m 个学生 n 门课程的成绩视为一个 m 行×n 列的二维数组(参考表 7-1)。在实际应用中,有时需要统计每个学生的总成绩,或者统计各门课程的平均成绩,相当于统计一个二维数组各行元素的和,各列元素的平均值。下面给出与统计相关的部分代码。

统计二维数组(m 行 n 列)各行元素的和,核心代码如下:

```
For i = 1 To m                                     '按行进行统计
     sum = 0                                       '累加和初值赋零
     For j = 1 To n
          sum = sum + a(i, j)
     Next j
     Print sum                                     '输出各行元素的和
Next i
```

上述代码中,sum = 0 必须放在内外循环之间,否则从第二行元素开始,都将把前面的统计结果累加进去,其结果必然是错误的。

统计二维数组(m 行 n 列)各列元素的平均值,核心代码如下:

```
For j = 1 To n                                     '按列进行统计
     sum = 0
     For i = 1 To m
          sum = sum + a (i, j)
     Next i
     Print sum / m
Next j
```

小结:按行统计与按列统计的方法类似,都必须通过一个双重循环。按行统计时,将行下标作为外循环的循环变量,列下标作为内循环的循环变量;按列统计时刚好相反。

2. 矩阵操作

可以将二维数组看作一个 m 行 n 列的矩阵,以进行有关矩阵的操作。如求各行、各列的和,对方阵中对角线上的元素或者上、下三角形中的元素进行操作,以及求两个矩阵的和、差、积,求转置阵等。

【例 7.9】 定义一个 3×3 的二维数组 ***T***,数组元素的值由用户从键盘输入,按矩阵的形式输出 ***T***,并分别计算方阵两条对角线上的元素之和。

分析:该问题所涉及的要点:

(1) 对于一个 $m\times m$ 方阵,主对角线上元素的行号与列号相等;次对角线上元素的行号与列号之和等于 $m+1$。

(2) 以矩阵形式输出时,外循环是针对行下标的。对其中的每一行,首先输出该行上的所有元素(用针对列下标的内循环实现),然后换行。

程序源代码如下:

```
Private Sub Form_Click()
    Dim T% (1 To 3, 1 To 3)
    Dim i%, j%, s1%, s2%
    For i = 1 To 3
        For j = 1 To 3
            T(i, j) = InputBox("输入一个数")            '对数组按行进行赋值
            If i = j Then s1 = s1 + T(i, j)             '计算主对角线上元素之和
            If i + j = 4 Then s2 = s2 + T(i, j)         '计算次对角线上元素之和
            Print T(i, j),                              '输出数组元素
        Next j
        Print                                           '每行输出后的换行操作
    Next i
    Print "主对角线上元素之和 = "; s1
    Print "次对角线上元素之和 = "; s2
End Sub
```

程序运行结果界面如图 7-12 所示。

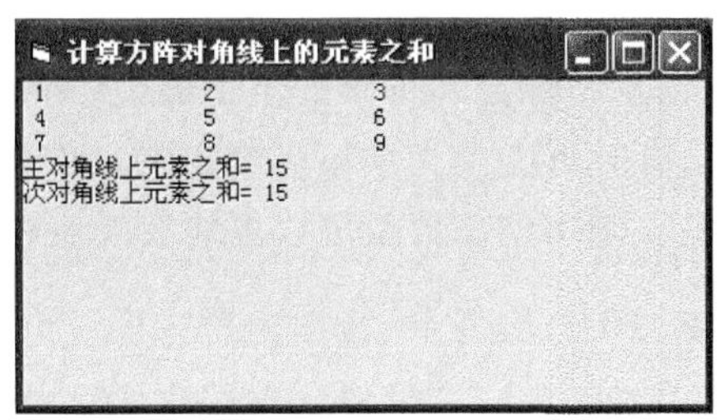

图 7-12 【例 7.9】程序运行结果界面

【例 7.10】 将 2×3 矩阵转置(行列互换)后输出。

分析:矩阵的转置就是将 $\boldsymbol{T}(i,j)$与 $\boldsymbol{T}(j,i)$的值进行交换。

源程序代码如下:

```
Private Sub Form_Click()
    Dim T1% (1 To 2, 1 To 3), T2% (1 To 3, 1 To 2)
    Dim i%, j%
    Print "源矩阵为:"
    For i = 1 To 2
        For j = 1 To 3
            T1(i, j) = InputBox("输入一个数")           '对数组 T1 按行进行赋值
            T2(j, i) = T1(i, j)                        '将转置后的结果存于数组 T2
            Print T1(i, j),                            '输出源矩阵
        Next j
        Print                                          '每行输出后的换行操作
    Next i
    Print "转置矩阵为:"
    For i = 1 To 3
        For j = 1 To 2
```

```
            Print T2(i, j),                          '输出转置矩阵
        Next j
        Print                                        '每行输出后的换行操作
    Next i
End Sub
```


程序运行结果界面如图 7-13 所示。

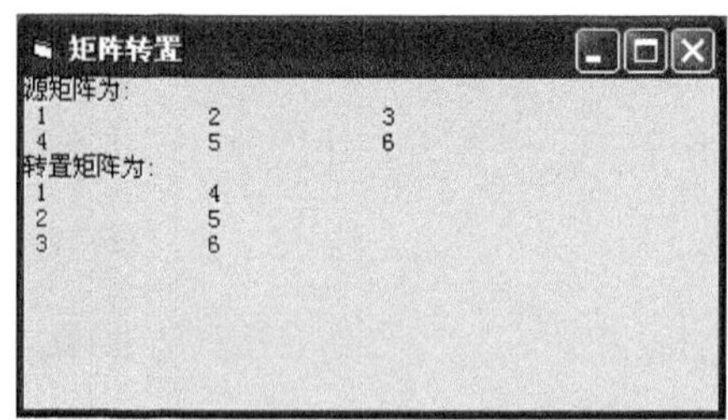

图 7-13 【例 7.10】程序运行结果界面

7.4 动态数组

静态数组在声明时已经指定了维数和每维的上下界,从而数组的大小是确定的。但数组的大小到底多大才算合适,有时可能是无法事先确定的。如果希望在运行时能够改变数组的大小,就要用到动态数组。使用动态数组可以更加有效地利用内存。

7.4.1 动态数组的定义

动态数组的定义分两步。

1. 声明一个空数组

其方法与声明静态数组类似,不同的是数组名后面的括号内没有下标参数。语法格式如下:

```
说明符 数组名( ) As 数据类型
```

例如:

```
Dima( ) As Integer, s( ) As String
```

2. 重新定义数组大小

语法格式如下:

```
ReDim[Preserve] 数组名(下标 1 [,下标 2,…]) [As 数据类型]
```

说明:

(1) 格式中的"数组名""下标""数据类型"等说明同一维数组的定义。

(2) ReDim 语句可以重定义数组的维数及上、下界,并允许使用有确切值的变量或表达式进行设置,系统会按重新定义的上、下界为数组分配存储单元。

(3) ReDim 语句不能改变动态数组的数据类型,除非动态数组被声明为 Variant 类型。

(4) 每次使用 ReDim 语句都会使原来数组中的值丢失。可以在 ReDim 后使用 Preserve 参数来改变原有数组中最后一维的上界，且保持前几维的大小及数组中的原始数据不变。

(5) 与 Dim 语句不同，ReDim 语句是一个可执行语句，故只能在过程中使用。

下面的例子可以用来说明如何声明动态数组，如何在程序运行中动态地改变数组的大小和维数。

```
Option Base 1                          '在模块的"通用声明"段中声明
…
Private Sub Command1_Click()
    Dim a%(), n%                       '初定义时不指定数组的大小
    n = InputBox("请输入 n 的值(n>2)")
    ReDim a(n, n)                      '程序中重新指定为一个 n 行 n 列的二维数组
    a(2, 2) = 10
    Print a(2, 2)
    ReDim a(2 * n)                     '重新指定为一个由 2n 个元素组成的一维数组
    a(2) = 1000
    ReDim Preserve a(3 * n)            '大小重新定义为 3n 个元素,前 2n 个元素的值不变
    Print a(2)
End Sub
```

7.4.2 动态数组的使用

使用动态数组，可以更加灵活地解决实际问题。

【例 7.11】 编程输出 Fibonacci 数列 1,1,2,3,5,8…的前 n 项。

分析：在【例 7.5】中，输出 Fibonacci 数列的前 20 项时，使用了静态数组。本例要求输出前 n 项，n 是一个变量，值由用户输入，在此使用动态数组来完成。

源程序代码如下：

```
Private Sub Command1_Click ()
    Dim Fib% (), i%, n%
    n = Val( InputBox("请输入 n 的值(n>1)"))        '例如,输入 n=5
    ReDim Fib(n)
    Fib(1) = 1: Fib(2) = 1                          '初始条件
    For i = 3 To n
        Fib(i) = Fib(i - 1) + Fib(i - 2)            '递推关系
    Next i
    For i = 1 To n                                  'Fibonacci 数列数据的输出
        Print Fib(i);
        If i Mod 5 = 0 Then Print                   '控制每行打印五个数
    Next i
End Sub
```

请思考：如果在【例 7.9】中，要求在程序中动态重定义一个 $n \times n$ 的二维数组，数组元素的值均由用户从键盘输入，输出 n 阶方阵，并分别计算方阵两条对角线上的元素之和。程序将如何改写？

7.5 For Each…Next 循环语句

For Each…Next 语句与循环语句 For…Next 类似，都可用来执行已知次数的循环。For Each…Next 专门作用于数组或对象集合中的每一成员，语法格式如下：

```
For Each 成员 In 数组名
循环体
[Exit For]
Next 成员
```

说明：

(1)“成员”是一个 Vairant 变量，它实际上代表数组中的每一个元素。

(2) 该语句可以对数组元素进行读取、查询或显示，它所重复执行的次数由数组中元素的个数确定，在不知道数组中元素的数目时非常有用。

【例 7.12】 用 For Each…Next 循环语句，求 1!＋2!＋3!＋…＋100! 的值。

源程序代码如下：

```
Private Sub Command1_Click ()
    Dim a&(1 to 100), sum&, t&, n %
    t = 1
    For n = 1 to 100
        t = t * n
        a(n) = t                                   'n!的值被存入 a(n)
    next n
    sum = 0
    For Each x In a
        sum = sum + x                              '完成数组 a 中各元素值的累加
    next x
    Print "1! + 2! + 3! + … + 100!= "; sum
End Sub
```

分析：代码中，For Each…Next 语句能够根据数组 a 的元素个数来确定循环次数。语句中 x 用来代表数组 a 的各元素。第一次循环时，x 是数组 a 的第一个元素的值；第二次循环时，x 是第二个元素的值，以此类推。

7.6 控 件 数 组

7.6.1 控件数组的概念

VB 中除了提供前面介绍的一般数组外，还提供了控件数组。

控件数组由一组类型相同且功能相似的控件组成，它们具有相同的控件名(即控件数组名)，并以下标索引号(Index，相当于一般数组的下标)来识别各个控件，每一个控件均被称为该控件数组的一个元素，可表示为：

控件数组名(下标索引号)

例如,Label1(0), Label1(1), Label1(2)就是一个包含了3个元素的标签数组。

说明:

(1) 控件数组至少应有一个元素,最多可达32767个元素。第一个控件的索引号默认为0。VB允许控件数组中控件的索引号不连续。

(2) 各控件具有相似的属性设置,共享同样的事件过程:事件过程的参数对应于当前发生该事件的对应控件的索引号(Index)。

例如,在窗体上建立一个命令按钮数组Command1,运行时无论单击哪一个按钮,都会调用以下事件过程:

```
Private Sub Command1_Click(Index As Integer)
    '此过程中,根据 Index 的值来确定当前按下的是哪个按钮,
    '并作出相应的处理
    …
End Sub
```

7.6.2 控件数组的建立

创建控件数组有3种方法。

1. 给多个同一类型的控件取相同的名称

通过改变已有控件的名称,可以将这些控件组成一个控件数组,步骤如下:

(1) 在窗体上画出若干个相同类型的控件。例如,画出3个命令按钮Command1、Command2和Command3。

(2) 先选定作为数组中第一个元素的控件,并将其Name(中文版为"名称")属性设置成数组名称。例如,可将命令按钮Command1的Name属性修改为"cmdColor"。

(3) 再选择作为数组中第二个元素的控件,也将其Name属性设置成数组名称。此时,VB将弹出一个对话框,要求确认是否创建控件数组,如图7-14所示,选择"是",创建控件数组。

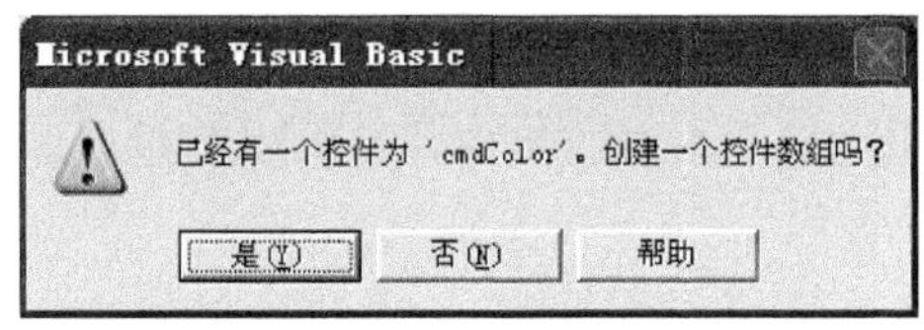

图7-14 确认创建控件数组

(4) 继续选择其他控件,将其Name属性逐一设置为数组名称。由于已经创建了控件数组,从第三个控件开始,不再显示是否创建数组的对话框。

说明: VB会自动把添加到数组中第一个控件的Index属性设置为0,其后每个新控件元素的Index属性按其加入的次序自动设置为1,2,3,…。用这种方法添加的控件仅仅共享数组的Name属性(相同),其他如控件的大小、颜色等属性保持不变。

2. 在窗体上复制并粘贴已有的控件

利用复制、粘贴的功能建立控件数组,步骤如下:

(1) 画出控件数组中的第一个控件。

(2) 选中该控件,选择"编辑"菜单中的"复制"命令。

(3) 选择“编辑”菜单中的“粘贴”命令，VB将显示一个如图7-14所示的对话框，询问是否创建控件数组。选择“是”，将得到控件数组中的第二个元素。

(4) 根据需要，继续执行步骤(3)，以得到控件数组中的其他元素。

说明：与第一种方法相同，每个数组元素的索引值(Index)与其添加到控件数组时的次序一致。用这种方法产生的控件数组，共享大多数如大小、颜色等可视属性。

3. 将控件的Index属性设置为非Null数值

选择要作为控件数组第一个元素的控件，将其Index属性设置为0(修改前其属性框中为空白)，然后添加控件数组的其余成员。此方法在添加数组的第2、3、4…个元素时，将不会出现是否需要创建控件数组的对话框。

7.6.3 控件数组的使用

使用控件数组可以开发出许多具有实用意义的Windows应用程序。

【例7.13】 建立如图7-15所示的界面，通过单击命令按钮，可以分别控制标签上文字的颜色、字体和字号。

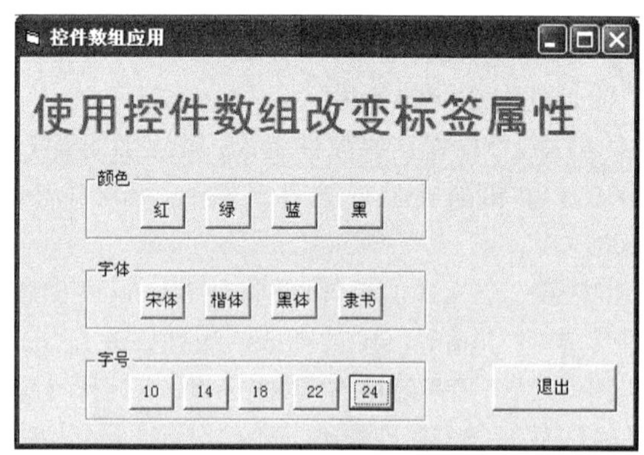

图7-15 使用控件数组改变标签的文字属性

分析：可以使用3个包含命令按钮的控件数组分别控制标签的颜色、字体和字号。

设计步骤如下：

(1) 新建工程，在窗体上创建4个标签，3个命令按钮控件数组和1个命令按钮，其Caption属性设置如表7-2所示。

表7-2 【例7.13】中各控件的Caption属性设置

控　　件	属　性　值
Label1	使用控件数组改变标签属性
Label2～Label4	颜色、字体、字号
Frame1～Frame3	颜色、字体、字号
cmdColor(0)～cmdColor(3)	红、绿、蓝、黑
cmdFontName(0)～cmdFontName(3)	宋体、楷体、黑体、隶书
cmdFontSize(0)～cmdFontSize(4)	10、14、18、22、24
cmdClose	退出

(2) 编写设置标签字体的控件数组 cmdFontName 的 Click 事件代码：

```
Private Sub cmdFontName_Click(Index As Integer)
      Select Case Index
         Case 0
             Label1.FontName = "宋体"
         Case 1
             Label1.FontName = "楷体_GB2312"
         Case 2
             Label1.FontName = "黑体"
         Case 3
             Label1.FontName = "隶书"
      End Select
End Sub
```

(3) 编写设置标签字号的控件数组 cmdFontSize 的 Click 事件代码：

```
Private Sub cmdFontSize_Click(Index As Integer)
           Label1.FontSize = cmdFontSize(Index).Caption
End Sub
```

(4) 编写设置标签文字颜色的控件数组 cmdColor 的 Click 事件代码：

```
Private Sub cmdColor_Click(Index As Integer)
      Select Case Index
         Case 0
             Label1.ForeColor = vbRed
         Case 1
             Label1.ForeColor = vbGreen
         Case 2
             Label1.ForeColor = vbBlue
         Case 3
             Label1.ForeColor = vbBlack
      End Select
End Sub
```

(5) 编写"退出"按钮的 Click 事件代码：

```
Private Sub cmdClose_Click()
      End
End Sub
```

讨论：

(1) 改变标签上文字的颜色、字体和字号，共使用了 13 个命令按钮，原来需要编写 13 个 Click 事件过程，现在只用了 3 个含有命令按钮的控件数组。即使需要设置更多的颜色、字体和字号，使用控件数组后，也不再需要增加新的事件过程。

(2) 在 cmdColor 的 Click 事件过程中，根据数组中控件的索引值 Index 用 Select Case 结构完成颜色的修改。如果要设置更多的颜色，添加相应颜色的 Case 语句即可。

(3) 在设置字号的事件过程中，巧妙地利用了 Index 与所要设置的属性值之间的对应关系，即使增加新的字体和字号，程序中的代码也无须修改。例如：

```
Label1.FontSize = cmdFontSize(Index).Caption
```

当 Index = 3 时，相当于下面的语句：

```
Label1.FontSize = cmdFontSize(3).Caption
```

由于控件数组 cmdFontSize 中第 3 个按钮的 Caption 属性为 22(Index 从 0 开始)，则上述语句的作用为：

```
Label1.FontSize = 22
```

【例 7.14】 设计一个简易计算器，能进行整数的加、减、乘、除运算，运行界面如图 7-16 所示。

分析：可以将计算器中的按钮分为数字和运算符两大类，使用两个命令按钮组。

设计步骤如下：

(1) 建立应用程序用户界面与设置对象属性。

新建工程，在窗体上创建 1 个框架控件 Frame1，选中 Frame1 后，在其中增加 1 个文本框控件 Text1、2 个包含命令按钮的控件数组 Command1(0)～Command1(10) 和 Command2(0)～Command2(4)。

图 7-16 简易计算器

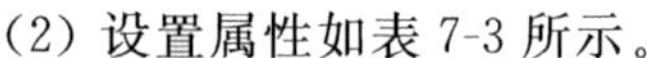

(2) 设置属性如表 7-3 所示。

表 7-3 属性设置

对　　象	属　　性	属　性　值
Text1	Alignment	1 — Right Justify
Text1	Locked	True
Command1(0) ～ Command1(10)	Caption	0、1、2、3、4、5、6、7、8、9、.（小数点）
Command2(0) ～ Command2(4)	Caption	依次为：+、-、*、/、=

(3) 编写程序代码。首先在模块的“通用声明”段中声明全局变量：

```
Dim v As Boolean                    '是否第一次按运算符
Dim s As Integer                    '记录上次输入的运算符
Dim x As Double                     '记录第一个操作数
Dim y As Double                     '记录第二个操作数
```

编写数字类命令按钮组 Command1( ) 的 Click 事件代码：

```
Private Sub Command1_Click(Index As Integer)
    If Form1.Tag = "T" Then                     '向显示中的数追加新数
        If Index = 10 Then
            Text1.Text = "0."
        Else
            Text1.Text = Command1(Index).Caption
        End If
            Form1.Tag = ""
    Else
```

```
        a = Text1.Text
        Text1.Text = a & Command1(Index).Caption
    End If
End Sub
```

编写运算符类命令按钮组 Command2( ) 的 Click 事件代码：

```
Private Sub Command2_Click(Index As Integer)
    Form1.Tag = "T"              'Tag 属性可以用来存放用户的数据
    If v Then                    '第一次按运算符
        x = Text1.Text           '将输入的数存入 x
        v = Not v
    Else
        y = Text1.Text
        Select Case s
          Case 0
            Text1.Text = x + y
          Case 1
            Text1.Text = x - y
          Case 2
            Text1.Text = x * y
          Case 3
            If y <> 0 Then
                Text1.Text = x / y
            Else
                MsgBox ("不能以 0 为除数")
                Text1.Text = x
                v = False
            End If
          Case 4
            y = 0
            v = False
        End Select
        x = Text1.Text
    End If
    s = Index
End Sub
```

习 题 7

一、指出下面声明的数组中各包含多少个元素

(1) Dim A(10)　　(2) Dim A(-3 to 4, 2 to 4)　　(3) Dim A(-9 to 4)

(4) Dim A(2,3,4)　　(5) Option Base 1
　　Dim A(4, 4)

二、单选题

1. 假定已经使用了语句 Dim a%(3,5)，下列下标变量中不允许使用的是(　　)

A. a(1, 1)　　B. a(1, 2 * 2)

C. a(3, 2.5)　　D. a(-1,3)

2. 执行下面的程序时,在窗体上显示的是(　　)。

```
Private Sub Command1_Click()
        Dim a%(10)
       For i = 1 To 10
              a(k) = 11 - k
       Next i
       Print a(a(3)\a(7) Mod a(5))
End Sub
```

A. 3　　　　B. 5　　　　C. 7　　　　D. 9

3. 下面程序段的运行结果是(　　)。

```
Private Sub Command1_Click()
      Dim a(3, 3) As Integer
      For i = 1 To 3
          For j = 1 To 3
              If i = j Then a(i, j) = 1 Else a(i, j) = 0
              Print a(j, i);
          Next j
          Print
      Next i
End Sub
```

A. 1　1　1
　1　0　1
　1　1　1　　　　B. 0　0　0
　0　1　0
　0　0　0　　　　C. 1　0　0
　0　1　0
　0　0　1　　　　D. 1　0　1
　0　1　0
　1　0　1

4. 以下说法中正确的是(　　)

A. 用数组名及下标可以唯一识别一个数组元素。

B. 若有定义 Dim a%(3),则数组 a 共有 3 个元素,可以表示的最大下标值为 3,其中 a(2)代表数组的第 2 个元素。

C. 设有数组声明语句

```
Option Base 1
Dim T(3, -1 to 2)
```

则 Lbound(T,1)Ubound(T,1)Lbound(T,2)Ubound(T,2)的值分别为 1,3,−1,2。

D. 使用 Redim 语句将释放动态数组所占的存储空间。

三、编程题

1. 从键盘上输入 10 个学生的考试成绩,输出平均分、最高分和最低分。

2. 给一维数组 a 赋初值,要求每个元素的值等于其下标的平方,并输出数组 a 的每个下标及其对应元素的值。

3. 利用随机函数产生一个由 15 个[10,90]之间的随机整数组成的数列,显示在标签 1 中。单击命令按钮,将该数列中的数据按从大到小的顺序排列,并显示在标签 2 中。

4. 编写程序,输入 10 个学生 5 门课程的成绩(可改为 m 个学生 n 门课程),要求:

(1) 找出单科成绩最高的学生的序号和课程成绩。

(2) 找出某科成绩不及格的学生的序号及其各门课程的成绩。

(3) 求每个学生各门课程的总成绩及其各门课程的平均成绩。

(4) 求每门课程的平均成绩。

5. 利用二维数组输出如图 7-17 所示的数字方阵。

6. 根据用户输入的 n 值,利用随机函数产生一个 $n \times n$ 的矩阵,数据的范围是[10,90]之间的整数,输出该矩阵并求该矩阵周边元素之和。

7. 用 For Each…Next 循环语句,求 1+3! +5! +7! …+99! 的值

8. 利用控件数组设计一个输出简单图形的软件,如图 7-18 所示。

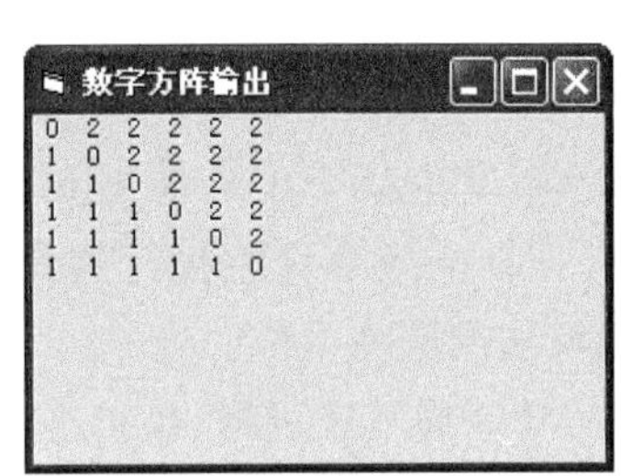

图 7-17 数字方阵

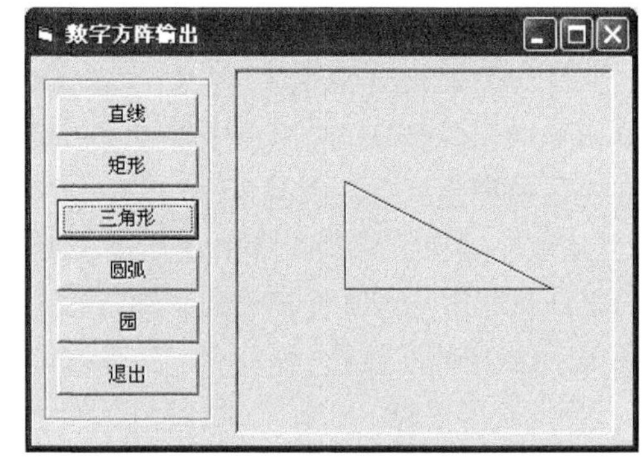

图 7-18 控件数组的应用

提示:创建一个命令按钮组,包含图 7-18 中的所有按钮,用一个图片框显示输出的图形。画图方法可自行查阅关于 VB 的图形操作,也可以使用 Print 方法示意图形的输出,如“画直线”命令按钮的 Click 事件过程代码:

```
PrivateSub Command1_Click()
    Picture1.Print "输出一条直线"              '代替一条画直线语句
End Sub
```

第8章 子过程与函数过程

VB把程序按照功能分为多个模块(窗体模块、标准模块和类模块),每个模块对应一个文件。本书前面所讲的程序只涉及窗体模块(.frm)。其中,每个模块的代码又由若干相互独立的程序段组成,每个程序段完成一个具有特定目的的任务。这种程序段称为过程(Procedure)。可以说,VB应用程序是由若干过程组成的。

VB中的过程主要有两大类:

一类是事件过程。前面几章中使用的都是事件过程。当发生某个事件如Click、Load时,系统会自动调用与该事件相关的事件过程,即事件过程是在响应事件时执行的代码块。它是VB应用程序的主体,一般由VB自动创建,用户不能增加或删除事件。

另一类是通用过程。在程序设计过程中,将一些常用的功能编写成过程,供多个不同的事件过程调用,从而减少重复编写代码的工作量,实现代码重用,使程序简练,便于调试和维护。VB的通用过程主要包括两种类型:以Sub保留字开始的子过程和以Function保留字开始的函数过程。

VB应用程序的组成如图8-1所示,每个窗体对应一个窗体模块,一个VB应用程序至少有一个窗体模块。当一个应用程序含有多个窗体,且这些窗体需要调用某一个通用过程时,一般需要建立一个标准模块,在该标准模块中建立通用过程。标准模块中的代码一般是公有的,其他模块中的事件过程或通用过程都可以访问它。类模块包含了可作为OLE对象的类定义,主要用来定义类,在程序运行过程中生成一些对象,建立ActiveX组件等,此处不做详细讨论。

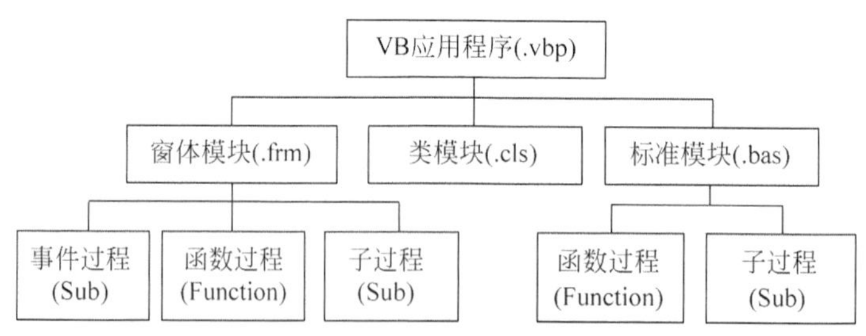

图8-1 VB应用程序的组成

本章主要介绍自定义的Sub子过程和Funtion过程的定义及调用、变量和过程的作用域及生存周期。

8.1 Sub 过程

Sub 过程(子过程)是指一组能够完成特定操作,且相对独立的程序段,可以被其他过程作为一个整体来调用。在启动机制上,它与事件过程的区别在于:事件过程通常是在特定对象的特定事件发生时被执行;子过程则只有被另一过程调用时才会执行。

8.1.1 Sub 过程的定义

定义 Sub 过程有两种方法。

1. 利用“工具”菜单中的“添加工程”命令

操作步骤如下:

(1) 选定想要编写过程的窗体模块,打开其代码窗口。

(2) 在“工具”菜单中,选择“添加过程”命令,显示 “添加过程”对话框,如图 8-2 所示。

(3) 在“名称”后的文本框中输入过程名(过程名遵守标识符命名规则)。

(4) 在“类型”选项组中选取“子程序”单选按钮。

(5) 在“范围”选项组中,选取“公有的”单选按钮将定义一个公共级的全局过程;选取“私有的”单选按钮将定义一个窗体模块级的局部过程。

(6) 单击“确定”按钮,退出对话框。

以上操作完成后,会在代码窗口中建立一个子过程的模板,接下来就可以在 Sub 和 End Sub 之间编写代码了。

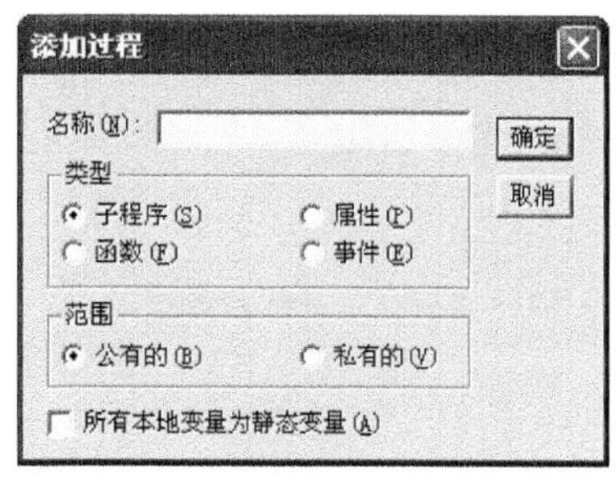

图 8-2 “添加过程”对话框

2. 利用代码窗口

方法:在窗体模块的代码窗口中,把插入点放在所有过程之外,按正确的语法格式输入 Sub 过程的定义语句。

定义 Sub 过程的语法格式如下:

```
[Private|Public|Static] Sub 过程名([参数列表])
语句块
[Exit Sub]
End Sub
```

说明:

(1) 子过程名的命名规则遵守标识符命名规则。

(2) 参数(也称形参)列表是用“,”分隔开的若干个变量,格式为:

```
变量名 1[As 类型],变量名 2[As 类型],…
```

或

```
变量名 1[类型符],变量名 2[类型符],…
```

例如:

```
Sub sum(x%, y%, s%)
        s = x + y
        Print "两个数的和为:"; s
End Sub
```

该过程中有 3 个形参,调用该过程可以实现两数之和的计算并输出计算结果。

子过程可以带参数,也可以不带参数,例如:

```
Sub printswb()
 Print "Visual Basic! "
End Sub
```

(3) [Exit Sub]为可选项,表示中途退出子过程。

(4) [Private|Public|Static]的含义将在 8.4 节介绍。

8.1.2 Sub 过程的调用

必须通过正确的语句调用,过程中的代码才能被执行。

Sub 过程的调用方式有两种。

1. Call 语句

格式:

```
Call 过程名([参数列表])
```

例如:

```
Call sum(a,b,c)
Callmysub( )
```

说明:

(1) "参数列表"中包含的实参,代表在调用时要传递给 Sub 过程的参数值,它必须与形参在个数、位置、类型上保持一致。

(2) 调用时把实参的值传递给形参称为参数传递。传递方式分为两种:

- 当形参前有 Byval 关键字时,则参数传递为值传递,实参值不随形参值的变化而改变;
- 当形参前没有 Byval 说明时,则参数传递为地址传递,实参值随形参值的改变而改变。

参数传递部分将在 8.3 节重点讲解。

(3) 当参数是数组时,形参与实参在参数声明时可省略其维数,但括号不能省略。

2. 过程名作为一个语句

格式:

```
过程名[参数列表]
```

说明: 与第一种调用方式相比,省略了关键字 Call,去掉了"参数列表"的括号。

例如:

```
sum a,b,c
```

mysub

子过程可以被多次调用,图 8-3 是一个过程调用的示例。

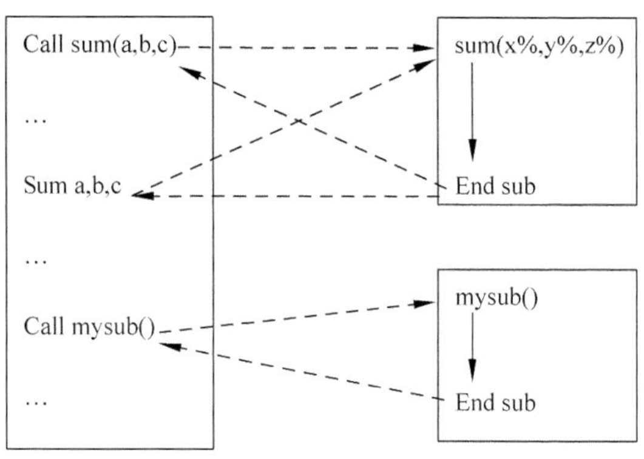

图 8-3 过程调用示意图

调用过程(主调过程)在执行过程中,首先遇到 Call sum(a,b,c)语句,于是转到子过程 sum(被调过程)的入口处去执行。执行完子过程 sum 后,返回到调用过程的调用语句处继续执行随后的语句。执行过程中遇到 sum a,b,c 语句,于是再次进入子过程 sum 去执行,执行完后返回到调用处继续执行其后的语句。同样,遇到 Call mysub( )语句时,转到子过程 mysub(被调过程)中去执行,执行完子过程 mysub 后返回调用处,继续执行其后的语句。

总之,当调用过程需要执行某个特定任务时,可使用调用语句(如 Call)调用相应的子过程,子过程执行完后,会返回到调用过程的调用语句处继续执行其后续代码。

【例 8.1】 Sub 过程示例。

源程序代码如下:

```
Sub Form_Click ()
     Call Mysub1(30)
     Call Mysub2
     Call Mysub2
     Call Mysub2
     Call Mysub1(30)
 End Sub

Private Sub Mysub1(n)
     Print String(n, "*")
 End Sub

Private Sub Mysub2( )
     Print "*"; Tab(30); "*"
 End Sub
```

程序运行后,输出结果如图 8-4 所示。

图 8-4 【例 8.1】程序运行结果

在上述事件过程 Form_Click( )中,通过 Call 语句分别调用了两个 Sub 过程。在 Sub 过程 Mysub1(n)中,n 为形参,当主调过程通过 Call Mysub1(30)语句调用时，会将实参的值 30 传递给 n，调用后输出 30 个“ * ”号。过程 Mysub2( )不带参数，其功能是输出左右两边的“ * ”号。

【例 8.2】 编写一个求矩形面积的 Sub 过程，然后调用它完成计算，并输出计算结果。

源程序代码如下：

```
Sub area(length!,width!)
      Dim rarea!
      Rarea = length * width
      Print "The area of rectangle is"; rarea
End sub

Sub Form_Click ()
      Dim a!,b!
      a = InputBox("输入矩形的长:")
      b = InputBox("输入矩形的宽:")
      area a,b
End Sub
```

8.2 Function 过程

Function 过程(函数过程)具备 Sub 过程的功能，用法也类似，但其主要目的是为了进行计算并返回一个结果。在调用时，如同 sin( )、sqr( )等内部函数一样，只需调用函数并赋予相应的参数，即可得到函数值。

8.2.1 Function 过程的定义

定义 Function 过程也有两种方法。

1. 利用“工具”菜单中的“添加工程”命令

操作步骤与 Sub 过程定义相似，只是在第(4)步的“类型”选项组中选取“函数”单选按钮即可。

2. 利用代码窗口

方法：在窗体模块的代码窗口中，把插入点放在所有过程之外，按正确的语法格式输入 Function 过程的定义语句。

定义 Function 过程的语法格式如下：

```
[Private|Public|Static] Function 函数名([参数列表]) [As 类型]
    语句块
    函数名 = 表达式
    [Exit Function]
End Function
```

说明：

(1) “函数名”的命名规则遵守标识符命名规则；“参数列表”的规定同 Sub 过程。

(2) 无论函数过程有无参数，函数名后的括号均不可省略。

(3) “As 类型”指明函数过程返回值的类型，也可以使用类型符表示。

(4) 在函数过程中,至少应该有一个给函数名赋值的语句。从函数过程返回时,函数名的值就是函数过程的返回值。例如:

```
Function sum%(m%, n%)
        sum = x+y
End Function
```

(5) [Exit Function]为可选项,表示中途退出函数过程。

8.2.2 Function 过程的调用

与子过程调用方式不同的是:在调用程序中,被调函数过程不能作为单独的语句,而必须作为赋值语句或表达式中的一部分;由函数名带回一个值给调用程序,如同使用 VB 的内部函数一样,只写出函数名和相应的参数即可。例如:

```
s = sum(a, b)
Print sum(a, b)
 sum(a, b)                                   '错误调用
```

函数过程也可以被多次调用。

【例 8.3】 计算 6!+12!-10!。

分析:因为计算 6!、12! 和 10! 都要用到阶乘 $n!$ ($n!=1\times2\times3\times\cdots\times n$),所以,编写一个求 $n!$ 的函数过程,然后通过函数调用来求解 6!+12!-10!。结果可以采用 Print 方法直接在窗体上输出。

源程序代码如下:

```
Private Sub Form_Click ()                    '主调程序
      Dim s As Long
      s = Fac (6) + Fac (12) - Fac (10)      '函数过程的调用
      Print "6! + 12! - 10! = "; s
End Sub

Function Fac&(n%)                            '被调的函数过程
      Dim i%,m&
      m= 1
      For i = 1 To n
          m = m * i
      Next i
      Fac=m
End Function
```

【例 8.4】 改写【例 8.2】,使用 Function 过程实现。

源程序代码如下:

```
Function area!(length!,width!)
      area = length*width
End Function
Sub Form_Click ()
      Dim a!,b!
      a = Val(InputBox( "输入矩形的长:" ))
      b = Val(InputBox("输入矩形的宽:"))
```

```
    Print "The area of rectangle is"; area(a,b)
End Sub
```

小结：关于 Sub 过程、Function 过程，其相同点是：都可以被调用，都是通过调用获取参数，执行一系列语句，并能够改变其参数值的独立过程。不同点：Sub 过程不返回值，过程名没有数据类型，调用时不能出现在表达式中；Function 过程能够返回一个具有和函数名类型相同的值，函数可以出现在表达式中。

8.3 参数传递

调用过程时，主调过程与被调过程之间需要进行参数传递。即：将主调过程中的实参传递给被调过程中的形参，实现形参与实参的结合，然后执行被调过程中的语句。在 VB 中，实参与形参的结合有两种方式：按值传递和按地址传递。

形参与实参的结合是按照位置对应的，形参表和实参表中的对应变量名可以相同也可以不同，但实参和形参的个数、数据类型以及顺序必须一一对应。例如：

```
调用过程:Call Mysub(100, "计算机", x, a( ))
被调过程:Sub Mysub (t%, s$, y!, b%( ))
```

8.3.1 按值传递

如果在定义过程时，形参前加了 ByVal 关键字，则在调用此过程时，该参数是按值传递的。

参数传递过程：

(1) 当调用一个过程时，系统会将实参的值复制给形参，然后实参与形参断开联系。

(2) 被调过程对形参的任何操作都针对的是形参变量的存储单元。

(3) 当过程调用结束时，这些形参变量所占用的存储单元也同时被释放。

在过程体内对形参的任何操作都不会影响实参。这种传递方式是"单向"的，即只能由实参传递给形参，而形参的值不能返回给实参。

当实参为常量或表达式时，则必定是按值传递方式(数据的传递是单向的)。

【例 8.5】 分析下列程序代码，看能否实现主调过程中两个变量值的交换。

```
Sub swap(ByVal x%, ByVal y%)
    Dim t%
    Print "子过程执行交换前:", "x="; x, "y="; y
    t=x : x=y : y=t
    Print "子过程执行交换后:", "x="; x, "y="; y
End Sub

Private Sub Form_Click ()
    Dim a%,b%
    a = 5: b = 10
    Print "调用前:", "a=";a, "b="; b
    swap a , b
    Print "调用后:", "a=";a, "b="; b
```

```
End Sub
```

单击窗体的事件发生后,程序运行结果如图 8-5 所示,可发现 a、b 的值并未发生交换。

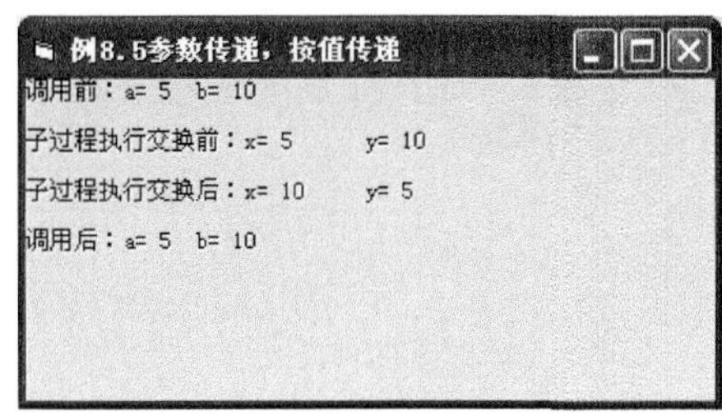

图 8-5 【例 8.5】程序运行结果

分析:程序执行中,语句"swap a,b"实现了主调过程 Form_Click( )对被调过程 swap( )的调用。由形参列表"ByVal x%, ByVal y%"可知:调用 swap( )过程时将按值传递参数。首先将实参 a、b 的值分别传递给形参 x,y;然后在子过程 swap( )的执行过程中,借助于中间变量 t 实现 x、y 值的交换;最后子过程执行结束,释放形参 x、y 所占的空间,回到主调过程,但此时实参 a、b 的值并未发生改变。程序执行中参数的变化如图 8-6 所示。

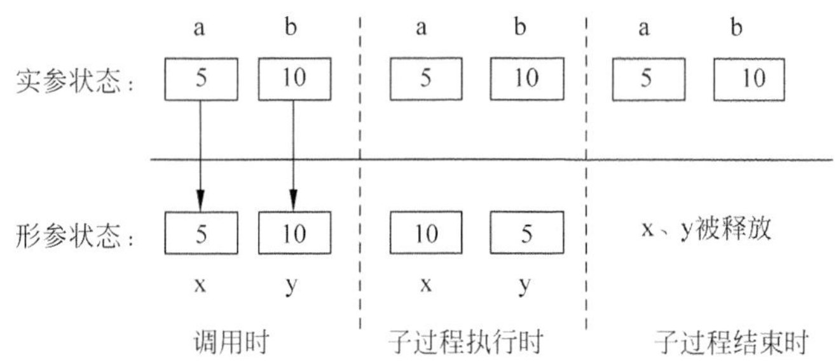

图 8-6 值传递方式下的参数状态变化

由图 8-6 可知,按值传递方式在调用子过程时实现的是单向值传递,不能将子过程对形参的改变结果带回主调过程,即对形参的任何操作不会影响到实参,这也是【例 8.5】不能通过调用子过程实现主调过程中两个数交换的原因。

8.3.2 按地址传递

如果在定义过程时,形参前加了 ByRef 关键字,则在调用此过程时,该参数是按地址传递的。

说明:按地址传递是 VB 默认的参数传递方式。如果一个形参前面既无 ByRef,也无 ByVal,则该形参默认为按地址传递。本章之前的例子,均为按地址传递。

当调用一个过程时,系统会将实参的地址传递给形参。在被调过程中对形参的任何操作都会变成对相应实参的操作。当参数是字符串或数组时,使用按地址传递直接将实参的地址传递给被调过程,能有效地提高程序运行效率。

【例 8.6】 对【例 8.5】进行修改,利用"按地址传递"的参数传递方式编程实现 a、b 值的交换。

源程序代码如下:

```
Sub swap(ByRef x% , ByRef y%)
    dim t%
    Print "子过程执行交换前:", "x="; x, "y="; y
    t=x : x=y : y=t
    Print "子过程执行交换后:", "x="; x, "y="; y
End Sub
Private Sub Form_Click ()
    Dim a%,b%
    a = 5: b = 10
    Print "调用前:", "a="; a, "b="; b
    swap a , b
    Print "调用后:", "a="; a, "b="; b
End Sub
```

单击窗体的事件发生后,程序运行结果如图 8-7 所示。

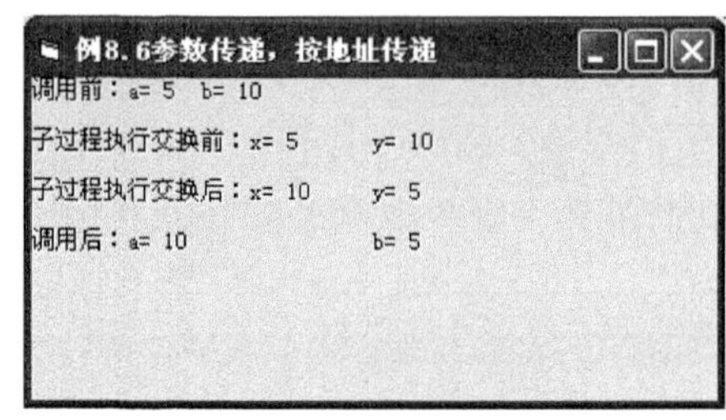

图 8-7 【例 8.6】程序运行结果

与【例 8.5】程序不同,由形参列表"ByRef x%, ByRef y%"可知,主调过程 Form_Click( )对被调过程 swap( )进行的调用,是按地址传递参数的。程序执行中参数的变化如图 8-8 所示。

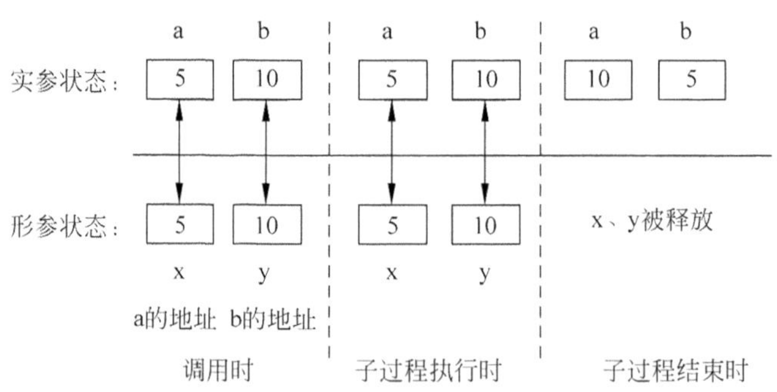

图 8-8 地址传递方式下的参数状态

从图 8-8 可知,按地址传递调用子过程时,对应的实参和形参共享相同的内存单元,即子过程对形参的改变会影响到实参,传递方式是双向的。因此,本例能够通过调用子过程实现主调过程中两个数的交换。

思考:对【例 8.3】(编写一个求 $n!$ 的子过程,然后调用它计算 $6!+12!-10!$ 的值)的代码进行修改,程序代码如下。请分析在调用过程中与【例 8.3】参数的传递方式的区别。

```
Sub Fac(Byval n&, m&)                    '以"按地址传递"方式被调用
    Dim i%
```

```
    m = 1
    For i = 1 To n
        m= m * i
    Next i
End Sub
Private Sub Form_Click ()
    Dim a&,b&,c&
    Call Fac(6, a)                          '实参 a 将 6!带回主调函数
    Call Fac(12, b)                         '实参 b 将 12!带回主调函数
    Call Fac(10, c)                         '实参 c 将 10!带回主调函数
    s = a + b - c
    Print "6! + 12! - 10! = "; s
End Sub
```

8.3.3 数组作为参数

数组可以作为过程的参数,语法形式为:

在过程定义时,形参列表中的形参数组用数组名、数组类型和一对圆括号来表示;在过程调用时,实参列表中的实参数组只用数组名表示,省略圆括号。

说明:

(1) 数组作为过程的参数时,都是"地址传递",即将实参数组的起始地址传递给被调过程的形参数组,使得被调过程在执行过程中,实参数组与形参数组共享同一组内存单元。这样对形参数组的操作也就对实参数组进行了同样的操作。

(2) 如果被调过程想获取实参数组的上下界,可以在被调过程中使用 LBound 函数和 UBound 函数得到。

【例 8.7】 由随机函数产生一个一维数组,通过过程调用来求该数组中所有偶数值元素的和。

源程序代码如下:

```
Function sum%(b%())                         '数组作形参
    Dim i%
    For i = LBound(b) To UBound(b)
        If b(i) mod 2 = 0 Then
            sum = sum + b(i)
        End If
    Next i
End Function

Private Sub Form_Click ()
    Dim a%(10), s%, i%
    For i = 1 To 10
        a(i) = Int(Rnd * 100) + 10
        Print a(i);
    Next i
    Print
    s = sum(a)                              '数组作实参
    Print "偶数值元素之和:"; s
End Sub
```

程序运行结果如图 8-9 所示。

注意：若将某个数组元素(由数组名和下标指定)作为实参传递给被调过程，则形参可以采用普通变量，采用“按值传递”方式。

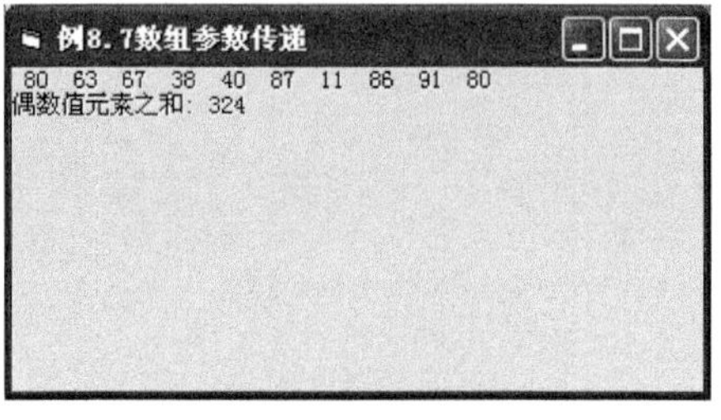

图 8-9 【例 8.7】程序运行结果

8.3.4 可选参数

VB 提供了灵活且安全的参数传送方式，允许使用可选参数和可变参数。

在前面的例子中，一个过程的形参是固定的，调用时提供的实参也应相互对应。即如果一个过程有三个形参，则调用时必须按相同的顺序和类型提供三个实参。

在 VB 中，可以指定一个或多个形参作为可选参数。定义带可选参数的过程，必须在“形参列表”中使用 Optional 关键字，并在过程体中通过 IsMissing( )函数进行测试，判断调用时是否传递可选参数。

【例 8.8】 建立一个计算乘积的可选参数过程，能够有选择地计算两个数或三个数的乘积。即在调用时，既可以给该过程传递两个实参，也可以传递三个实参。

源程序代码如下：

```
Sub Multi(first%, second%, Optional third)          '第三个参数可选
    Dim m
    m = first * second
    If Not IsMissing(third) Then                    '测试第三个参数是否存在
        m = m * third
    End If
    Print m                                         '结果可以是长方形的面积或长方体的体积
End Sub

Private Sub Form_Click()
    Multi 5, 10
    Multi 5, 10, 20
End Sub
```

单击窗体后，程序运行结果如下：

```
50    1000
```

说明：

(1) IsMissing 函数有一个参数，它是由 Optional 指定的形参名，其返回值为 Boolean 类型。若没有向可选参数传送实参，则 IsMissing 函数的返回值为 True，否则返回值为 False。

(2) 过程可以有多个可选参数。当它的某个形参设定为可选参数时，这个参数之后的所有形参都应该用 Optional 关键字定义为可选参数。

(3) 可以为可选参数指定默认值。在调用时，若未提供可选参数的值，则形参被赋值为默认值。下例中，如果未将可选参数传递到函数过程，则返回其默认值。

```
Sub listtext (x As String, Optional y As Intege, Optional z As String = "男" )
```

```
List1.AddItem x
If Not IsMissing (y) Then
      List1.AddItem y
End If
If Not IsMissing (z) Then
      List1.AddItem z
End If
End Sub

Private Sub Command1_Click ()
Dim strname As String, age As Integer,
strname = "yourname"
age = 20
Call listtext (strname, age)                    '未提供第三个参数
End Sub
```

8.3.5 可变参数

一般来讲,过程调用中的实参个数应等于过程定义中的形参个数。在 VB 中,过程还可以接受任意数量的参数,即可变参数。

可变参数过程通过 ParamArray 关键字来定义,其一般格式为:

Sub 过程名(…ParamArray 数组名())

说明:

(1) 如果一个过程的最后一个参数是使用 ParamArray 关键字声明的数组,则这个过程在被调用时可以接受任意多个实参。调用这个过程时使用的多余实参值均按顺序存放于这个数组中。

(2) 针对同一个形参,ParamArray 不能与 ByVal、ByRef 或 Optional 关键字同时使用。

(3) 一个过程只能有一个这样的形参。当有多个参数时,有 ParamArray 关键字的形参必须放在最后。

(4) "数组名( )"是一个形参,只有名字和括号,没有上下界;数组省略了类型,默认为 Variant。

【例 8.9】 建立一个计算乘积的可变参数过程,能够有选择地计算任意多个数的乘积。

程序源代码如下:

```
Sub Multi (ParamArray Numbers ())
    n% = 1
    For Each x In Numbers
          n = n * x
    Next x
    Print n,
End Sub

Private Sub Form_Click ()
    Multi 1, 2, 3, 4, 5
    Multi 8, 9, 10
```

```
End Sub
```

单击窗体后,用 5 个和 3 个参数调用 Multi 过程,运行结果如下:

```
120    720
```

(5) 由于可变参数过程中的参数是 Variant 类型,因此,可以把任何类型的实参传送给该过程。例如,可用下面的代码调用上述过程:

```
Private Sub Form_Click ()
    Dim a As Integer, b As Long, c As Variant, d As Integer
    a = 6: b = 8: c = 12: d = 2
    Multi a, b, c, d
End Sub
```

运行结果如下:

```
1152
```

8.3.6 对象参数

在声明通用过程时,可以使用 Object、Control、Form、TextBox、CommandBotton 等关键字把形参定义为对象型。

Form(窗体)、Control(控件)等对象都可以作为 VB 中一种特殊的数据类型来使用。在形参表中,若将形参变量的类型声明为 Form,则可向过程传递窗体参数;若声明为 Control,则可向过程传递控件参数。调用具有对象型形参的过程时,应该使用与该形参类型相匹配的对象名作为实参。对象作为参数采用的是"按地址传递"的方式。

1. 窗体参数的使用

使用窗体参数,传递给被调过程的是该窗体的应用,在过程中可以设置、获取窗体的属性,也可以对窗体的方法进行调用。

【例 8.10】 以窗体作为参数编写一个过程,当单击窗体时能够改变窗体的大小。运行界面如图 8-10 与图 8-11 所示。

图 8-10 单击窗体前的窗体

图 8-11 单击窗体后的窗体

程序源代码如下:

```
Sub FormSet(Num As Form)                       'Num 为窗体形参
    Num.Left = 2000                            '进行窗体属性的设置
    Num.Top = 3000
    Num.Width = 4000
```

```
    Num.Height = 2500
End Sub
Private Sub Form_click ()
    FormSet Form1
End Sub
```

2. 对象参数的使用

使用对象参数,传递给被调过程的就是相应对象的应用。在过程中可以设置、获取相应对象的属性,也可以对相应对象的方法进行调用。

【例 8.11】 编写一个 Sub 过程,要求在过程中设置文本框 Text1、Text2 中的字体属性,并在窗体的 Click 事件过程中进行调用。

运行界面如图 8-12 与图 8-13 所示。

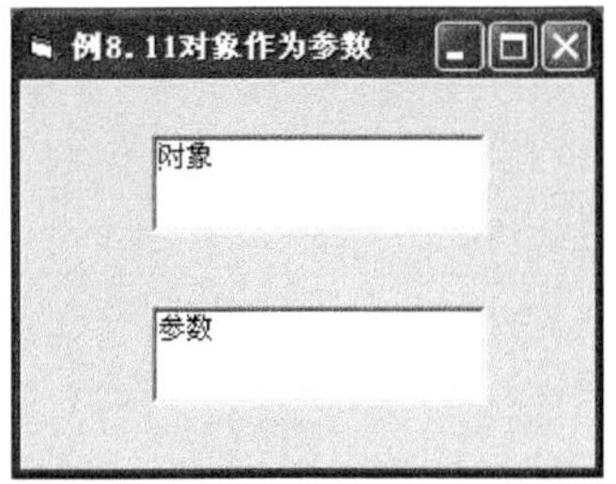

图 8-12 单击窗体前的界面显示

图 8-13 单击窗体后的界面显示

程序源代码如下:

```
Sub FontSet(Ctr1 As Control, ctr2 As Control)      'Ctr1、Ctr2 为控件形参
    Ctr1.FontSize = 18                             '设置相应控件的属性
    Ctr1.FontName = "隶书"
    ctr2.FontSize = 24
    ctr2.FontName = "黑体"
End Sub

Private Sub Form_Load ()
    Text1.Text = "对象"
    Text2.Text = "参数"
End Sub

Private Sub Form_Click ()
    FontSet Text1, Text2
End Sub
```

【例 8.12】 创建窗体 Form1,在窗体上创建文本框 Text1、Text2 和命令按钮 Command1、Command2。编程要求是:当单击 Command1 时,窗体标题显示 Text1 中的内容,并将光标设置于 Text1 中;当单击 Command2 时,窗体的标题显示 Text2 中的内容,并将光标设置于 Text2 中。

运行界面如图 8-14 与图 8-15 所示。

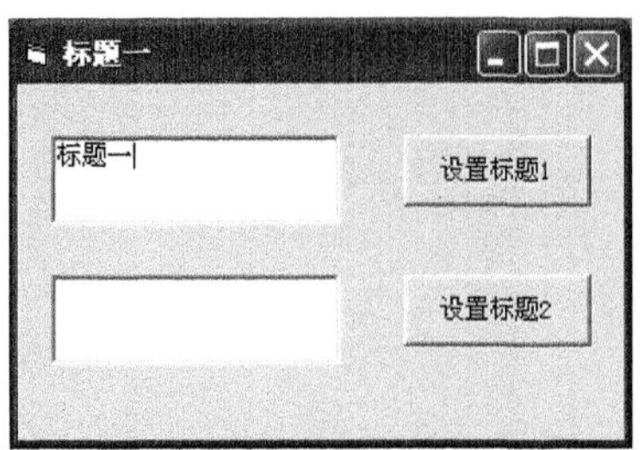

图 8-14　单击 command1 控件时的运行结果

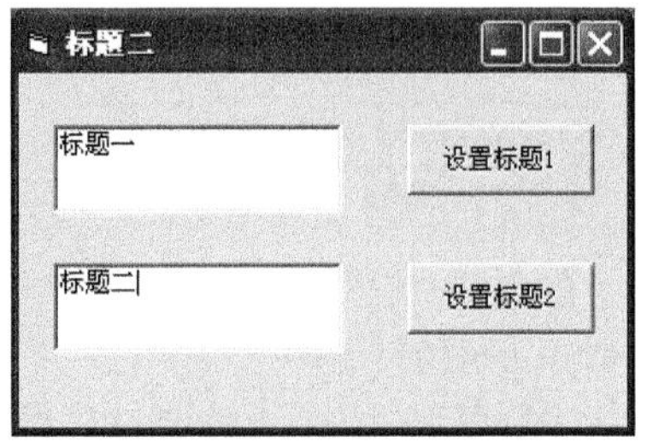

图 8-15　单击 command2 控件时的运行结果

代源程序代码如下：

```
Private Sub ChangCaption(txt As TextBox)          'txt 为 TextBox 对象形参
    Form1.Caption = txt.Text
    txt.SetFocus                                   '调用相应对象的方法
End Sub

Private Sub Command1_Click ()
    Call ChangCaption(Text1)
End Sub

Private Sub Command2_Click ()
    Call ChangCaption(Text2)
End Sub
```

8.4　作用域与生存期

VB 应用程序中的过程、变量都是有作用域的。作用域即作用范围，是指过程、变量可以在哪些地方被使用。作用域的范围和过程、变量所处的位置及定义方式有关。

8.4.1　过程的作用域

根据作用域的不同，可以将过程分为窗体/模块级过程和全局级过程。过程的定义位置、方式及使用规则如表 8-1 所示。

表 8-1　过程的作用域

分　　类	窗体/模块级过程		全局级过程	
定义位置	窗体	标准模块	窗体	标准模块
定义方式	过程名前加 Private		过程名前加 Pubilc 或默认	
能否被本模块其他过程调用	√	√	√	√
能否被本应用程序其他模块调用	×	×	√ 必须在过程名前加窗体名	√ 过程名唯一或加标准模块名

说明：

(1) 窗体/模块级过程：指在某个窗体或标准模块内用 Private 定义的 Sub 过程或

Function 过程。例如：

```
Private Sub Sub1(形参表)
```

作用范围为其定义所在的模块，即只能被本模块中的过程调用。

(2) 全局级过程：指在窗体或标准模块中定义的过程，其默认是全局的，也可加 Public 进行限定。例：

```
[Public] Sub Sub2(形参表)
```

作用范围为应用程序的所有过程，即能被该应用程序的所有窗体和标准模块中的过程调用。但根据全局级过程的定义位置不同，其调用方式也有所区别：

在窗体内定义的过程，外部过程要调用时，必须在过程名前加上"该过程定义所在的"窗体的名字。例：

```
Call 窗体名.Sub2(实参表)
```

在标准模块内定义的过程，外部过程要调用时，必须保证该过程名唯一，否则要加上"该过程定义所在的标准模块的名字"。例如：

```
Call 标准模块名.Sub2(实参表)
```

8.4.2 变量的作用域

根据作用域的不同，可以将变量分为局部变量、窗体/模块级变量和全局变量。变量的声明位置、方式及使用规则如表 8-2 所示。

表 8-2 变量的作用域

分　类	局部变量	窗体/模块级变量	全局变量	
声明位置	过程内	窗体模块/标准模块的任何过程外	窗体模块的任何过程外	标准模块的任何过程外
声明方式	Dim，Static	Dim，Private	Public	
被模块中其他过程使用	×	√	√	
被其他模块使用	×	×	√ 在变量名前加窗体名	√

说明：

(1) 局部变量。局部变量是指在过程内部用 Dim 或 Static 声明的变量(或不加声明直接使用的变量)，作用范围为其变量定义所在的过程，即只能在本过程中使用，其他过程不可访问。

不同过程中定义的局部变量相互独立，可以同名。例如，某窗体的代码窗口中有如下内容：

```
Private Sub Command1_Click ()
    Dim Count As Integer
    Dim Sum As Single
```

```
    ...
End Sub
Private Sub Command2_Click ()
    Dim Sum As Integer
End Sub
```

在 Command1_Click( )过程中定义了两个局部变量 Count 和 Sum,它们只能在本过程中使用。虽然 Command2_Click( )过程中也定义了局部变量 Sum,但这两个同名变量 Sum 间没有任何联系。

(2) 窗体/模块级变量。窗体/模块级变量是指在模块(窗体模块或标准模块)的任何过程外,即"通用声明"段中用 Dim 或 Private 声明的变量。

作用范围为变量定义所在的窗体或模块,即可以被本窗体或标准模块的任何过程访问。如图 8-16 所示,窗体/模块级变量 x 在同一窗体模块的任何一个过程中均有效。

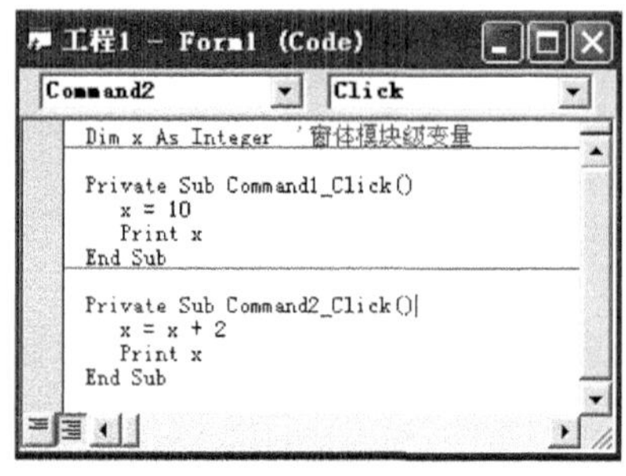

图 8-16 窗体/模块级变量示例

(3) 全局变量。全局变量是指在"通用声明"段中用 Public 语句声明的变量,作用范围为应用程序的所有过程,即可以被应用程序的任何过程访问。

全局变量的值在整个应用程序的运行过程中均不会消失,直至程序执行结束。若全局变量在窗体模块中声明,而被其他模块的过程所使用,则必须在该变量名前加上窗体的名字,格式为:

窗体名.变量名

【例 8.13】 分析下列程序代码,观察不同作用域变量的使用。

在 Form1 窗体的代码窗口中有如下内容:

```
Public a%                                  '声明全局变量 a
Private Sub Form_Load ()
     a = 10                                '给全局变量赋值
     Form2.Show
End Sub
```

在 Form2 窗体的代码窗口中有如下内容:

```
Private b%                                 '声明窗体/模块级变量 b
Private Sub Form_Click ()
    Dim c%, s%                             '声明局部变量 c,s
    c = 20
    s = Form1.a + b - c                    '各级变量的正确使用
```

```
    Print "s = "; s
End Sub

Private Sub Form_Load ()
    b = 30                                    '给窗体/模块级变量赋值
End Sub
```

单击 Form2 窗体后，程序运行结果如下：

```
s = 20
```

本例在 Form2 窗体的 Form_Click( )事件过程中以“Form1. a”格式使用了 Form1 窗体中声明的全局变量 a；在 Form2 窗体的 Click 和 Load 事件过程中均使用了在该窗体中声明的窗体/模块级变量 b。所以 Form1. a＋b－c 的值是 20。

若将 Form2 代码窗口中的 Form_Click( )事件过程修改为：

```
Private Sub Form_Click ()
    Dim b%, c%, s%        '声明局部变量 b,与窗体/模块级变量同名
    b = 50
    c = 20
    s = Form1.a + b - c
    Print "s = "; s
End Sub
```

程序运行结果如下：

```
40
```

修改后在 Form2 窗体上有窗体/模块级变量 b，在窗体 Form2 的 Form_Click( )事件过程中有局部变量 b，所以在窗体 Form2 的 Form_Click( )事件过程中，表达式“Form1. a＋b－c”中的变量 b 取局部变量的值 50，所以计算结果是 40。

VB 规定：在同一应用程序中声明的不同级别的变量可以同名，此时系统会优先访问作用域小的变量。所以，上例修改后，系统优先访问了局部变量 b，结果也自然发生了改变。

8.4.3 变量的生存期

变量除了有作用范围(作用域)外，还有作用时间(生存期)，也就是变量能够保持其值的时间。根据生存期的不同，可以将变量分为动态变量和静态变量。

1. 动态变量

动态变量是指程序运行进入变量所在的过程时，才为该变量分配内存单元，在退出该过程时，该变量的内容就会自动消失，所占用的存储单元也被释放。当再次进入该过程时，所有的动态变量将重新初始化。

使用 Dim 关键字在过程中声明的局部变量属于动态变量，在过程执行结束后，变量的值不被保留。

2. 静态变量

静态变量是指程序第一次进入该变量所在的过程时，为该变量分配内存单元，在退出该过程时，该变量所占的内存单元不被释放，其值仍被保留。当再次进入该过程时，原来的变

量值可以继续使用。

使用 Static 关键字在过程中声明的局部变量属于静态变量，格式为：

```
Static 变量[As 数据类型]                                  '定义指定变量为静态变量
Static Sub 子程序过程名([形参表])
Static Function 函数过程名([形参表])[As 数据类型]
```

说明：若在过程名前加 Static，则表示该过程内部的局部变量均为静态变量。

【例 8.14】 Static Sub 语句示例。

源程序代码如下：

```
Static Sub Subtest ()
    Dim t As Integer                                    't 为静态变量
    t = 2 * t + 1
    Print t;
End Sub

Private Sub Command1_Click ()
    Call Subtest                                        '调用子过程 Subtest
End Sub
```

程序运行后，若三次单击命令按钮 Command1，则执行结果如下：

```
1  3  7
```

在对过程 Subtest 进行声明时使用了关键字 Static，因此该过程中的局部变量 t 为静态变量，即每次 Subtest 函数调用结束时，不再释放变量 t，从而保留了上次调用后的结果。

8.5 键盘事件和鼠标事件

8.5.1 键盘事件

VB 定义了三个键盘事件过程，分别对应 KeyPress（按下再松开）、KeyDown（按下）和 KeyUp（松开）事件。

1. KeyPress 事件

当一个对象具有焦点时，用户按下再松开一个可返回 ASCII 码的按键，则触发 KeyPress 事件。KeyPress 键盘事件过程的语法格式如下：

```
Private SubObject_KeyPress([Index As Intrger,] KeyAscii As Integer)
```

说明：

(1) Object：响应事件的对象。窗体用 Form，其他对象用对象名。

(2) Index：当对象为对象数组时，参数值是对象数组元素的下标。

(3) KeyAscii：为单个对象时，返回按键对应的 ASCII 码（整数），且该参数不能省略。若改变 KeyAscii 的值，可以给对象发送一个不同的字符；若 KeyAscii 的值改变为 0，将取消按键，对象接收不到字符。

(4) 该事件可以引用任何可打印的标准键盘字符，包括大小写字母、数字、标点、运算符以及 Enter、Backspace、Tab 和 Esc 键等。但对方向键等不产生 ASCII 码的按键无响应。

(5) KeyPress 键盘事件过程在截取 TextBox 或 ComboBox 对象中的按键时非常有用，它可以立即测试按键的有效性或在字符输入时对其进行格式处理。

【例 8.15】 编写 KeyPress 事件过程，保证在文本框中只能输入字母，且无论大小写，都转换为大写字母显示。

解题思路：在 text1 的 KeyPress 事件中，将键盘的 ASCII 码转换为相应的字符，再将其转换为大写。其中，65、90、97 和 122 分别为 A、Z、a 和 z 的 ASCII 码。

源程序代码如下：

```
Private Sub Text1_KeyPress(KeyAscii As Integer)
    If KeyAscii >= 65 And KeyAscii <= 90 Then
        Text1 = Text1 + Chr(KeyAscii)
    ElseIf KeyAscii >= 97 And KeyAscii <= 122 Then
        Text1 = Text1 + UCase(Chr(KeyAscii))
    End If
    KeyAscii = 0
End Sub
```

2. KeyDown 和 KeyUp 事件

当一个对象具有焦点时，按下一个键时触发 KeyDown 事件，松开一个键时触发 KeyUp 事件。KeyDown 和 KeyUp 键盘事件过程语法格式为：

```
Private Sub 对象_KeyDown ([Index As Integer,] KeyCode As Integer, Shift As Integer)
Private Sub 对象_ KeyUp ([Index As Integer,] KeyCode As Integer, Shift As Integer)
```

说明：

(1) 参数 Index 只用于对象数组，KeyCode 和 Shift 用于单个对象。

(2) KeyCode：对应按键的实际 ASCII 码。该码告诉事件过程用户所操作的“物理键位”，不区分字母的大小写。即只要是在同一个按键上的字符，它们返回的 KeyCode 的值就是相同的。如对与字符 A 和 a，它们在 KeyUP 或 KeyDown 事件中的返回值均相同。

(3) Shift：一个 3 位二进制整数，表示键盘事件发生时 Shift、Ctrl 和 Alt 键的状态。Shift 参数值与 Shift、Ctrl 和 Alt 键状态的对应关系如表 8-3 所示。

表 8-3 Shift 参数值与 Shift、Ctrl 和 Alt 键状态的对应关系

键值		VB 中的常量名	动作状态
二进制	十进制		
001	1	vbShiftMask	按下 Shift 键
010	2	vbCtrlMask	按下 Ctrl 键
011	3	vbShiftMask + vbCtrlMask	同时按下 Shift 键和 Ctrl 键
100	4	vbAltMask	按下 Alt 键
101	5	vbShiftMask + vbAltMask	同时按下 Shift 键和 Alt 键
110	6	vbCtrlMask + vbAltMask	同时按下 Ctrl 键和 Alt 键
111	7	vbShiftMask + vbCtrlMask+ vbAltMask	同时按下 Shift 键、Ctrl 键和 Alt 键

(4) KeyDown 和 KeyUp 事件经常用于下列情况：①扩展的按键，如功能键等；②定位键；③按键的组合；④区别数字小键盘键和常规数字键。

【例 8.16】 设计一个事件过程，判断用户按下 Shift、Ctrl、Alt 按键及其他按键的情况。

源程序代码如下：

```
Private Sub Form_KeyDown(KeyCode As Integer, Shift As Integer)
    Select Case Shift
        Case 1
            Print "您按下了 Shift 键和" & Chr(KeyCode),
        Case 2
            Print "您按下了 Ctrl 键和" & Chr(KeyCode),
        Case 3
            Print "您按下了 Shift 键、Ctrl 键和" & Chr(KeyCode),
        Case 4
            Print "您按下了 Alt 键和" & Chr(KeyCode),
        Case 5
            Print "您按下了 Shift 键、Alt 键和" & Chr(KeyCode),
        Case 6
            Print "您按下了 Alt 键、Ctrl 键和" & Chr(KeyCode),
        Case 7
            Print "您按下了 Shift 键、Ctrl 键、Alt 键和" & Chr(KeyCode),
        Case Else
            Print "您按下了" & Chr(KeyCode) & "键"
    End Select
    Print "KeyCode = "; KeyCode
End Sub
```

程序运行结果与表 8-3 所列内容一致。无论输入的是键盘同一按键上的字母、数字或符号，KeyCode 的返回值均相同。

【例 8.17】 设计一个应用程序，当按下 Alt+F5 组合键时中止程序运行。

提示：将窗体的 KeyPreview 属性设置为 True；功能按键 F5 被按下的 KeyCode 常数值为 vbKeyF5；Alt 键被按下的 Shift 常数值为 vbAltMask。

源程序代码如下：

```
Private Sub Form_KeyDown(KeyCode As Integer, Shift As Integer)
    If keycode = vbkeyF5 and Shift = vbAltMask then
        End
    End if
End Sub
```

8.5.2 鼠标事件

VB 提供了许多鼠标事件过程，如前面所涉及的 Click 和 DblClick。本节将主要介绍 MouseDown、MouseUp 和 MouseMove 事件，工具箱中的大多数控件都能够识别它们。通过这些事件，应用程序能够对鼠标的位置及状态的变化作出响应。

鼠标事件过程的语法格式如下：

```
Private Sub 对象_MouseDown | MouseMove | MouseUp ([Index As Integer,] Button As Integer, Shift
```

```
As Integer, X As Single, Y As Single)
```

说明：

(1) 对象：响应事件的对象。窗体用 Form，其他对象用对象名。

(2) Index：当对象为控件数组时，参数值是控件数组元素的下标。

(3) Button：是一个 3 位二进制整数，表示哪一个鼠标键被按下。Button 值与鼠标键状态的对应关系如表 8-4 所示。

表 8-4 Button 值与鼠标键状态的对应关系

键值		VB 中的常量名	动作状态
二进制	十进制		
001	1	vbLeftButton	按下左键
010	2	vbRightButton	按下右键
011	3	vbLeftButton + vbRightButton	同时按下左键和右键
100	4	vbMiddleButton	按下中间键
101	5	vbLeftButton + vbMiddleButton	同时按下左键和中间键
110	6	vbRightButton + vbMiddleButton	同时按下右键和中间键
111	7	vbLeftButton + vbMiddleButton + vbRightButton	同时按下左、右键和中间键

(4) Shift：是一个 3 位二进制数，表示鼠标事件发生时 Shift、Ctrl 和 Alt 键的状态，取值与键盘事件过程中的 Shift 相同。

(5) X、Y：返回鼠标指针的当前坐标。该坐标值参照接受鼠标事件的窗体的坐标系统来确定。

1. MouseDown 和 MouseUp 事件

MouseDown 事件：鼠标的任一键被按下时触发。

MouseUp 事件：鼠标的任一键被释放时触发。

对应的事件过程常用于判断鼠标指针的位置，处理鼠标右击操作。

【例 8.18】 使用鼠标在窗体上画圆。

解题思路：利用窗体的 MuseDown 事件记录圆心的坐标；利用窗体的 MouseUp 事件记录半径端点的坐标，并计算出半径；再利用 Circle 方法在窗体上画圆。

程序源代码如下：

```
Dim x1!, y1!, r!                              '定义窗体/模块级变量
Private Sub Form_MouseDown(Button As Integer, Shift As Integer, X As Single, Y As Single)
    x1 = X
    y1 = Y
End Sub

Private Sub Form_MouseUp(Button As Integer, Shift As Integer, X As Single, Y As Single)
    r = Sqr((x1 - X) ^ 2 + (y1 - Y) ^ 2)
    Circle (x1, y1), r                        '利用 Circle 方法画圆
End Sub
```

程序运行结果如图 8-17 所示。

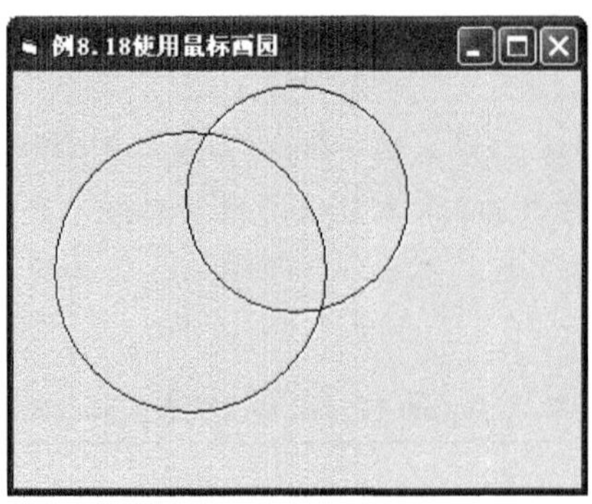

图 8-17 【例 8.18】程序运行界面

【例 8.19】 假设在窗体的左右两边有两个图片框 Picture1 和 Picture2，并分别放置了图片。编程实现：当单击鼠标左键时显示左边的图片，单击鼠标右键时显示右边的图片。

解题思路：参照表 8-4 可知，当单击鼠标左键时 Button 值为 1，单击鼠标右键时 Button 值为 2，可利用分支语句来实现。

程序源代码如下：

```
Private Sub Form_MouseDown(Button As Integer, Shift As Integer, X As Single, Y As Single)
    If Button = 1 Then
        Picture1.Visible = True
        Picture2.Visible = False
    ElseIf Button = 2 Then
        Picture1.Visible = False
        Picture2.Visible = True
    End If
End Sub
```

另外，在许多 Windows 应用程序中，当右击某对象时会弹出一个快捷菜单，这也是运用 MouseDown 或 MouseUp 事件过程的典型实例，本章不再详述。

2. MouseMove 事件

MouseMove 事件：鼠标移动时被触发。

当鼠标指针处于某个对象的边界内时，该对象能够识别 MouseMove 事件。应用程序能连续识别大量的 MouseMove 事件，因此，MouseMove 事件过程中的代码应尽量简单，以避免进行耗时较多的工作。

【例 8.20】 利用窗体的 MouseMove 事件，将鼠标指针的当前位置坐标 x、y 显示在文本框内。

程序源代码如下：

```
Private Sub Form_MouseMove(Button As Integer, Shift As
Integer, X As Single, Y As Single)
    Text1.Text = X
    Text2.Text = Y
End Sub
```

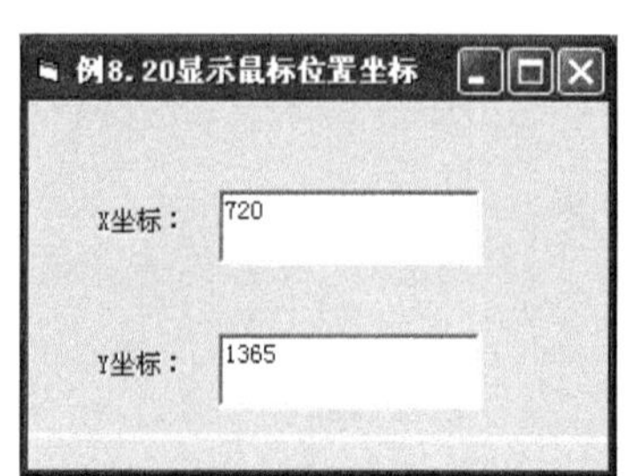

图 8-18 【例 8.20】程序运行界面

程序运行结果如图 8-18 所示。

8.5.3 鼠标光标

鼠标指针的形状用于反映系统当前所处的状态，在不同的环境中，显示不同的形状，便于用户识别。一般情况下，Windows 默认地为不同的控件设置了不同的形状。例如，指向超链接时变成手型；在窗体上变成朝左倾斜的箭头；在文本框中变为插入点形状等。当鼠标指针位于某个对象上时，如果要改变这些系统默认的形状，则可以通过设置该对象的 MousePointer 属性来实现，如表 8-5 所示。

表 8-5 MousePointer 属性值与对应光标状态

数　值	VB 中常量名	状态说明
0	vbDefault	标准指针(默认值，形状由对象决定)
1	vbArrow	箭头
2	vbCrosshair	十字线
3	vbIbeam	I 型
4	vbIconPointer	图标(矩形内的小矩形)
5	vbSizePointer	十字交叉双向箭头
6	vbSizeNESW	右上—左下尺寸线(指向东北—西南的双向箭头)
7	vbSizeNS	垂直尺寸线(指向南—北的双箭头)
8	vbSizeNWSE	左上—右下尺寸线(指向东南和西北的双向箭头)
9	vbsizeWe	水平尺寸线(指向东—西的双箭头)
10	vbUpArrow	向上的箭头
11	vbHourglass	沙漏(表示等待状态)
12	vbNoDrop	禁止按下(圈内一斜线，无法操作)
13	vbArrowHourglass	箭头和沙漏
14	vbArrowQuestions	箭头和问号
15	vbSizeAll	四项尺寸线
99	vbCustom	通过 MouseIcon 属性所指定的自定义图标

说明：

(1) MousePointer 属性值默认是 0，由系统为对象设置的默认值决定形状；MousePointer 属性值是 99 时，可以通过 MouseIcon 属性为鼠标指针指定一个图标文件(.ico 或.cur)。

(2) 具体设置时，既可以在属性窗口中设置，也可以在程序代码中设置。

【例 8.21】 编写程序，实现在窗体上连续单击鼠标时，鼠标指针的形状会发生有规律的变化。

解题思路：在事件过程 Form_Click( )中定义静态变量 x，完成 x 加 1 操作，并保证 x 的值在 0～15 范围内变化。参照表 8-4 可知，只需在过程代码中将 x 的值赋值给 Form1.MousePointer，就可以实现单击时鼠标指针的规律性变化。

程序源代码如下：

```
Private Sub Form_Click ()
    Static x%                                    '定义静态变量 x
    Cls                                          '清屏
```

```
        Print "MosePointer = "; x                  '在窗体上显示 x 值
        Form1.MousePointer = x                     '设置窗体 MousePoint 属性的值
        x = x + 1                                  '保证每次单击窗体事件发生时,x 值加 1
        If x = 15 Then x = 0                       '保证 x 的值在 0～15 范围内
End Sub
```

程序运行后,在窗体上连续单击鼠标时,Form1. MousePointer 的值依次在 0～15 之间变化,鼠标指针的形状也会相应改变。在窗体上第 6 次单击鼠标后的光标状态,如图 8-19 所示,在窗体上第 13 次单击鼠标后的光标状态,如图 8-20 所示。

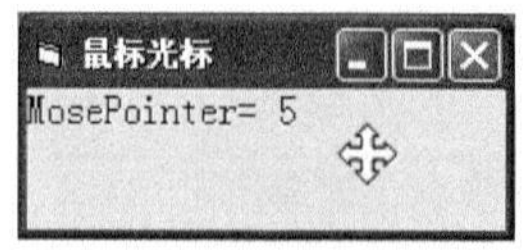

图 8-19　第 6 次单击鼠标后的光标状态

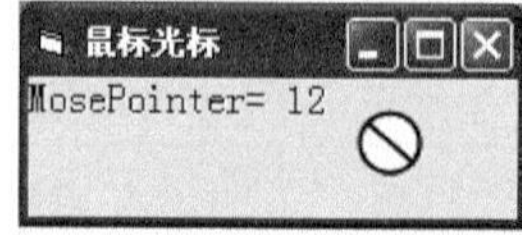

图 8-20　第 13 次单击鼠标后的光标状态

8.5.4　鼠标拖放

所谓拖放,就是用鼠标从屏幕上把一个对象从一个地方"拖"到另一个地方再放下。通常把原来位置的对象叫作源对象,而拖动后放下的位置所对应的对象叫目标对象。

1. 与拖放有关的属性

(1) DragMode 属性:设置控件的拖放方式。在默认情况下,该属性值为 0,表示控件可以进行手动拖放操作;属性值为 1,表示控件可以执行自动拖放操作。

(2) 如果把一个对象的 DragMode 属性设置为 1,则该对象将不再接受 Click 事件和 MouseDown 事件。

(3) DragIcon:指定拖动控件时显示的图标。需要说明的是:控件本身位置的改变必须通过程序代码来设置,因此,在用户拖动一个控件时,并不是控件本身在移动,而是由一个指定的图标来形象地表示拖动过程。

2. DragDrop 事件和 DragOver 事件

两个重要的术语:①源控件:被拖动的控件;②目标对象:放置控件的对象,此对象可为窗体或控件,能识别 DragDrop 事件和 DragOver 事件。

鼠标指针指向源控件,按下左键并移动至目的地释放时,目标对象将产生 DragDrop 事件。对应的事件过程框架如下:

```
Private Sub 目标对象_DragDrop(Source As Control,X As Single,Y As Single)
    …
End Sub
```

说明:

(1) Source 参数:指被拖动的控件。

(2) X、Y:指拖动的目的地坐标,即拖动到的具体位置。

在拖动源控件的过程中,目标对象将产生 DragOver 事件。对应的事件过程框架如下:

```
Private Sub 目标对象_DragOver ( Source As Control,X As Single,Y As Single,
State As Integer )
```

```
…
End Sub
```

说明：

(1) X、Y：指拖动过程中，鼠标指针当前所在的坐标值。X、Y 值随移动位置的变化而即时变化。

(2) State：用于指出源控件与目标对象的关系。

State＝0 表示源控件正进入目标对象；

State＝1 表示源控件正退出目标对象；

State＝2 表示源控件正位于目标对象中。

【例 8.22】 在窗体上放置两个图片框 Picture1 和 Picture2，要求完成图片框的自动拖放。

解题思路：

(1) 首先将图片框的 DragMode 属性值均设置为 1。

(2) 当拖动图片框时，窗体的 DragDrop 事件过程会作出响应，代码如下：

```
Private Sub Form_DragDrop(Source As Control, X As Single, Y As Single)
      Source.Move X, Y
End Sub
```

程序运行后，图片框可以被拖放到鼠标所指的确定位置。

(3) 也可以将 DragDrop 事件过程改为 DragOver，代码如下：

```
Private Sub Form_DragOver (Source As Control, X As Single, Y As Single,
State As Integer)
      Source.Move X, Y
End Sub
```

程序运行后，图片框可以被拖放到鼠标所指的确定位置。请读者自行比较以上两个事件过程响应效果的异同。

习　题　8

一、选择题

1. Sub 过程与 Function 过程最根本的区别是(　　)。

   A. 前者无返回值，但后者有

   B. 后者可以有参数，但前者不可以

   C. 前者可以使用 Call 或者直接使用过程名调用，后者不可以

   D. 两种过程的参数传递方式不同

2. 下列关于全局变量的叙述中，正确的是(　　)。

   A. 在窗体的 Form_Load 事件过程中定义的变量是全局变量

   B. 在窗体模块或标准模块中定义的 Public 变量，都是全局变量

   C. 全局变量必须在标准模块中定义

   D. 在标准模块中定义的全局变量，可在整个工程的所有模块中引用，但不能在其他

模块中对它重新赋值。

3. 为计算 a^x 的值，某人编写了如下函数过程：

```
Private Function power(a As Integer, x As Integer)
    Dim p As Long
    p = a
    For k = 1 To x
        p = p * a
    Next k
    Power = p
End Function
```

在调试时发现是错误的，例如 Print power(5, 4)的输出应该是 625，但实际输出是 3125。下面的修改方案中错误的是(　　)。

A. 把 For k=1 To x 改为 For k=2 To x

B. 把 p=p * a 改为 p=p ^a

C. 把 For k=1 To x 为 For k=1 To x−1

D. 把 p=a 改为 p=1

4. 某人编写了如下程序：

```
Private Sub Command1_Click ()
    Dim a As Integer, b As Integer
    a = InputBox("请输入整数")
    b = InputBox("请输入整数")
    pro a
    pro b
    Call pro(a + b)
End Sub
Private Sub pro(n As Integer)
    While(n > 0)
        Print n Mod 10;
        n = n\10
    Wend
    Print
End Sub
```

程序功能为：输入 2 个正整数，反序输出这 2 个数的每一位数字及这 2 个数之和的每一位数字。例如，若输入 123 和 456，则应该输出：

```
321
654
975
```

但调试时发现只输出了前 2 行(即 2 个数的反序)。下面的修改方案中正确的是：(　　)。(等级考试真题)

A. 把过程 pro 的形式参数 n As Integer 改为 ByVal n As Integer

B. 把 Call pro(a+b)改为 pro a+b

C. 把 n = n\10 改为 n = n/10

D. 在 pro 语句之后增加语句 c%=a+b,再把 Call pro(a+b)改为 pro c

5. 在窗体上已经建立了一个文本框 Txt1 和一个命令按钮 Comd1,运行下列程序后单击命令按钮 Comd1,则在文本框 Txt1 中显示的内容是(　　)。

A. 16　　　B. 17　　　C. 15　　　D. 9

```
Dim a As Integer
Private Sub Comd1_Click ()
    Dim b%, c%
    a = 1: b = 10
    Call MySub(b, c)
    Txt1.Text = a + b + c
End Sub
Sub MySub(x, y)
    y = x Mod 7 + a
    a = 3
End Sub
```

6. 下列程序运行结果为(　　)。

```
Private Sub Form_Click ()
 Dim p%, m%
 p = 1: m = 5
 Call Sub1(p)
 Call Sub1(m)
End Sub
Private Sub Sub1(x%)
 static y%
 If x > 1 Then y = x + y else y = x * 4
      Print y;
End Sub
```

A. 4　5　　　B. 4　9　　　C. 4　10　　　D. 4　20

7. 下列程序运行结果为(　　)。

```
Dim x As Variant
Dim y As Integer
Dim intsum As Integer
Sub sum(ParamArray intnums())
  For Each x In intnums
      y = y + x
  Next x
  intsum = y
End Sub
Private Sub command1_click ()
  sum 1, 3, 5, 7, 8
  List1.AddItem
End Sub
```

二、填空题

1. 参数传递分为________和________两种。

2. 按变量的作用范围分，VB 中变量分为________、________和________。

3. 按变量的生存周期分，VB 中变量分为________和________。

4. 定义全局变量的关键字是________。

5. 定义静态变量的关键字是________。

6. 数组作为参数是按________传递的。

7. 子过程和函数过程的主要区别是____________________。

8. 定义函数过程的关键字是________。

三、编程题

1. 使用函数过程和子过程分别编写一个求最大公约数程序，并实现调用。

2. 利用随机数初始化一个二维数组，编写一个 Sub 过程，通过子过程调用找到该数组中的最小值元素及对应下标。

提示：Sub 过程的形参可以设置两个：一个是传送主程序中的二维数组，另一个是返回所求得的最小值下标。

第9章 高级控件

本章主要介绍 VB 6.0 提供的另外一些常用的控件，主要包括图片框与图像框、定时器、单选按钮与复选框、容器与框架、滚动条。

9.1 图片框与图像框

Windows 采用的是图形化用户界面，所以当用户在 Windows 环境下设计应用程序时，常会涉及对图形、图像的处理。在 VB 中，图形可以放置在三种对象中，即窗体(Form)、图片框控件(PictureBox)和图像框控件(Image)中。图片框控件(PictureBox)和图像框控件(Image)主要用于在窗体的指定位置显示图形信息。

图片可以是下述任何格式的图形文件：位图文件(.bmp、.dib、.cur)、图标文件(.ico)、图元文件(.wmf)、增强型图元文件(.emf)、JPEG 和 GIF 文件。

9.1.1 图片框控件

在窗体中添加图片框控件(PictureBox)的方法是在工具栏中单击或双击按钮。

1. 用途

为用户显示图片并作为其他对象的容器。

2. 常用属性

1) Picture 属性

图片框控件实际显示的图片由 Picture 属性决定。通过对 Picture 属性的设置可以确定图片框控件引入的图片的名称。

可以通过属性窗口直接设置 Picture 属性，方法是在 Picture 属性窗口上单击，弹出一个窗口，要求用户输入图片的路径和名称。也可以在程序运行时，利用 LoadPicture 函数来设置 Picture 属性。LoadPicture 函数的功能是将图形文件载入到窗体、图片框或图像框的 Picture 属性中。函数的语法格式如下：

```
对象名.Picture = LoadPicture([PicturePath])
```

PicturePath 代表被载入的图形文件的路径和文件名，要引号来标识。如果省略 PicturePath，则清除图片。

例如：

将 D 盘下 ico 文件夹里的 color.ico 图形文件装入图片框 Picture1 中。

```
Picture1.Picture = LoadPicture("d:\ico\color.ico")
```

将图片框 Picture1 里的图形文件清除，即清除图片。

```
Picture1.Picture = LoadPicture()
```

2) AutoSize 属性

AutoSize 属性决定对象是否自动改变大小以显示图片的全部内容。当该属性设置为 True 时，图片框能自动调整大小以便与显示的图片相匹配。如果设置该属性为 True，设计窗体时就要特别注意，图片将不考虑窗体上的其他对象而调整大小，这可能导致意想不到的结果，如覆盖其他对象等。

9.1.2 图像框控件

在窗体中添加图像框(Image)对象的方法是在工具栏中单击或双击按钮。

1. 用途

用于显示图片。

2. 常用属性

1) Picture 属性

同图片框的 Picture 属性。

2) Stretch 属性

Stretch 属性为 False(默认值)时，图像框控件可以根据图片的大小而调整自己的大小。将 Stretch 属性设为 True，系统将根据图像框控件的大小来调整图片的大小，这可能使图片变形。

9.1.3 图片框与图像框的区别

(1) 图像框控件使用的系统资源比图片框控件少，而且重新绘图速度快，所以图像框占用内存少，显示速度快。

(2) 在图像框对象中可以伸展图片的大小使之适合控件的大小，在图片框对象中不能这样做。

(3) 图片框对象可以作为其他对象的容器。

(4) 图片框可以通过 Print 方法接收文本，而图像框则不能接收用 Print 方法输入的信息。

【例 9.1】 在图片框中加载图片和交换图片。程序界面中，有三个图片框，第一个图片框中的图片在程序界面设计时加载，第二个图片框中的图片在程序运行时单击命令按钮“加载”时加载，当单击“交换”按钮时，这两个图片框中的图片进行交换(可以借助第三个图片框进行交换)。

(1) 建立程序界面及运行结果,如图 9-1 和图 9-2 所示。

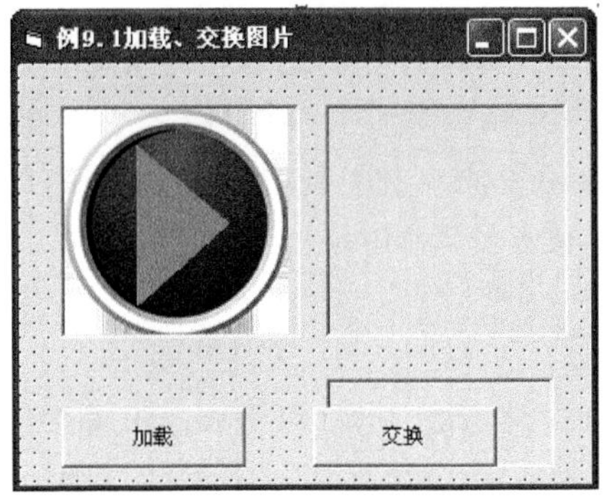

图 9-1 【例 9.1】程序设计界面

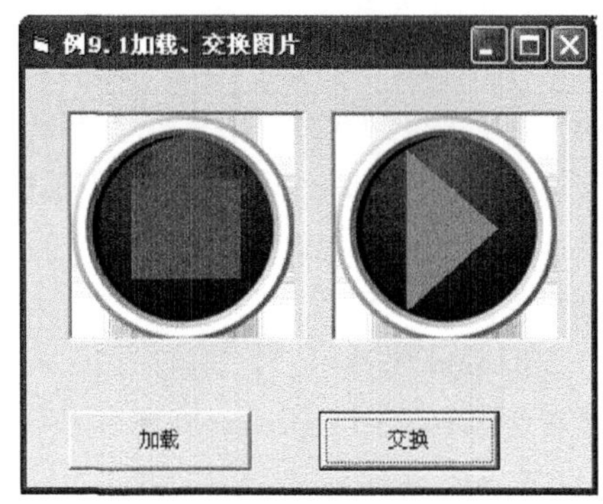

图 9-2 【例 9.1】程序运行结果

(2) 各对象的主要属性设置参照表 9-1。

表 9-1 【例 9.1】对象属性设置

对　　象	属　　性	设　　置
Form1	Caption	加载、交换图片
Picture1	Picture	D:\pic\run. bmp
Picture2	Picture	空
Picture3	Picture	空
Picture3	Visible	False
Command1	Caption	加载
Command2	Caption	交换

(3) 程序代码如下:

```
Private Sub Command1_Click()
  Picture2.Picture = LoadPicture("D:\pic\stop.bmp")
End Sub

Private Sub Command2_Click()
  Picture3.Picture = Picture1.Picture
  Picture1.Picture = Picture2.Picture
  Picture2.Picture = Picture3.Picture
End Sub
```

9.2 定　时　器

在窗体中添加定时器控件的方法是在工具栏中单击或双击按钮。

1. 用途

定时器控件(Timer)又称计时器、时钟控件,用于有规律地定时执行指定的工作,常常用于编写不需要与用户进行交互就可直接执行的代码,如计时、倒计时、动画等。

在程序运行阶段,时钟控件不可见。

2. 常用属性

1) Interval 属性

取值范围在 0～65 535，单位为毫秒(0.001 秒)，表示计时间隔，这意味着定时器的最大时间间隔不能超过 65 秒。若将 Interval 属性设置为 0 或负数，则计时器停止工作，即定时器控件不起作用。如果设置 Interval 属性为 1，则表示每隔 0.001 秒产生一个事件，即 1 秒内产生 1000 个事件；如果希望每秒产生 n 个事件，则应设置 Interval 属性值为 $1000/n$。

该属性的默认设置为 0。

2) Enabled 属性

设置为 True，而且 Interval 属性值大于 0，则计时器开始工作(以 Interval 属性值为间隔，触发 Timer 事件)。

设置为 False 可使时钟控件无效，即计时器停止工作。

该属性默认设置为 True。

3. 方法

Timer 控件没有方法。

4. 事件

定时器控件只有 Timer 事件。

当 Enabled 属性值为 True 且 Interval 属性值大于 0 时，该事件以 Interval 属性指定的时间间隔发生。即对于一个含有定时器控件的窗体，每经过一段由 Interval 属性指定的时间间隔，就产生一个 Timer 事件。编程时，常将需要定时执行的操作放在 Timer 事件过程中。

【例 9.2】 设计滚动字幕板。程序运行后，单击“开始”按钮，标签“VB 程序设计示例”在窗体中自右至左反复移动，这时，命令按钮的标题变为“暂停”，单击“暂停”后，标签暂停移动，命令按钮标题变为“继续”。

(1) 建立程序界面及运行结果，如图 9-3 所示。

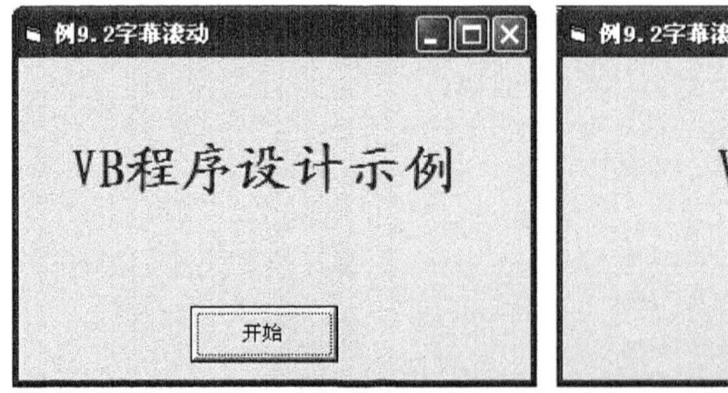

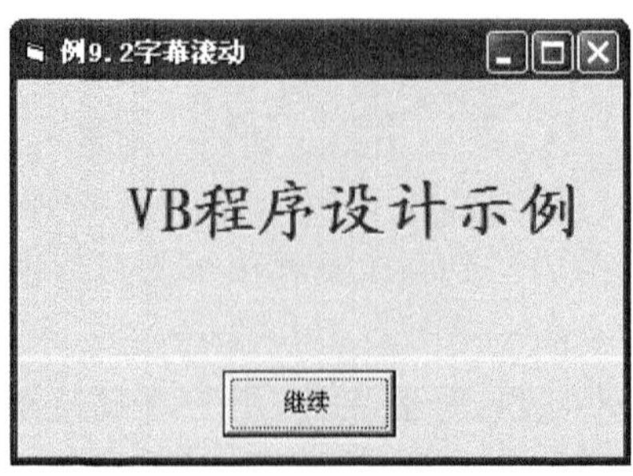

图 9-3 【例 9.2】程序运行结果

(2) 各对象的主要属性设置参照表 9-2。

表 9-2 【例 9.2】对象属性设置

对　　象	属　　性	设　　置
Form1	Caption	【例 9.2】字幕滚动
Label1	Caption	VB 程序设计示例
Label1	Font	字体：楷体　大小：一号
Timer1	Interval	100
Timer1	Enabled	False
Command1	Caption	开始

(3) 程序代码如下：

```
Private Sub Cmd1_Click()
 If Cmd1.Caption = "暂停" Then
   Cmd1.Caption = "继续"
   Timer1.Enabled = False
 Else
   Cmd1.Caption = "暂停"
   Timer1.Enabled = True
 End If
End Sub

Private Sub Timer1_Timer()
 If Label1.Left + Label1.Width > 0 Then
   Label1.Move Label1.Left - 50
 Else
   Label1.Left = Form1.ScaleWidth
 End If
End Sub
```

说明：

(1) 当标签的右边位置(Left+Width)>0 时，标签向左移动，否则标签从头开始从最右边出现。

(2) 通过在不断激发的 Timer 事件中改变标签的 Left 属性，而改变标签的位置。

(3) ScaleWidth 是控件内部坐标的宽度，Form1.ScaleWidth 指 Form1 的宽度。

【例 9.3】 设计一个程序，当单击“开始”按钮后，可以显示系统当前时间，并且每秒更新时间一次。

分析：因为单击“开始”按钮后才显示系统时间，定时器的 Enabled 属性应先设置为 False，这可在属性窗口中设置，也可在窗体的 Load 事件过程中用赋值语句来设置，单击命令按钮时再把定时器的 Enabled 属性设置为 True。为了获得系统时间可以调用 VB 的内部函数 Time()，其返回值是用字符串表示的系统时间。为了每秒更新时间，定时器的 Interval 属性应设置为 1000。获得系统时间并显示时间的程序代码应写在定时器的 Timer 事件过程中。

(1) 界面设计：在窗体上有 3 个控件：Timer1 定时器、用于显示系统时间的 Label1 标签、用于开始显示时间的 Command1 按钮。程序运行界面见图 9-4。

(2) 程序代码:

```
Private Sub Command1_Click()
    Timer1.Enabled = True
End Sub
Private Sub Form_Load()
    Timer1.Interval = 1000
    Timer1.Enabled = False
End Sub
Private Sub Timer1_Timer()
    Label1.Caption = Time()
End Sub
```

【例 9.4】 设有 100 人参加一个活动,活动结束时,要随机抽取一个幸运者获得礼品。请设计一个如图 9-5 所示的随机抽取幸运者的程序。

图 9-4 【例 9.3】程序运行界面

图 9-5 【例 9.4】程序运行界面

分析:可以为每个人编一个号码:1~100,并在此范围内随机产生一个随机整数就可以了。为了显示随机抽取的过程,应快速切换并显示所产生的每个随机数,当单击“确定”按钮时停止切换。

在定时器 Timer1 的 Timer 事件过程中产生一个 1~100 的随机整数并显示在标签 Label1 上。如果定时器的 Interval 属性的值足够小,就能使标签上显示的编号快速变化而无法辨认,当单击“确定”按钮时关闭定时器,则留在标签上的数就是抽取到的编号。

程序代码如下:

```
Private Sub Command1_Click()                    '"开始"按钮启动定时器
    Timer1.Enabled = True
End Sub
Private Sub Command2_Click()                    '"确定"按钮关闭定时器
    Timer1.Enabled = False
End Sub
Private Sub Form_Load()
    Randomize
    Timer1.Interval = 10
    Timer1.Enabled = False
End Sub
Private Sub Timer1_Timer()
    Label1.Caption = Int(Rnd * 100 + 1)         '产生一个随机数并显示在标签上
End Sub
```

9.3 单选按钮与复选框

9.3.1 单选按钮

在窗体中添加单选按钮(OptionButton)控件的方法是在工具栏中单击或双击 ⊙ 按钮。

1. 用途

当我们需要实现从几个选项中选择其中之一,就要用"单选按钮"控件。

单选按钮也称作选择按钮。一组单选按钮控件可以提供一组彼此相互排斥的选项,任何时刻用户只能从中选择一个选项,实现一种"单项选择"的功能,被选中项目的左侧圆圈中会出现一黑点。

2. 常用属性

1) Caption 属性

设置单选按钮的文本注释内容,即单选按钮旁边出现的说明文本。

2) Alignment 属性

表示控件的文本注释内容显示在控件按钮的什么位置。

0:Left Justify(默认设置)控件按钮在左边,标题显示在右边。

1:Right Justify 控件按钮在右边,标题显示在左边。

3) Value 属性

表示按钮选中或不被选中的状态。

True:单选按钮被选中;False:单选按钮未被选中(默认设置)。

4) Style 属性

用来设置控件的外观。单选按钮有两种外观,如图 9-6 所示。

值为 0(Standard):标准方式。

值为 1(Graphical):图形方式。

说明:在 Style 属性设置为 1 时,可使用 Picture 属性为单选按钮添加图标。

图 9-6 单选按钮的两种外观

3. 事件

Click 事件是单选按钮控件最基本的事件。

【例 9.5】 程序运行后,单击某个单选按钮,在标签中显示相应的字体。

(1) 建立程序界面及运行结果,如图 9-7 所示。

(2) 各对象的主要属性设置参照表 9-3。

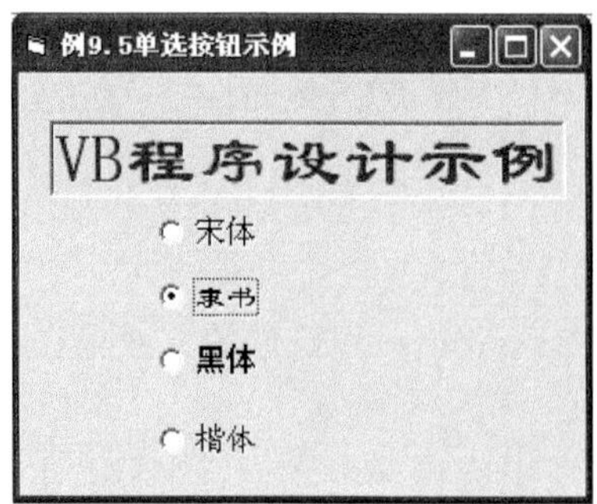

图 9-7 【例 9.5】程序运行界面

表 9-3 【例 9.5】对象属性设置

对　　象	属　　性	设　　置
Form1	Caption	【例 9.5】单选按钮示例
Label1	Caption	VB 程序设计示例
	Font	字体：宋体　大小：小四
	BorderStyle	1-Fixed Single
Option1	Name	song
	Caption	宋体
	Font	字体：宋体　大小：小四
Option2	Name	li
	Caption	隶书
	Font	字体：隶书　大小：小四
Option3	Name	hei
	Caption	黑体
	Font	字体：黑体　大小：小四
Option4	Name	kai
	Caption	楷体
	Font	字体：楷体_GB2312 大小：小四

(3) 程序代码如下：

```
Private Sub hei_Click()
  Label1.FontName = "黑体"
End Sub

Private Sub kai_Click()
  Label1.FontName = "楷体_gb2312"
End Sub

Private Sub li_Click()
  Label1.FontName = "隶书"
End Sub
```

```
Private Sub song_Click()
  Label1.FontName = "宋体"
End Sub
```

9.3.2 复选框

在窗体中添加复选框(CheckBox)控件的方法是在工具栏中单击或双击☑按钮。

1. 用途

复选框也称作检查框、选择框。一组复选框控件可以提供多个选项,它们彼此独立工作,所以用户可以同时选择任意多个选项,实现一种“不定项选择”的功能。选择某一选项后,该控件将显示√,而清除此选项后,√消失。

2. 常用属性

1) Value 属性

复选框的 Value 属性与单选按钮不同,其值为数值型数据,可取 0,1,2。

值为 0(Unchecked):未被选定。

值为 1(Checked):选定。

值为 2(Grayed):灰色,禁止选择。

2) Picture 属性

用于指定当复选框被设计成图形按钮时的图像。

3) Caption、Alignment、Style

与单选按钮相同。

3. 事件

Click 事件是复选框控件最基本的事件。用户单击复选框时,其 Value 属性值发生改变,遵循以下规则:

(1) 单击未选中的复选框时,Value 属性值变为 1;

(2) 单击已选中的复选框时,Value 属性值变为 0;

(3) 单击变灰的复选框时,Value 属性值变为 0。

【例 9.6】 程序运行后,如果选中某个复选框,则当单击“确认”按钮时,在窗体上显示相应的信息。例如,如果选中“数学”和“计算机”复选框,则单击“确认”按钮后,在窗体上显示“我喜欢的课程是:数学、计算机”,如图 9-8 所示;而如果选中“数学”“英语”和“计算机”复选框,则单击“确认”按钮后,在窗体上显示“我喜欢的课程是:数学、英语、计算机”。

(1) 建立程序界面及运行结果,如图 9-8 所示。

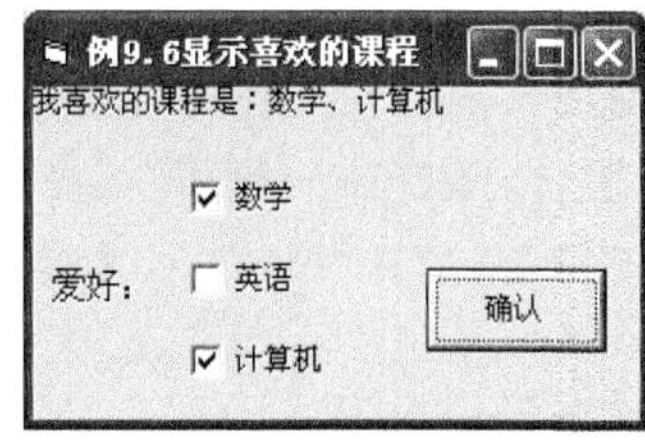

图 9-8 【例 9.6】程序运行界面

(2) 各对象的主要属性设置参照表 9-4。

表 9-4 【例 9.6】对象属性设置

对 象	属 性	设 置
Form1	Caption	【例 9.6】显示喜欢的课程
Label1	Caption	爱好:
Command1	Caption	确认
Check1	Name	Chk1
	Caption	数学
Check2	Name	Chk2
	Caption	英语
Check3	Name	Chk3
	Caption	计算机

(3) 程序代码如下:

```
Private Sub Cmd1_Click()
   Form1.Cls
   Dim s As String
   s = "我喜欢的课程是:"
   If Chk1.Value = 0 And Chk2.Value = 0 And Chk3.Value = 0 Then
     Print "没有选择课程"
   Else
     If Chk1.Value = 1 Then
       s = s + Chk1.Caption
     End If
     If Chk2.Value = 1 Then
       s = s + "、" + Chk2.Caption
     End If
     If Chk3.Value = 1 Then
       s = s + "、" + Chk3.Caption
     End If
     Print s
    End If
End Sub
```

9.4 容器与框架

所谓容器,就是可以在其上放置其他控件对象的一种对象。窗体、图片框和框架都是容器。容器内的所有对象成为一个组合,随容器一起移动、显示、消失或被屏蔽。

在窗体中添加框架控件的方法是在工具栏中单击或双击 按钮。

1. 用途

框架(Frame)控件为控件提供可标识的分组。它是一个容器控件。当需要在同一窗体内建立几组相互独立的单选按钮时,就需要用框架将每一组单选按钮框起来,把单选按钮控件分成几组。另外,对于其他类型的控件用框架框起来,可以提供视觉上的区分等。

框架控件是左上角有标题文字的方框，它的主要作用是对窗体上的控件进行分类，使窗体上的内容更有条理。

为了将对象分组，一般是先绘制 Frame 对象，然后绘制 Frame 里面的对象，这样就可以把框架和里面的对象同时移动。绘制 Frame 里面的对象有两种方法：

(1) 先单击工具箱上的工具，然后用出现的"＋"指针，在框架中适当位置拖出适当大小的对象，框架内的对象不能被拖出框架外。不能使用双击工具箱中控件的方式向框架中添加对象。

(2) 将对象"剪切"(Ctrl＋X)到剪贴板，然后选中框架，使用"粘贴"(Ctrl＋V)命令粘贴到框架内。

2. 常用属性

1) Caption 属性

Caption 属性即框架的标题，位于框架的左上角，用于注明框架的用途。

2) Enabled 属性

用于决定框架中的对象是否可操作，通常把 Enabled 属性设置为 True，以使框架内的对象成为可以操作的。

3. 事件

框架可以响应的事件 Click 和 DblClick，一般不需要有关框架的事件过程。

【例 9.7】 设计一个个人资料输入窗口，使用单选按钮组输入性别和民族，使用复选框输入爱好。

(1) 建立程序界面及运行结果，如图 9-9 所示。

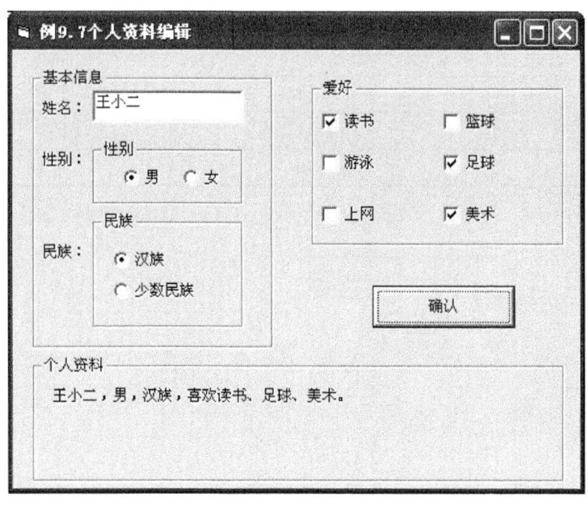

图 9-9 【例 9.7】程序运行界面

(2) 各框架中包含的对象如下：

Frame1 中：标签 Label1、Label2、Label3、文本框 Text1、Frame2、Frame3

Frame2 中：单选按钮 Option1、Option2

Frame3 中：单选按钮 Option3、Option4

Frame4 中：复选框 Check1～Check6

Frame5 中：标签 Label4

各对象的主要属性设置参照表 9-5。

表 9-5 【例 9.7】对象属性设置

对　象	属　性	设　置
Form1	Caption	【例 9.7】个人资料编辑
Frame1～Frame3	Caption	空
Frame4	Caption	爱好
Frame5	Caption	个人资料
Label1	Caption	姓名：
Label2	Caption	性别：
Label3	Caption	民族：
Label4	Caption	空
Text1	Text	空
Option1	Caption	男
	Value	True
Option2	Caption	女
Option3	Caption	汉族
	Value	True
Option2	Caption	少数民族
Check1	Caption	读书
Check2	Caption	篮球
Check3	Caption	游泳
Check4	Caption	足球
Check5	Caption	上网
Check6	Caption	美术

(3) 程序代码如下：

```
Private Sub Command1_Click()
  If Text1.Text = "" Then
   a = InputBox("您没有输入姓名!", "注意:必须输入姓名")
   If a = "" Then Exit Sub
   Text1.Text = a
  End If
  p1 = Text1.Text + ","
  p2 = IIf(Option1 .Value, "男", "女") + ","
  p3 = IIf(Option3 .Value, "汉族", "少数民族")
  p4 = ",喜欢"
  If Check1.Value = 1 Then p4 = p4 + Check1.Caption + "、"
  If Check2.Value = 1 Then p4 = p4 + Check2.Caption + "、"
  If Check3.Value = 1 Then p4 = p4 + Check3.Caption + "、"
  If Check4.Value = 1 Then p4 = p4 + Check4.Caption + "、"
  If Check5.Value = 1 Then p4 = p4 + Check5.Caption + "、"
  If Check6.Value = 1 Then p4 = p4 + Check6.Caption + "、"
```

```
    s = p1 + p2 + p3 + IIf(p4 = ",喜欢", ",无爱好.", p4)
    Label4.Caption = Left(s, Len(s) - 1) + "."
End Sub

Private Sub Text1_Change()
    Label4.Caption = ""
End Sub
```

9.5 列表框与组合框

9.5.1 列表框

在窗体中添加列表框(ListBox)控件的方法是在工具栏中单击或双击按钮。

1. 用途

列表框控件用于显示项目列表,用户可从中选择一个或多个项目。如果项目总数超过了列表框设计时可显示的项目数,则系统会自动在列表框边上加一个垂直滚动条。

列表框有两种风格:标准列表框和复选列表框,可通过它的 Style 属性来设置,如图 9-10 所示。

2. 常用属性

1) List 属性

List 属性经常用来在设计阶段预置列表中的项目。界面设计时,在属性窗口中选定 List 属性后,单击向下的箭头,就会出现编辑区,用户可以在此输入列表中的数据,每输完一个项目后,按 Ctrl+Enter 组合键换行,以便输入下一个项目,最后一项输入后,按 Enter 键表示输入结束。

如图 9-11 所示,输入数据的顺序为:"语文 Ctrl+Enter 数学 Ctrl+Enter 英语 Enter"。输入完成后,窗体上的列表框中即可显示出输入的项目。

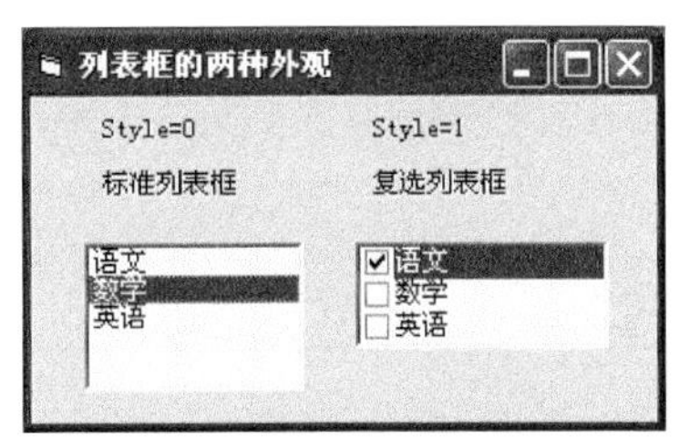

图 9-10 列表框的两种外观

图 9-11 List 属性

列表框中的项目可以在程序界面设计时设置,也可以在程序运行时添加或移除。此时,List 属性实际上是一个字符串数组,列表中的一个项目对应数组中的一个元素。因此,使用 List 属性可以访问列表框中的所有项目。注意:List 数组第一个元素的索引号为 0。

例如：

```
List1.List (2)                 '表示列表框 List1 中第 3 项的值
Text1.Text = List1.List(1)     '表示在文本框 Text1 中显示列表框 List1 的第 2 项的值
```

2）ListCount 属性

ListCount 属性返回列表框中的选项个数，只能在程序中引用该属性。

ListCount 属性经常与 List 属性一起使用，表示列表框中项目的个数。当需要对列表框中的全部项目进行遍历时，使用 ListCount 属性是最为方便的。程序如下：

```
For i = 0 To List1.ListCount - 1
 Print List1.List(i)
Next i
```

3）ListIndex 属性

ListIndex 属性返回当前选项的索引号，如果用户选择了多个列表项，则 ListIndex 是最近所选列表项的索引号；如果没有选项被选中，该属性为－1。该属性只能在程序代码中设置。

4）Selected 属性

Selected 属性表示列表框中各个项目是否被选中。Selected 属性也是一个数组，它通过索引号与列表框中的项目相联系。该属性只能在程序代码中设置。

例如：

```
List1.Selected(2) = True       '表示列表框 List1 中的第 3 个选项被选中
```

5）Text 属性

Text 属性设置或返回列表中当前选项的值。

6）Sorted 属性

Sorted 属性返回一个逻辑值，当 Sorted 属性为 True 时，列表框控件的项目自动按字母表顺序(升序)排序，为 False 时项目按加入的先后顺序排列显示。该属性只能在程序代码中设置。

7）MultiSelect 属性

MultiSelect 属性用于指示是否能够在列表框控件中进行复选以及如何进行复选。需要注意的是，该属性只能设计模式下的属性窗口设置。MultiSelect 属性取值含义如表 9-6 所示。

表 9-6　MultiSelect 属性值

设　置　值	含　　义
0	(默认值)每次只能选中一个，不允许复选
1	简单复选。鼠标单击或按下空格键在列表中选中或取消选中
2	扩展复选。按下 Shift 键并单击鼠标将在以前选中项的基础上扩展选择到当前选中项。按下 Ctrl 并单击鼠标，在列表中选中或取消选中项

3. 方法

1）AddItem 方法

AddItem 方法用来向列表框中加入列表项，其格式为：

```
Listname.AddItem item[,index]
```

Listname：列表框控件的名称；

Item：要添加到列表框的列表项，是一个字符串表达式；

Index：索引号，即新增加的列表项在列表框中的位置。默认添加到末尾。

2）Clear 方法

Clear 方法清除列表框对象中的所有列表项，其格式为：

```
Listname.Clear
```

3）RemoveItem 方法

该方法用于删除列表框中的列表项，其格式为：

```
Listname. RemoveItem index
```

Listname：列表框对象的名称；

Index：是要删除的列表项的索引号。

例如：

```
List1.RemoveItem 1             '删除 List1 列表框中的第二个列表项
```

要删除列表框(List1)中所有选中的项目，可使用下面的程序段：

```
i = 0
Do While i <= List1.ListCount - 1
 If List1.Selected(i) = True Then
   List1.RemoveItem i
 Else
   i = i + 1
 End If
Loop
```

也可这样写：

```
i = List1.ListCount - 1
 Do While i >= 0
  If List1.Selected(i) Then
   List1.RemoveItem i
  End If
  i = i - 1
 Loop
```

4. 事件

(1) Click 事件。当单击某一列表项目时，将触发列表框控件的 Click 事件。该事件发生时系统会自动改变列表框与组合框对象的 ListIndex、Selected、Text 等属性，无须另行编写代码。

(2) DblClick 事件。当双击某一列表项目时，将触发列表框对象的 DblClick 事件。

【例 9.8】 为书法协会编写会员管理程序，要求程序能够实现添加会员、删除选中会员和删除全部会员的功能。

(1) 建立程序界面及运行结果,如图 9-12 所示。

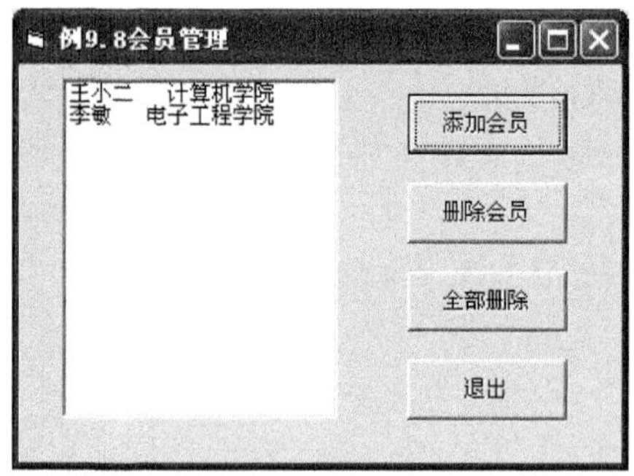

图 9-12 【例 9.8】程序运行界面

(2) 各对象的主要属性设置键表 9-7。

表 9-7 【例 9.8】对象属性设置

对　象	属　性	设　置
Form1	Caption	【例 9.8】会员管理
List1	MultiSelect	2-Extended
Command1	Caption	添加会员
Command2	Caption	删除会员
Command3	Caption	全部删除
Command4	Caption	退出

(3) 程序代码如下:

```
Private Sub Command1_Click()
 Dim add
 add = InputBox("请输入新会员资料", "添加新会员")
 List1.AddItem add
End Sub

Private Sub Command2_Click()
 Dim i%
 For i = List1.ListCount - 1 To 0 Step -1
   If List1.Selected(i) Then List1.RemoveItem i
 Next i
End Sub

Private Sub Command3_Click()
 List1.Clear
End Sub
```

9.5.2 组合框

在窗体中添加组合框(ComboBox)控件的方法是在工具栏中单击或双击 按钮。

1. 用途

组合框是一种兼有文本框和列表框两者的功能的控件,用户可以通过输入文本或选择列表中的项目进行选择。

2. 常用属性

1) Style 属性

该属性是组合框的一个重要属性，其值可为 0,1,2，对应着组合框的三种不同的类型，分别为：下拉组合框、简单组合框和下拉列表框，如图 9-13 所示。

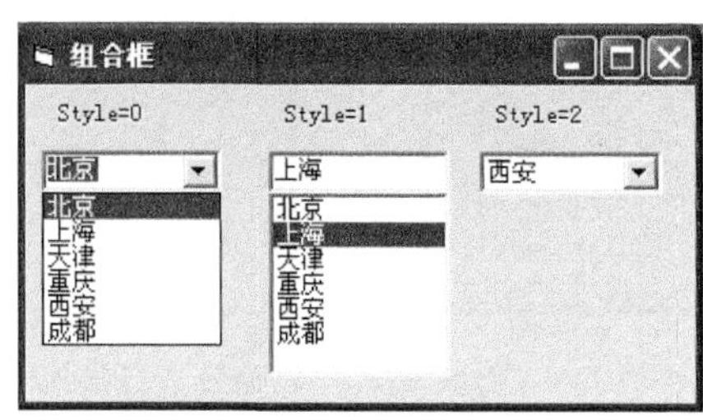

图 9-13　组合框的三种类型

下拉组合框：它由可编辑的文本区和一个下拉列表框组成，用户可以使用键盘直接向文本区中输入内容，也可以单击其右端向下箭头，就会在文本框下打开一个列表。用户从中选择一个选项，该选项就会进入文本框。下拉组合框是组合框的默认形式。

简单组合框：它也是由一个文本区和一个列表框组成，但该列表框不是下拉式的，而是始终显示在屏幕上的。在窗体上放置组合框时可以按自己的意愿选择组合框的大小，若组合框的大小不能将全部内容在列表框中显示出来，则在列表框的右侧自动出现垂直滚动条。

下拉列表框：其形状与“下拉组合框”相似，但用户只能从列表框中选择而不能直接向文本区输入。这种组合框节省了窗体的空间，只有在单击组合框的向下箭头时，才显示全部列表，所以无法容纳列表框的地方可以考虑使用此种组合框。VB 中的大多数组合框都属于这种类型。

2) Text 属性

Text 属性用于返回或设置组合框文本区中的内容。文本区中的内容可能是用户输入的，也可能是用户从列表中选择的。

组合框也有 List、ListIndex 和 ListCount 属性，也有 AddItem 与 RemoveItem 方法，它们的含义与使用方法与列表框相同。

注意：*在组合框中不能同时选中多个项目。因此，组合框没有 MultiSelect 和 Selected 属性。*

3. 事件

组合框所响应的事件依赖于其 Style 属性。例如，只有简单组合框(Style 的值为 1)才能接收 DblClick 事件，其他两种组合框可以接收 Click 事件和 DropDown 事件。对于下拉组合框(Style 的值为 0)和简单组合框(Style 的值为 1)，可以在编辑区输入文本，当输入文本时，可以接收 Change 事件。一般情况下，用户选择项目后，只须读取组合框中的 Text 属性。

【例 9.9】　设计一个简单的籍贯登记窗口，要求界面如图 9-14 所示。程序运行时，组合框中提供四个默认的省份，用户从文本框中输入姓名，在组合框中选择其所属省份(用户也可以输入其他的省份)。然后将姓名和省份添加到列表框中。用户可以删除列表框中所选择的项目，也可以把整个列表框清空。

(1) 建立程序界面及运行结果，如图 9-14 所示。

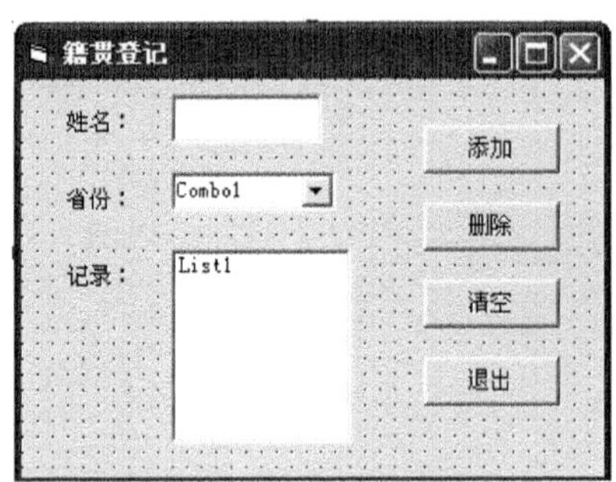

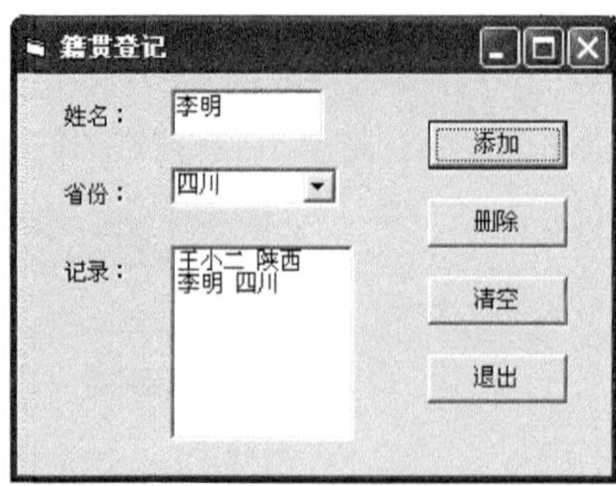

图 9-14 【例 9.9】程序界面及运行结果

(2) 各对象的主要属性设置参照表 9-8。

表 9-8 【例 9.9】对象属性设置

对　　象	属　　性	设　　置
Form1	Caption	籍贯登记
Label1	Caption	姓名：
Label2	Caption	省份：
Label3	Caption	记录：
Text1	Text	空
Combo1	Style	0-Dropdown Combo
List1	MultiSelect	2-Extended
	Sorted	True
Command1	Caption	添加
Command2	Caption	删除
Command3	Caption	清空
Command4	Caption	退出

(3) 程序代码如下：

```
Private Sub Command1_Click()
  If ((Text1.Text <> "") And (Combo1.Text <> "")) Then
   List1.AddItem Text1.Text + " " + Combo1.Text
  Else
   MsgBox ("请输入添加内容!")
  End If
End Sub

Private Sub Command2_Click()
  Dim i As Integer
  If List1.ListIndex >= 0 Then
   For i = List1.ListCount - 1 To 0 Step -1
     If List1.Selected(i) Then List1.RemoveItem i
   Next i
```

```
  End If
End Sub

Private Sub Command3_Click()
  List1.Clear
End Sub

Private Sub Command4_Click()
  End
End Sub


Private Sub Form_Load()
  Combo1.AddItem "陕西"
  Combo1.AddItem "河北"
  Combo1.AddItem "四川"
  Combo1.AddItem "湖南"
  Combo1.Text = Combo1.List(0)
End Sub
```

9.6 滚　动　条

在窗体中添加滚动条(ScrollBar)控件的方法是在工具栏中单击或双击 (水平滚动条)或 (垂直滚动条)按钮。

1. 用途

滚动条控件分为水平滚动条(HScrollbar)和垂直滚动条(VScrollBar)两种(如图 9-15 所示),通常附在窗体上协助观察数据或确定位置,也可用作数据输入工具,用来提供某一范围内的数值供用户选择。

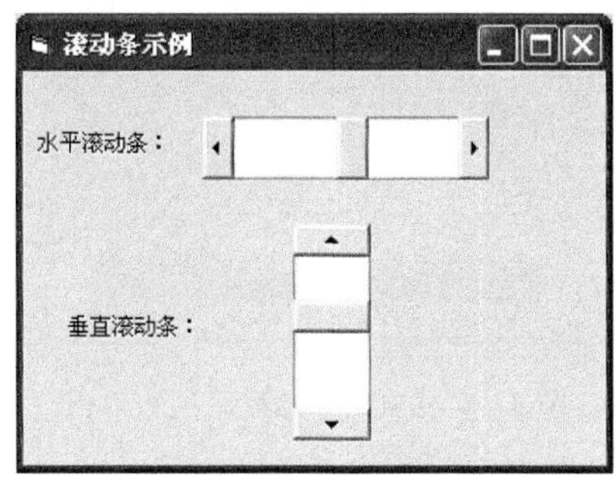

图 9-15　两种滚动条

2. 常用属性

1) Max 属性

Max 属性设置或返回滚动条所能代表的最大值,即滚动条处于底部或最右位置时的值。其取值范围为－32 768～32 767,默认值为 32 767。

2）Min 属性

Min 属性设置或返回滚动条所能代表的最小值，即滚动条处于顶部或最左位置时的值。其取值范围为－32 768～32 767，默认值为 0。

3）Value 属性

Value 属性为当前滚动条所代表的值。其返回值始终介于 Min 和 Max 属性值之间。

4）SmallChange 属性

SmallChange 属性设置或返回当用户单击滚动箭头时，滚动条控件 Value 属性值的改变量。当单击滚动条两端的箭头按钮时，滚动条的值将按最小改变量进行递增或递减。该属性的默认值为 1。

5）LargeChange 属性

LargeChange 属性设置或返回当用户单击滚动箭头和滚动块之间的空白区域时，滚动条控件 Value 属性值的改变量。当单击滚动箭头和滚动块之间的空白区域时，滚动条的值将按最大改变量进行递增或递减。该属性的默认值为 1。

3. 事件

（1）Change 事件。滚动条的 Change 事件在移动滚动条或通过代码改变其 Value 属性值时发生。单击滚动条两端的箭头或空白处也将引发 Change 事件。

（2）Scroll 事件。当滚动条被重新定位，或按水平方向或垂直方向滚动时，Scroll 事件发生。拖动滑块时也会触发 Scroll 事件。Scroll 事件与 Change 事件的区别在于：当滚动条控件滚动时，Scroll 事件一直发生，而 Change 事件只是在滚动结束之后才发生一次。

【例 9.10】 设计一个简单的自动调色器。在窗体中有三个滚动条、四个标签，还有一个命令按钮。要求程序运行后，标签 Label4 的颜色随着三种颜色滚动条位置的变化而变化。

（1）建立程序界面及运行结果，如图 9-16 所示。

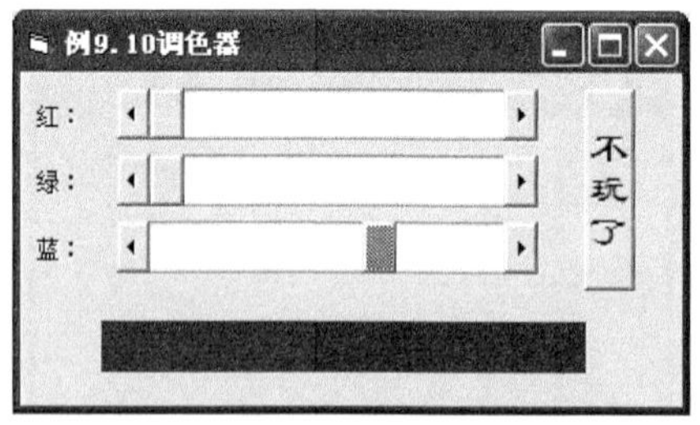

图 9-16 【例 9.10】程序运行界面

（2）各对象的主要属性设置参照表 9-9。

表 9-9 【例 9.10】对象属性设置

对　　象	属　　性	设　　置
Form1	Caption	【例 9.10】调色器
Label1	Caption	红：
Label2	Caption	绿：

续表

对　　象	属　　性	设　　置
Label3	Caption	蓝：
Label4	Caption	空
HScroll1	Max	255
Hscroll2	Max	255
Hscroll3	Max	255
Command1	Caption	不玩了

(3) 程序代码如下：

```
Private Sub Command1_Click()
 End
End Sub

Private Sub Form_Load()
   Label4.BackColor = RGB(HScroll1.Value, HScroll2.Value, HScroll3.Value)
End Sub

Private Sub HScroll1_Change()
   Label4.BackColor = RGB(HScroll1.Value, HScroll2.Value, HScroll3.Value)
End Sub

Private Sub HScroll2_Change()
   Label4.BackColor = RGB(HScroll1.Value, HScroll2.Value, HScroll3.Value)
End Sub

Private Sub HScroll3_Change()
   Label4.BackColor = RGB(HScroll1.Value, HScroll2.Value, HScroll3.Value)
End Sub
```

说明：RGB 函数用来显示颜色，语法格式为：

```
RGB(red,green,blue)
```

参数 red、green、blue 分别代表颜色的红、绿、蓝成分，取值都是 0～255 的整数，最终显示三色组合形成的特色颜色。

习　题　9

一、选择题

1. 图片框控件实际显示的图片由(　　)属性决定的。

   A. Load　　B. Value　　C. Picture　　D. Caption

2. 对于复选框和单选按钮控件，检测(　　)属性可以知道控件是否被用户选中。

   A. Enabled　　B. Name　　C. Value　　D. Visible

3. Frame 控件是一个容器控件，框架的标题位于框架的左上角，用于注明框架的用途，它是由(　　)属性来实现的。

A. Name　　B. Caption　　C. Text　　D. Value

4. 单选按钮用于一组互斥的选项。若一个应用程序包含多组互斥条件,可在不同的(　　)中安排适当的单选按钮,即可实现。

A. 框架控件或图像控件　　B. 组合框或图像控件

C. 组合框或图片框　　D. 框架控件或图片框

5. 使用(　　)方法可将新的列表项添加到一个列表框中。

A. Print　　B. AddItem　　C. Clear　　D. RemoveItem

6. 如果要一次删除列表框的全部数据项,要使用控件的(　　)方法。

A. AddItem　　B. RemoveItem　　C. Move　　D. Clear

7. 窗体上有个名称为 Frame1 的框架,若要把框架上显示的"Frame1"改为汉字"框架",下面正确的语句是(　　)。

A. Frame1. Name = "框架"　　B. Frame1. Value = "框架"

C. Frame1. Text = "框架"　　D. Frame1. Caption = "框架"

8. 若单击滚动条两端按钮与滚动块之间的区域一次,则滚动块会移动一定的刻度值,决定此刻度值的属性是(　　)。

A. Max　　B. Min

C. LargeChange　　D. SmallChange

二、填空题

1. 假定在 D 盘根目录下有一个名为 photo1. gif 的图形文件,要在运行期间把该文件装入一个图片框(名称为 Picture1),应执行的语句为____________。

2. 为了能自动放大或缩小图像框中的图形以与图像框的大小相适应,必须把该图像框的 Stretch 属性设置为____________。

3. 如果希望每秒产生 20 个事件,则应设置 Interval 属性值为____________。

4. 单选按钮选中时,Value 值为__________;复选框选中时,Value 值为__________。

5. 组合框的三种类型是________、________、________。

6. List1. Selected(5) = True 表示____。

7. 在窗体上画一个列表框,然后编写如下两个事件过程:

```
Private Sub Form_Click( )
  List1.RemoveItem 1
  List1.RemoveItem 2
End Sub

Private Sub Form_Load( )
  List1.AddItem "计算机科学系"
  List1.AddItem "外语系"
  List1.AddItem "机械系"
  List1.AddItem "艺术系"
End Sub
```

运行上面的程序,然后单击窗体,列表框中显示的项目为____________。

8. 在窗体上画一个文本框和一个图片框，然后编写如下两个事件过程：

```
Private Sub Form_Click( )
  Text1.Text = "单击了窗体"
End Sub

Private Sub Text1_Change( )
  Picture1.Print "文本框内容改变了"
End Sub
```

程序运行后，单击窗体，则在文本框中显示的内容是____________，在图片框中显示的内容是____________。

三、简答题

1. 简述图片框与图像框的区别。
2. 框架的主要用途是什么？
3. 简述组合框和列表框的主要区别。

第10章 文 件

计算机文件是存储在计算机外存储器(如磁盘)上的以文件名标识的数据集合。通常计算机处理的大量数据都是以文件的形式组织存储的,操作系统也是以文件为单位进行数据管理的。因此,文件是计算机使用中很重要的一个概念,文件的处理技术也是程序设计人员必须掌握的。

文件可以从不同的角度进行分类。文件从存储内容上区分,可以分为程序文件和数据文件;文件从存储信息的编码方式区分,可分为ASCII文件、二进制文件等。本章主要讨论数据文件,数据文件存储的是程序运行时所用到的数据。因为在实际应用中,经常涉及需要重复使用的大量数据,如果每次都从键盘上输入数据,一方面会造成大量的人力、物力的浪费,另一方面多次输入增大了数据出错的可能。所以常用的解决办法是把待输入的大量数据预先以文件的形式存储到外存上,使用的时候从文件中读出数据即可。同理,也可以把程序的运行结果以文件形式存到外存上,既能长期保存数据,又能方便地实现数据的共享。

计算机中的文件在存储介质上的位置是由驱动器、文件夹和文件名来定位的。实际工作中,经常为了保存一些有价值的数据,需要通过文件系统将计算机内存中的数据转存到外存上。对文件的处理包括创建、编辑、移动、删除等操作。

VB中文件处理是通过使用Open语句以及其他一些相关的语句和函数来实现的。文件本身实际上就是一系列存储在磁盘上的相关字节。在VB中,文件按照存取访问的方式,分为顺序文件、随机文件和二进制文件。VB为用户提供了多种处理文件的方法,具有较强的文件处理能力。

为了更加方便地让用户能够管理和开发与文件相关的程序,VB还提供了驱动器列表框、目录列表框和文件列表框控件。这三种控件组合起来可以创建自定义文件系统对话框,用来显示驱动器、目录和文件的相关信息。VB运用文件系统的这三种控件,使用文件的打开、关闭和数据的读写等语句实现对文件的处理。

10.1 文件的基本操作流程

在VB中,对于顺序文件、随机文件和二进制文件的操作通常都有3个步骤:打开文件、访问文件、关闭文件。本节对以上3个步骤做一个简要的介绍,具体的语句格式及使用将在后续小节中进行详细的讨论。

1. 打开文件

文件操作的第一步是打开文件。在创建新文件或使用已有文件之前,必须先打开文件。打开文件操作为这个文件在内存中准备一个读/写时使用的缓冲区,并且声明文件的存储位置、文件名和文件处理方式。

2. 访问文件

访问文件是文件操作的第二步。所谓访问文件，即对文件进行读/写操作。从外存将数据读到内存称为“读”，从内存将数据写到外存称为“写”。

3. 关闭文件

打开的文件使用(读/写)完成后，必须关闭，否则会造成数据丢失。关闭文件会把文件缓冲区中的数据全部写入外存，释放掉该文件缓冲区占用的内存。

10.2 文件的基本操作语句和函数

VB 提供了相关的文件处理语句和函数，利用这些函数和语句可以完成修改目录、删除目录、删除文件和设置文件属性等操作。

10.2.1 文件操作语句

1. MkDir 语句

作用：创建一个新的文件夹。

格式：

```
MkDir < path >
```

其中，path 参数指定要创建的文件夹，可以包含驱动器；若没有指定驱动器，则默认在当前驱动器上创建新的文件夹(默认的路径为 VB 程序的安装文件夹。如果改变了窗体文件及工程文件的保存路径，则默认路径会变更为窗体文件或工程文件的保存路径。使用 CurDir 函数可以得到默认路径的相关信息)。

例如，在 D 盘上建立一个名为 mydata 的文件夹，可以使用语句：

```
MkDir " D:\mydata".
```

2. RmDir 语句

作用：删除一个已存在的文件夹。

格式：

```
RmDir < path >
```

其中，path 参数指定要删除的文件夹，可以包含驱动器；若没有指定驱动器，则默认在当前驱动器上删除文件夹。RmDir 语句只能删除空的文件夹，不能删除根文件夹。

例如，删除上面刚建立的 myata 目录，可以使用语句：

```
RmDir " D:\mydata".
```

3. Kill 语句

作用：从磁盘中删除已经关闭的文件。

格式：

```
Kill < path >
```

其中，path 参数指定要删除的文件的路径，可以包含文件夹以及驱动器，可以使用？和 * 作为通配符。如果删除非当前目录中的文件，则必须指定文件路径。

例如，删除 D 盘上 mydata 目录下所有扩展名为 jpg 的图片文件，可以使用语句：

```
Kill " D:\mydata\ * . jpg".
```

4．FileCopy 语句

作用：复制一个已经关闭的文件。

格式：

```
FileCopy < source >,< destination >
```

其中，source 参数为必选项，指定要被复制的源文件的路径，可以包含文件夹以及驱动器。destination 参数为必选项，指定要复制的目的文件名，可以包含文件夹以及驱动器。如果非当前目录，则必须在两个参数中分别指明路径。

例如，语句

```
FileCopy "D:\data1.txt", "D:\mydata\ mydata1.txt"
```

其功能就是把 D 盘根目录下的 data1. txt 文件，复制到 D 盘的 mydata 目录下，并命名为 mydata1. txt。

5．Name 语句

作用：对已经关闭的文件或目录重新命名。

格式：

```
Name < oldpathname > AS < newpathname >
```

其中，oldpathname 参数为必选项，指定已经存在的源文件名或文件夹；newpathname 参数为必选项，指定新文件名或文件夹；Name 语句也可以重新命名文件并将其移动到一个不同的文件夹中。如有必要，Name 可以跨驱动器移动文件。但是当 newpathname 和 oldpathname 都在相同的驱动器时，只能重新命名已经存在的文件的文件名。

Name 语句的文件名不支持？或 * 通配符。例如：

```
Name "D:\mydata" As "D:\data"                    '将"D:\mydata"文件夹更名为"D:\data"
Name "D:\mydata\1.jpg" As "D:\mydata\N.jpg"      '将"1.jpg"文件更名为"N.jpg"
Name "D:\data\N.jpg" As "D:\m.jpg"               '将"N.jpg "移到根目录下，更名为"m.jpg "
```

10.2.2　文件操作函数

1．CurDir()函数

作用：返回指定驱动器的当前文件夹路径。

格式：

```
DirName = CurDir([ drivename ])
```

其中，DirName 参数为设置的变量，存储返回的路径。drivename 参数指定一个存在的驱动器名。若没有指定驱动器名，或 drivename 是零长度字符串("")，则 CurDir 返回当前驱动器的目录路径。假设当前驱动器目录为 D:\mydata，则：

```
Print CurDir                     '得到的结果为"D:\mydata"
Print CurDir("")                 '得到的结果为"D:\mydata"
Print CurDir("d:")               '得到的结果为"D:\mydata"
```

2. GetAttr()函数

作用：返回指定文件属性所对应的整型值；文件属性与整数值的对应关系见表 10-1。

格式：

```
RetValue = GetAttr(< filename >)
```

其中，RetValue 参数为设置的变量，存储指定的文件属性所对应的整数值。filename 参数指定文件的路径和文件名。

因为一个文件可以同时具有多个属性，所以函数的返回值可以是属性值的组合。如函数的返回值为 6，即 2＋4，则表示该文件具有隐藏和系统属性；如果函数的返回值为 16，则表示不是一个文件，而是一个文件夹。

表 10-1　文件属性与对应整数值

整　数　值	属　性　名	说　　明
0	Normal	“常规”属性的文件
1	ReadOnly	“只读”属性的文件
2	Hidden	“隐藏”属性的文件
4	System	“系统”属性的文件
16	Directory	目录或文件夹
32	Archive	“档案”属性的文件

3. FileLen()函数

作用：以字节为单位返回指定的、未打开的文件的长度，类型为长整型。

格式：

```
RetValue = FileLen(< filename >)
```

例如，要测试文件 D:\mydata\1.jpg 的长度，可以使用语句：

```
FL = FileLen("D:\mydata\1.jpg").
```

4. Lof()函数

作用：返回指定的已经打开的文件的字节长度。

格式：

```
Length = Lof(< filenumber >)
```

其中，filenumber 参数指文件打开时设置的文件号。利用该函数可以方便地计算一个随机文件的记录总数。

5. Eof()函数

作用：测试文件指针是否到了文件尾。

格式：

```
RetValue = Eof(< filenumber >)
```

如果到了文件尾，函数返回值为 True；如未到文件尾，则函数返回值为 False。利用该函数，再结合循环语句，可以实现对文件内容的全部读取。

6. Loc()函数

作用：返回上一次从打开文件中读写数据的位置。

格式：

```
RecNo = Loc(< filenumber >)
```

对于顺序文件，该函数返回从文件打开以来读写数据块的个数(一个数据块默认长度为128字节)；对于随机文件，该函数返回上一次读写记录的记录号；对于二进制文件，该函数返回上一次读写数据的最后一个字节的位置。

7. Seek()函数

作用：返回已经打开文件中指针的当前位置。

格式：

```
CurRecNo = Seek(< filenumber >)
```

对于顺序文件和二进制文件，该函数返回当前要读写数据的字节位置；对于随机文件，该函数返回当前要读写记录的记录号。

【例 10.1】 在窗体上添加一个命令按钮，通过其单击事件实现以下操作：

(1) 在 D 盘上创建一个名为 mydata 的目录；

(2) 将 D:\data 目录下的 readme.txt 文件复制到 mydata 目录中；

(3) 设置 D:\mydata 文件夹为当前目录；

(4) 将 D:\mydata\readme.txt 文件更名为 read.txt；

(5) 测试 read.txt 文件的系统属性和文件长度；

(6) 删除 read.txt 文件和其所在的文件夹 mydata。

实现的代码：

```
Private Sub Command1_Click()
    Dim wj As Integer, size As Long
    MkDir "d:\mydata"
    FileCopy "d:\data\readme.txt", "d:\mydata\readme.txt"
    ChDir "d:\mydata"
    Name "d:\mydata\readme.txt" As "d:\mydata\read.txt"
    wj = GetAttr("d:\mydata\read.txt")
    size = FileLen("d:\mydata\read.txt")
    MsgBox "文件属性:" & wj & "文件长度:" & size
    Kill "d:\mydata\read.txt"
    RmDir "d:\mydata"
End Sub
```

10.3 顺序文件

顺序文件是最常用的文件组织形式。顺序文件由一系列记录按照某种顺序排列形成。其中的记录通常是定长记录,因而能用较快的速度查找文件中的记录。

顺序文件用于处理一般的文本文件,也就是 ASCII 文件。顺序文件中数据的写入顺序、在文件中的存放顺序和从文件中的读出顺序三者是一致的。即先写入的数据放在最前面,也将最早被读出。如果要读第 6 个数据,必须从第一个数据读起,读完前面的 5 个数据以后才能读出第 6 个数据,不能直接跳转到指定的读写位置。这个特点也就是它的缺点,但顺序文件的优点是占用的空间较少。

当要处理只包含文本信息的文件时,比如由文本编辑器所创建的文件,其中的数据没有分成记录,使用顺序访问比较好。不过,顺序访问不适合存储大量数字,因为每个数字都是按字符串进行存储的。

顺序文件按行组织信息。每行由若干项组成。行的长度不固定,每行由回车换行符结束。

10.3.1 打开顺序文件

对顺序文件,在进行操作之前,必须使用 Open 语句打开文件,然后才能进行相关操作。

格式:

```
Open 文件名 [ For 打开方式 ] AS [ # ] 文件号
```

其中:

(1) 文件名:要打开的文件的名称。文件名是字符串常量或字符串变量,文件名包含驱动器和文件夹。

(2) 打开方式:顺序文件打开方式有 Input、Output 和 Append 3 种。

Input 方式向计算机输入数据,即从打开的文件中读出数据。

Output 方式向文件写入数据,即从计算机向所打开的文件写数据。如果该文件中原来有数据,则原来的数据会被覆盖,只保留新写入的数据。通常在创建一个新的顺序文件时使用该方式。

Append 是向文件添加数据,即从计算机向所打开的文件添加数据。它会把新的数据添加到文件原有数据的后面,文件中的原有数据保持不变。

(3) 文件号是一个 1~511 的整数,用来代表所打开的文件。文件号可以是整数或数值型变量。

例如:

```
Open "d:\data\mydata1.txt" For Input As #3
```

该语句以输入方式打开文件 mydata1.txt,并指定文件号为 3。

```
Open "d:\data\mydata2. txt" For Output As #5
```

该语句以输出方式打开文件 mydata2.txt,即向文件 mydata2.txt 进行写操作,指定文件号为 5。

```
Open "d:\data\mydata3.txt" For Append As #1
```

该语句以添加方式打开文件 mydata3. txt，即向文件 mydata3. txt 添加数据，指定文件号为 1。

10.3.2 顺序文件的写操作

VB 使用 Print 语句或 Write 语句向顺序文件写入数据。创建一个新的顺序文件或向一个已存在的顺序文件中添加数据，都是通过写操作实现的。另外，顺序文件也可由文本编辑器(记事本、Word 等)创建或编辑。

1. Print 语句

格式：

```
Print #文件号 [,输出列表]
```

其中：

(1) 文件号：Open 语句中指定的文件号。

(2) 输出列表：准备写入到文件中的数据，可以是变量名也可以是常数，数据之间用“,”或“;”隔开。输出表列中还可以使用 Tab 和 Spc 函数，它们的意义与 Print 方法中介绍的一样。

例如：

```
Open "d:\data\mydata1.txt" For Output As #3
Print #3, "vb", "chengxu", "sheji!"
Print #3, "Vb", "程序", "设计!"
Close #3
```

写入到文件中的数据为：

```
vb        chengxu        sheji!
Vb        程序           设计!
```

在实际应用中，经常用 Print 语句把一个文本框的内容以文件的形式保存到外存储器上。例如：

```
Open "d:\data\mydata1.txt" For Output As #4
Print #4, Text1.Text
Close #4
```

2. Write 语句

格式：

```
Write #文件号 [,输出列表]
```

其中，文件号和输出列表的意义与 Print 语句相同。

用 Write 语句向文件写入数据时，与 Print 语句不同的是，Write 语句能自动在各数据项之间插入逗号，并给各字符串加上双引号。例如：

```
Open "d:\data\mydata3.txt" For Output As #1
Write #1, "王一"; "男"; "1995 年 1 月 1 日"
Write #1, "李二"; "女"; "1995 年 10 月 1 日"
Close #1
```

写入到文件中的数据为：

```
"王一", "男", "1995 年 1 月 1 日"
"李二", "女","1995 年 10 月 1 日"
```

10.3.3 顺序文件的读操作

顺序文件的读操作，就是从外存储器上已存在的顺序文件中读取数据。在读取一个顺序文件时，首先要用 Input 方式打开文件，然后使用 VB 提供的 Input、Line Input 语句和 Input 函数读取顺序文件的内容。

1. Input 语句

格式：

```
Input #文件号,变量列表
```

其中：

(1) 文件号：文件号是在 Open 语句中指定的。

(2) 变量列表：变量用来存放从顺序文件中读出的数据。变量列表中的各项用逗号隔开，并且变量的个数和类型应该与从外存文件读取的记录中所存储的数据的状况一致。

使用该语句将从文件中读出数据，并将读出的数据分别赋给指定的变量。为了能够用 Input 语句将文件中数据正确地读出，在将数据写入文件时，要使用 Write 语句，不能使用 Print 语句。因为 Write 语句可以确保将各个数据项正确地区分开。例如：

```
Open "d:\data\mydata3.txt" For Input As #8
Input #8, a, b,c
Input #8, x, y,z
Print a; b?;c
Print x; y;z
Close #8
```

如果顺序文件 mydata3.txt 的内容如下：

```
"王一", "男", "1995 年 1 月 1 日"
"李二", "女","1995 年 10 月 1 日"
```

执行该程序段以后，在窗体上显示的内容为：

```
王一 男 1995 年 1 月 1 日
李二 女 1995 年 10 月 1 日
```

2. Line Input 语句(从打开的顺序文件中读取一行)

格式：

```
Line Input #文件号,字符串变量
```

其中：

(1) 文件号：Open 语句中指定的文件号。

(2) 字符串变量：字符串变量用来接收从顺序文件中读出的一行数据。读出的数据不包括回车及换行符。

例如，打开刚才的 mydata3.txt 文件，将结果显示在文本框中；代码如下：

```
Open "d:\data\mydata3.txt" For Input As #3
Line Input #3, x
Line Input #3, y
Text1.Text = x & y
Close #3
```

文本框显示的内容为：

```
"王一", "男", "1995 年 1 月 1 日" "李二", "女","1995 年 10 月 1 日"
```

3. Input 函数

格式：

```
Input(字符数,# 文件号)
```

其中：

(1) 字符数：Input 函数可以从打开的顺序文件读取指定数量的字符。Input 函数返回从文件中读出的所有字符，包括逗号、回车符、换行符、引号和空格等。

(2) 文件号：Open 语句中指定的文件号。

10.3.4 关闭顺序文件

对一个文件的操作完成后，要用 Close 语句将其关闭。

格式：

```
Close [ 文件号列表 ]
```

其中，文件号表列是用“,”隔开的若干个文件号，文件号与 Open 语句的文件号相对应。

例如：

```
Close #1, #3, #5
```

该语句将关闭文件号为 1,3,5 的文件。

10.4 随机文件

随机文件可以直接快速访问文件中的任意一条记录，它的缺点是占用空间较大。随机文件由固定长度的记录组成，一条记录包含一个或多个字段。具有一个字段的记录对应于任一标准类型，例如整数或者定长字符串。具有多个字段的记录对应于用户自定义类型。随机文件中每个记录都有一个记录号，只要指出记录号，就可以对该文件进行读写。

10.4.1 打开与关闭随机文件

和顺序文件一样，要访问随机文件，首先必须用 Open 语句打开文件。随机文件的打开方式必须是 Random 方式，同时要指明记录的长度。与顺序文件不同的是，随机文件打开后，可同时进行写入与读出操作。

1. 打开随机文件

格式：

```
Open 文件名 For Random As #文件号 Len = 记录长度
```

其中：

(1) 文件名：要打开的文件的名称，文件名是字符串常量或字符串变量。文件名包含驱动器和文件夹。

(2) 文件号：文件号是一个 1～511 的整数，用来代表所打开的文件。文件号可以是整数或数值型变量。

(3) 记录长度：记录长度是一条记录所占的字节数，可以用 Len 函数获得。

2. 关闭随机文件

随机文件的关闭同顺序文件一样，用 Close 语句。

10.4.2 随机文件的写操作

VB 中使用 Put 语句进行随机文件的写操作。

格式：

```
Put # 文件号,记录号,变量
```

其中：

(1) 文件号：Open 语句中指定的文件号。

(2) 记录号：记录号参数指定要写入或替换的记录的记录号。如果省略，则指当前记录的记录号。

(3) 变量：存放数据的变量名，其类型必须与随机文件中的记录类型保持一致。

例如：

```
Put #1,5,s        '将变量 s 的内容送到 1 号文件的第 5 条记录中
```

Put 语句可以完成以下操作：

(1) 替换记录：用 Put 语句替换记录，只需指明要替换的记录号。

(2) 添加记录：用 Put 语句可以向已经打开的随机文件的末端添加记录，只需把记录号的数值设置为文件中的记录数加 1。

(3) 删除记录：通过清除其字段可以删除一条记录，但该记录仍在文件中存在。通常文件中不能有空记录，因为这样会浪费空间和干扰顺序操作。解决的办法是，把余下的记录拷贝到一个新文件中，然后删除旧文件。具体步骤是：①创建一个新文件；②把所有有用的记录从原文件复制到新文件；③关闭原文件并用 Kill 语句删除它；④用 Name 语句把新文件更名为原文件。

10.4.3 随机文件的读操作

VB 中使用 Get 语句进行随机文件的读操作。

格式：

```
Get # 文件号,记录号,变量
```

其中：

(1) 文件号：Open 语句中指定的文件号。

(2) 记录号：记录号指定要从文件中读取数据的记录的记录号。如果省略，则指当前记录的记录号。刚打开的文件，记录指针指向首记录，其记录号为 1。利用 Get 语句一次只能读取一条记录。要读取多条记录，必须用循环语句来实现。

(3) 变量：存放数据的变量名，其类型必须与随机文件中的记录类型保持一致。

例如：

```
Get #2,3,s        '将 2 号文件的第 3 条记录读出后存放到变量 s 中
```

【例 10.2】 建立一个随机文件，文件包含用户的学号、姓名、性别和年龄。程序运行界面如图 10-1 所示。

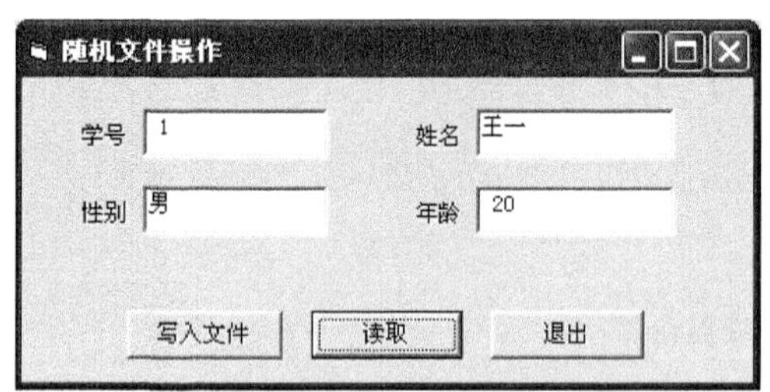

图 10-1 【例 10.2】程序运行界面

标准模块中的代码：

```
Private Type student
  no As Integer
  na As String * 16
  sex As String * 2
  age As Integer
End Type
```

"写入文件"按钮中的代码：

```
Private Sub Command1_Click()
  Dim ss As student
  Dim s1, s2, s3, t As String
  Dim i As Integer
  Open "d:\data\student.txt" For Random As #2 Len = Len(ss)
  t = "写记录到随机文件"
  s1 = "输入学号"
  s2 = "输入姓名"
```

```
  s3 = "输入性别"
  s4 = "输入年龄"
  For i = 1 To 5
    ss.no = InputBox(s1, t)
    ss.na = InputBox(s2, t)
    ss.sex = InputBox(s3, t)
    ss.age = InputBox(s4, t)
    Put #2, i, ss
  Next i
  Close #2
End Sub
```

"读取"按钮事件中的代码：

```
Private Sub Command2_Click()
Dim ss As student
   Dim s1, s2, s3, t As String
   Dim i As Integer
   Open "d:\data\student.txt" For Random As #3 Len = Len(ss)
   i = InputBox("输入序号 1-5", "读取内容")
   Get #3, i, ss
   Text1.Text = Str(ss.no)
   Text2.Text = Trim(ss.na)
   Text3.Text = Trim(ss.sex)
   Text4.Text = Str(ss.age)
   Close #3
End Sub
Private Sub Command3_Click()
   End
End Sub
```

10.5 二进制文件

二进制文件被看作是按字节顺序排列的。由于对二进制文件的读写是以字节为单位进行的，所以能对文件进行完全的控制。如果知道文件中数据的组织结构，则任何文件都可以当作二进制文件来处理。

10.5.1 二进制文件的打开与关闭

1. 二进制文件的打开

VB 中二进制文件的打开用 Open 语句。

格式：

Open 文件名 For Binary As #文件号

其中：

(1) 文件名：要打开的文件的名称。文件名是字符串常量或字符串变量，文件名包含驱动器和文件夹。

(2) 文件号：文件号是一个 1～511 的整数。它用来代表所打开的文件，文件号可以是整数或数值型变量。

2. 二进制文件的关闭

关闭二进制文件和关闭顺序文件一样，用 Close 语句。

10.5.2 二进制文件的读与写操作

二进制文件的读/写同随机文件的读/写操作一样使用 Put 和 Get 语句。

1. 二进制文件的读操作

格式：

```
Get # 文件号,位置,变量
```

其中：

(1) 文件号：Open 语句中指定的文件号。

(2) 位置：位置指定读文件的开始地址，它是从文件头算起的字节数。Get 语句从该位置读 Len(变量)个字节到变量中。

(3) 变量：存放数据的变量名。

2. 二进制文件的写操作

格式：

```
Put # 文件号,位置,变量
```

(1) 文件号：Open 语句中指定的文件号。

(2) 位置：位置指定写文件的开始地址，它是从文件头算起的字节数。Put 语句从该位置把变量的内容写入文件，写入的字节数为 Len(变量)。

(3) 变量：存放数据的变量名。

例如，从文件 mydata1.txt 的位置 20 起写入一个字符串" Vb 二进制文件操作!"。

代码如下：

```
Open "d:\data\mydata1.txt" For Binary As #1
s$ = "Vb二进制文件操作!"
Put #1, 20, s$
Close #1
```

10.6 文件系统控件

为了管理计算机中的文件，VB 提供了驱动器列表框(DriveListBox)、目录列表框(DirListBox)和文件列表框(FileListBox)控件，这三种控件组合起来可以创建自定义文件系统对话框，用来显示驱动器、目录和文件的相关信息。

10.6.1 驱动器列表框

驱动器列表框是下拉式列表框，如图 10-2 所示。其系统默认名为 Drive1。设置驱动器有以下三种方法：

(1) 直接在驱动器列表框中输入驱动器标识符，也可以单击驱动器列表框右侧的箭头，在下拉列表框中选定新驱动器。默认显示的是系统的当前驱动器。

(2) 在代码中用 Drive 属性来设置当前驱动器。

格式：

```
Object.Drive = [ "DriveName" ]
```

其中，Object 参数为驱动器列表框的名称；DriveName 为驱动器名，如果省略则为系统默认的驱动器。

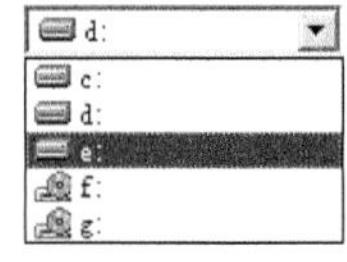

图 10-2　驱动器列表框

(3) 在代码中用 ChDrive 语句设置驱动器。

格式：

```
ChDrive < "DriveName" >
```

假如要将驱动器 C 设置为当前驱动器，可用语句 Drive1. Drive = "C:\ "或 ChDrive "C"。如果要变更当前的工作驱动器，可以使用 ChDrive Drive1. Drive 语句。每次重新设置驱动器名时，都将引发 Change 事件。

10.6.2　目录列表框

目录列表框用于显示用户系统上的当前驱动器或指定驱动器上的目录结构，其系统默认名 Dir1。从根目录开始，各目录按子目录的层次依次缩进，如图 10-3 所示。

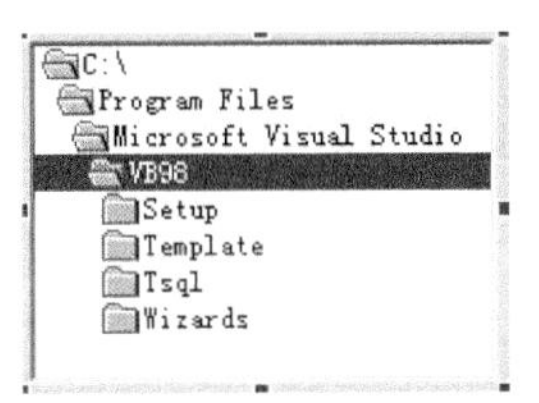

图 10-3　目录列表框

目录列表框中的每一个目录都关联着一个唯一的标识符——ListIndex，通过该标识符可以区别目录列表框中的每一个目录。若当前指定的目录的 ListIndex 的值为 -1，则紧邻其上的目录的 ListIndex 的值为 -2，再上一个 ListIndex 的值为 -3，以此类推。紧邻其下的子目录中，第一个子目录的 ListIndex 的值为 0，第二个子目录的 ListIndex 的值为 1，以此类推。设置目录有以下三种方法：

(1) 直接在目录列表框中选择目录。默认显示系统当前目录。

(2) 在代码中利用 Path 属性来设置当前目录。

格式：

```
Object.Path = [ "PathName" ]
```

其中，Object 为目录列表框的名称；PathName 参数设置目录名，如果省略则为系统当前目录。

(3) 在代码中用 ChDir 语句设置目录。

格式：

```
ChDir < "PathName" >
```

假如要将目录为 D:\myvb 设置为当前目录，可以用语句 Dir1. Path = " D:\myvb "，或 ChDir " D:\myvb "。如果要改变当前的工作路径，则可以使用 ChDir Dir1. Path 语句。每次重新设置目录时，都将引发 Change 事件。

10.6.3 文件列表框

文件列表框常与目录列表框配合使用，用来显示指定目录下的文件列表。其系统默认名为 File1，如图 10-4 所示。在文件列表框中可以选择要操作的一个或多个文件。

文件列表框的常用属性有以下几个：

(1) Path 属性：返回或设置在文件列表框中显示的文件路径。例如，要在文件列表框中显示 D:\data 目录下的所有文件，可以使用语句 File1. Path ＝ " D:\data "。

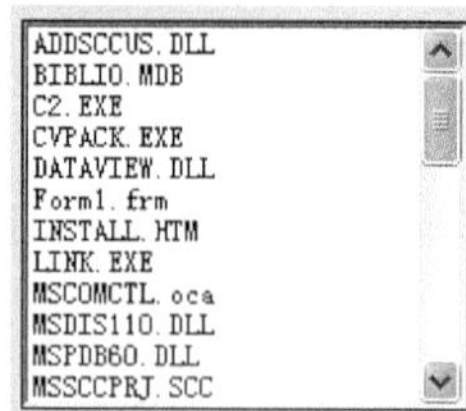

图 10-4 文件列表框

(2) Pattern 属性：设置在文件列表框中要显示的文件类型。该属性可以在属性窗口设置，也可以在代码中设置。其默认值为 *.*，即默认显示所有文件。文件类型的表达式中可以使用？或 * 通配符。如果要表达多种文件类型，则各种类型表达式之间用分号隔开。

例如，要在文件列表框中只显示扩展名为.jpg 和.bmp 的文件，可以使用语句

```
File1.Pattern = " *.jpg ";" *.bmp "
```

(3) Archive、Normal、System、Hidden 和 ReadOnly 属性：在文件列表框中指定要显示的文件类型。各个属性及对应的功能如表 10-2 所示。

表 10-2 文件属性及对应的功能

属性名	功能
Archive	是否显示"档案"属性的文件
Normal	是否显示"常规"属性的文件
System	是否显示"系统"属性的文件
Hidden	是否显示"隐藏"属性的文件
ReadOnly	是否显示"只读"属性的文件

例如，想在列表框中只显示系统文件，可以进行如下设置：

```
File1. System = True
File1. Archive = False
File1. Normal = False
File1. Hidden = False
File1. ReadOnly = False
```

当 Normal 为 True 时将显示无 System 或 Hidden 属性的文件；当 Norman 为 False 时仍然可以显示具有 ReadOnly 或 Archive 属性的文件，只需将这些属性设置为 True 即可。

10.6.4 文件系统控件综合使用

通常驱动器列表框、目录列表框和文件列表框一起使用，可以同步显示各自的信息。如要产生此效果，需要有两个 Change 事件。

(1) 驱动器列表框的 Change 事件，代码如下：

```
Private Sub Drive1_Change( )
```

```
   Dir1.Path = Drive1.Drive
End Sub
```

(2) 目录列表框的 Change 事件,代码如下:

```
Private Sub Dir1_Change( )
   File1.Path = Dir1.Path
End Sub
```

下面用一个实例展示如何综合利用驱动器列表框、目录列表框和文件列表框的功能来制作一个比较实用的媒体播放器的应用程序。

【例 10.3】 制作媒体播放器

提示:如图 10-5 所示在工具栏的空白处单击右键,选择"部件",选中 Windows Media Player 复选框,再单击"确定"按钮,工具栏中就会出现 Windows Media Player 控件。选择该控件,在窗体中就可以绘制一个媒体播放器。

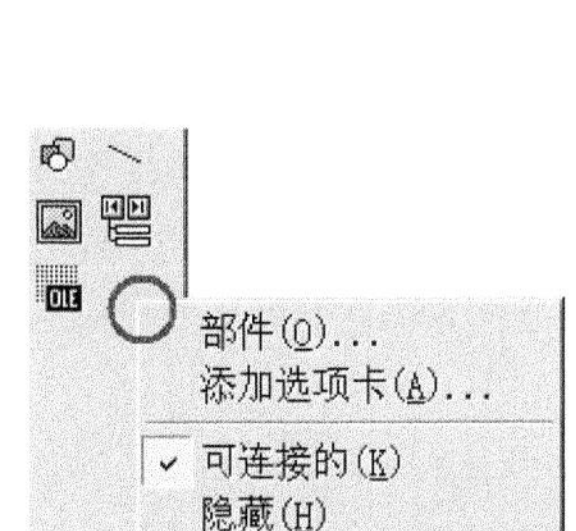

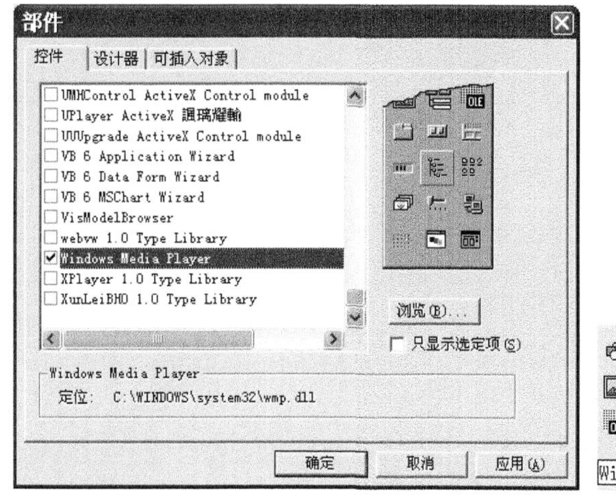

WindowsMediaPlayer

图 10-5 添加 Windows Media Player 控件的过程

```
Private Sub Command1_Click()
  ChDrive Drive1.Drive
  ChDir Dir1.Path
  WindowsMediaPlayer1.url = File1.FileName
End Sub
Private Sub Command2_Click()
  End
End Sub
Private Sub Dir1_Change()
  File1.Path = Dir1.Path
End Sub
Private Sub Drive1_Change()
  Dir1.Path = Drive1.Drive
End Sub
```

程序运行结果如图 10-6 所示。

图 10-6　媒体播放器

习　题　10

一、选择题

1. 顺序文件在一次打开期间(　　)。
   A. 只能读,不能写
   B. 只能写,不能读
   C. 既可读,又可写
   D. 或者只读,或者只写

2. VB 的窗体文件(.frm 文件)(　　)。
   A. 可以当作顺序文件读取
   B. 可以当作随机文件读取
   C. 既可当作顺序文件读取也可当作随机文件读取
   D. 不能作为 VB 的数据文件来访问

3. 如果希望能在写入顺序文件中的各数据项之间自动添加逗号,应使用的写语句是(　　)。
   A. Print #文件号　　　　B. Write #文件号
   C. Print　　　　D. Write

4. 窗体上有一个名称为 Text1 的文本框和一个名称为 Command1 的命令按钮,要求程序运行时,单击命令按钮,就可把文本框中的内容写到文件 out.txt 中,每次写入的内容接在文件原有内容之后。下面正确的程序是(　　)。

A.
```
Private Sub Command1_Click( )
  Open "out.txt" For Input As #1
  Print #1, Text1.Text
  Close #1
End Sub
```

B.
```
Private Sub Command1_Click( )
  Open "out.txt" For Output As #1
  Print #1, Text1.Text
  Close #1
End Sub
```

C.
```
Private Sub Command1_Click( )
    Open "out.txt" For Append As #1
    Print #1, Text1.Text
    Close #1
End Sub
```

D.
```
Private Sub Command1_Click( )
    Open "out.txt" For Random As #1
    Print #1, Text1.Text
    Close #1
End Sub
```

5. 下列有关文件的叙述中，正确的是(　　)。

A. 以 Output 方式打开一个不存在的文件时，系统将显示出错信息

B. 以 Append 方式打开的文件，既可以进行读操作，也可以进行写操作

C. 在随机文件中，每个记录的长度是固定的

D. 无论是顺序文件还是随机文件，其打开的语句和打开方式都是完全相同的

二、填空题

1. 文件可以分为不同的种类。根据数据的类型，可以分为______和______文件；根据数据的编码方式，可以分为______和______文件；根据数据的存取方式和结构，可以分为______和______文件。

2. 打开文件所使用的语句为________。在该语句中，可以设置的输入输出方式包括________、________、________、________和________，如果省略，则为________方式。存取类型分为________、________和________ 3 种。

3. 在 VB 中，顺序文件的读操作通过________和________语句或________函数实现。随机文件的读、写操作分别通过________和________语句实现。

4. 顺序文件通过________语句或________语句把缓冲区中的数据写入磁盘，但只有在满足三个条件之一时才写入磁盘，这三个条件是________、________和________。

5. 在窗体上画一个驱动器列表框、一个目录列表框和一个文件列表框，其名称分别为 Dri1、Dir1、File1。为了使它们同步操作，必须触发________事件和________事件，在这两个事件中执行的语句分别为________和________。

6. 窗体上有名称为 Command1 的命令按钮及名称为 Text1 的文本框，单击命令按钮，则可打开磁盘文件 d:\VB\test.txt，并将文件中的内容(多行文本)显示在文本框中。下面是实现此功能的程序(回车、换行的 ASCII 码分别是 13、10)，请填空。

```
Private Sub Command1_Click( )
    Dim ch As String
    Text1 = ""
    Open ____________ For Input As #2
    Do While Not EOF(____________)
        Line Input #2, ch
        Text1.Text = Text1.Text + ____________ + Chr(13) + Chr(10)
    Loop
    Close #2
End Sub
```

7. 在当前目录下有一个名为 myfile.txt 的文本文件，其中有若干行文本。下面程序的功能是读入此文件中的所有文本行，按行计算每行字符的 ASCII 码之和并显示在窗体上。请填空。

```
Private Sub Command1_Click( )
```

```
        Dim ch$ , ascii As Integer
        Open "myfile.txt" For ____________ As #1
        While Not EOF(1)
            Line Input #1, ch
            ascii = toascii(____________)
            Print ascii
        Wend
        Close #1
End Sub
Private Function toascii(mystr As String) As Integer
        n = 0
        For k = 1 To ____________
            n = n + Asc(Mid(mystr, k, 1))
        Next k
        toascii = n
End Function
```

三、简答题

1. 什么是文件？什么是数据文件？
2. 简述文件操作的步骤。
3. 使用数据文件有什么好处？

第 11 章　用户界面设计与 VB 工程应用

用户界面是实现人机交互的桥梁，是应用程序的重要组成部分。编写应用程序首先要设计一个简洁、美观、易操作的用户界面，然后编写各个对象事件过程的代码。因此，用户界面设计是程序设计者必须掌握的基本技术之一。

本章主要介绍用户界面设计中常用的菜单、对话框等技术以及多重窗体的程序设计方法。

11.1 菜 单 设 计

菜单以其友好的可视化界面而大量出现在基于 Windows 的应用程序中。菜单能够给庞杂的命令进行分组，使用户能够方便、直观地使用这些命令。

11.1.1 菜单简介

从开发和应用的角度上看，菜单就是可以选择执行命令的一个列表。菜单一般分为下拉式菜单和弹出式菜单两种基本类型。下拉式菜单由一个主菜单和若干个子菜单组成。主菜单栏一般显示在窗体的标题栏下面，在菜单栏中显示菜单的标题。当用户单击菜单栏中的菜单标题时，会出现相应的包含菜单项的子菜单列表。菜单项可以是命令、分隔条或是子菜单标题。VB 6.0 应用程序的下拉式菜单示例如图 11-1 所示。

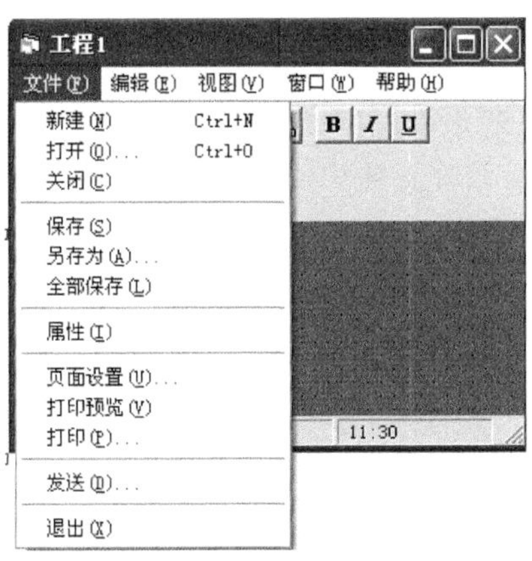

图 11-1　下拉式菜单

菜单中，有的菜单项是可以直接执行的命令，例如文本编辑软件中常见的“编辑”菜单中的“撤销”菜单项，单击它就可撤销刚才的操作。还有些菜单项可以显示一个对话框，要求用户根据实际情况提供下一步程序执行所需要的数据或设置，这一类菜单项的文字后面通常会带有“…”，例如图 11-1 中的“打开”菜单项。再有一种菜单项是下一级菜单的标题，这种菜单项的文字后面会带有▶，当鼠标移至该菜单项时，就会显示出它的子菜单。VB 规定，每个菜单项最多有四级子菜单。在实际应用中，为了使应用程序系统化且使用更方便，通常是将每个菜单项按照它们的功能和用途与它同类的菜单项放在一个分组中。在菜单主体中，还可以使用分隔条将处理相似事务的菜单项放在一起。

在 Windows 的应用程序中，还有另一种菜单，它一般是通过单击鼠标右键而激活的，称为“弹出式菜单”。弹出式菜单是显示在窗体之上，独立于菜单栏的浮动式菜单。它显示的内容一般取决于单击鼠标右键时鼠标指针在窗体中的位置，因此有时也被称为“快捷菜单”或“上下文菜单”。在不同的情景下，在不同位置弹出的弹出式菜单的内容是不一样的。使用弹出式菜单来调用或执行某种操作是比较常用且高效的方法。VB 窗体设计中单击鼠标右键所激活的弹出式菜单如图 11-2 所示。

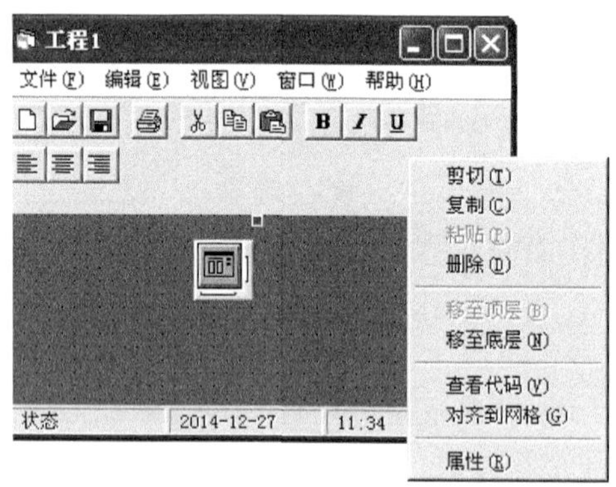

图 11-2 弹出式菜单

11.1.2 菜单编辑器

在 VB 中，菜单是一个对象。每一个菜单项都是一个 menu 对象，它们有自己的属性、方法和事件。VB 应用程序中的菜单可以利用“菜单编辑器”来进行设计。它的主要优点是使用方便、简捷，只需少量的编程就能够快速完成自定义菜单的设计。

打开“菜单编辑器”有 4 种方法：

(1) 在设计状态下，选择“工具”菜单下的“菜单编辑器”命令。

(2) 单击工具栏中的“菜单编辑器”按钮。

(3) 按下快捷键 Ctrl + E 键。

(4) 在窗体的空白处单击右键，在弹出的快捷菜单中选择“菜单编辑器”菜单项。

打开后的“菜单编辑器”窗口如图 11-3 所示。

“菜单编辑器”窗口分为上、中、下三个部分。上面部分称为属性设置区，主要用来对菜单项进行属性设置；中间部分的 7 个按钮可以对菜单项进行简单的编辑；下面部分的空白区域用来显示用户设置的全部菜单项的内容。“菜单编辑器”窗口中的主要组成元素的功能如下：

(1) “标题”文本框：用来显示在窗体上的用户建立的菜单标题，输入的内容会在菜单

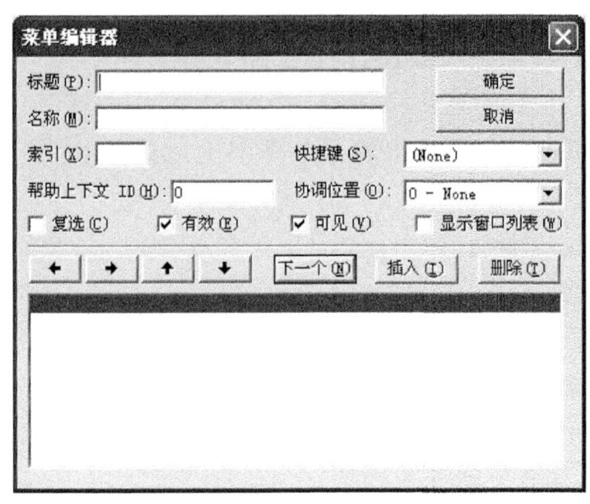

图 11-3 “菜单编辑器”窗口

编辑器窗口的下面的空白部分显示出来。如果菜单需要分组，并要用分隔条分开，在标题文本框中输入减号“－”即可产生一个分隔条。

如果输入时在菜单标题的某个字母前加上一个“&”号，那么该字母就成为该菜单项的热键；在窗体上显示时该字母带有下画线，操作时操作时只要按键盘 Alt ＋ 该字母键就可以选择这个菜单项。例如，要建立编辑菜单“编辑(E)”，应该在标题文本框中输入“编辑(&E)”；而 E 就是该菜单项的热键。需要注意的是：不能为不同的菜单项建立相同的热键，否则，只有第一次建立的热键才会有效。

(2)“名称”文本框：用来输入菜单项的名称。菜单项的名称不是在窗体上显示出来的，而是用来在代码编辑时代表相应的菜单项。不过，只要用户在标题文本框中输入了一个菜单标题，那么在名称文本框中就会自动有一个对应的菜单名称，分隔符也不例外。

(3)“索引”文本框：用来输入 menu 对象数组元素的下标。menu 对象数组是一组名称相同的 menu 对象，数组中的元素必须是连续的并且在相同的子菜单内。数组中的每个元素必须有索引。

(4)“快捷键”列表框：在此列表框中列出了很多快捷键，供用户为菜单项选择一个快捷键。快捷键可以不进行设置。如果设置了快捷键，窗体运行时它就会显示在菜单标题的右边；但是，顶层菜单不能设置快捷键。

(5)“复选”复选框：“复选”属性设置为 True 时，可以在相应的菜单项左侧加上一个“√”号，表明该菜单项当前处于活动状态。该复选框的“复选”属性默认为 False。

(6)“有效”复选框：“有效”属性决定菜单项是否有效。如果该复选框被选中，表示菜单项的 Enabled 属性为 True，程序执行时菜单项正常显示，响应用户的事件；如果复选框未被选中，表示菜单项的 Enabled 属性为 False，程序执行时菜单项编程灰色，不响应用户的事件；该复选框的“有效”属性默认为 True。

(7)“可见”复选框：“可见”属性决定菜单项是否可见。如果复选框被选中，表示菜单项的 Visible 属性为 True，程序执行时菜单项可见；如果复选框未被选中，表示菜单项的 Visible 属性为 False，程序执行时菜单项不可见；该复选框的“可见”属性默认为 True。

(8)“←”和“→”按钮：用来产生或取消内缩符号“....”。如果建立好一个菜单项后单击

“→”按钮，则该菜单项在显示框中向右缩进四格距离并加上“....”，表示该菜单项为子菜单。如果建立好一个菜单项后单击“←”按钮，则该菜单项在显示框中向左缩进四格距离并取消“....”，表示该菜单项为上一级的菜单项。

(9) “↑”和“↓”按钮：用来将选中的菜单项向上或向下移动一位，从而改变菜单中菜单项的上下顺序。

(10) “下一个”按钮：当设置完一个菜单项的各个属性后，单击“下一个”按钮，就可以设置下一个菜单项的属性。

(11) “插入”按钮：在选定的菜单项之前插入和该菜单项级别相同的菜单项。

(12) “删除”按钮：删除选定的菜单项。

(13) 菜单显示区域：该区域用来显示用户为某一窗体设计的所有菜单项的标题。用户在设计菜单的过程中，编辑好的菜单项会立刻显示在此区域中。

11.1.3 菜单的设计与编程

设计一个菜单，首先要列出菜单的组成，即菜单包含哪些菜单项，菜单项如何分组以及哪些菜单项需要子菜单等。菜单列举出来以后，利用“菜单编辑器”按照菜单的组成进行设计。最后，再为每一个菜单项编写事件代码。

【例 11.1】 设计菜单结构：窗体中有一个文本框；在窗体上建立“文件”和“字体”菜单。“文件”菜单中包含“清空文本”和“退出”菜单项；“字体”菜单项中包含“楷体”“宋体”和“字号”菜单项；而“字号”菜单项中又包含 10、20、30 菜单项。“文件”和“字体”菜单分别如图 11-4、图 11-5 所示。

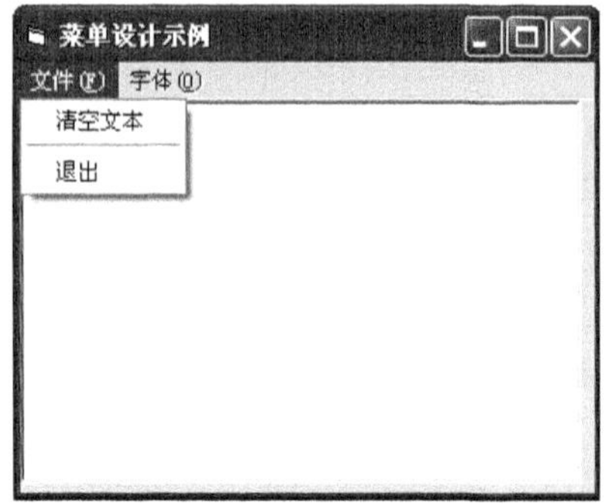

图 11-4 “文件”菜单项

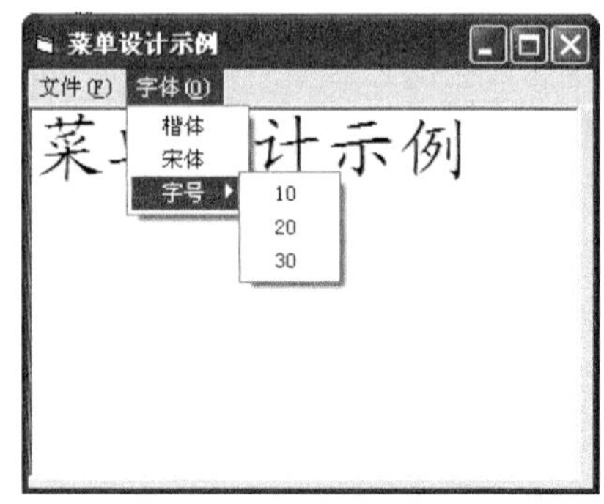

图 11-5 “字体”菜单项

窗体设计过程是，在窗体上添加文本框，其 Text 属性为“菜单设计示例”，其 MultiLine 属性为 True。然后设计菜单：打开菜单编辑窗口，将表 11-1 列出的各个菜单项属性输入到“菜单编辑器”中即可。

表 11-1 各菜单项属性

菜　单　项	名称(Name)	菜　单　项	名称(Name)	索引(Index)
文件(&F)	mf	字体(&O)	mfont	
....清空文本	mc	....楷体	mkai	
....一	ml	....宋体	msong	

续表

菜　单　项	名称(Name)	菜　单　项	名称(Name)	索引(Index)
....退出	me	....字号	msize	
		10	mfs	1
		20	mfs	2
		30	mfs	3

【例 11.2】 编写代码实现【例 11.1】所显示菜单中的各菜单项的功能。程序代码如下：

```
Private Sub mc_Click()
    Text1.Text = ""
End Sub

Private Sub me_Click()
    End
End Sub

Private Sub mkai_Click()
    Text1.FontName = "楷体_GB2312"
End Sub

Private Sub msong_Click()
    Text1.FontName = "宋体"
End Sub

Private Sub mfs_Click(Index As Integer)
    Text1.FontSize = Index * 10
End Sub
```

11.1.4 菜单项的控制

在应用程序的执行过程中，菜单的形式和作用不一定就是一成不变的，它们可能会随着执行过程和执行条件的变化而相应地发生一些改变。本节讨论菜单形式和作用的控制问题，即菜单项的控制。

1. 菜单项的有效性控制

一般情况下，应用程序的菜单包含了很多命令，然而某些菜单命令在一些情况下是不可用的，如图 11-6 所示。不可用的菜单，又称无效菜单，呈灰色显示，不响应用户事件。

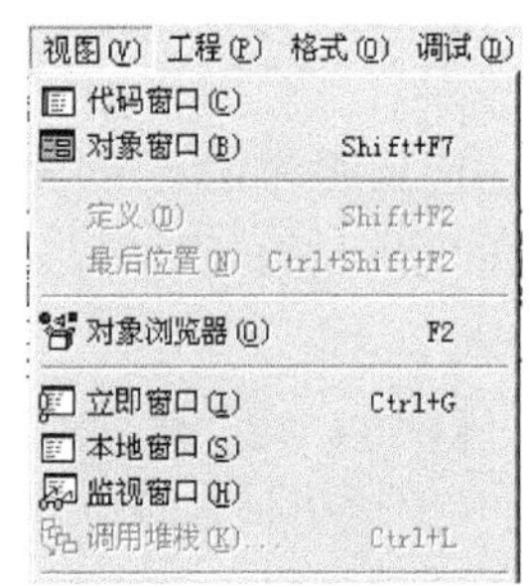

图 11-6　不可用的菜单

菜单项的有效性由它的 Enabled 属性控制，如果某一菜单项的 Enabled 属性设置为 True，则菜单项有效，在程序运行中该菜单项可用，可以响应用户事件；如果某一菜单项的 Enabled 属性为 False，则情况刚好相反。在菜单设计阶段，菜单项的有效性可以通过“菜单编辑器”窗口的“有效”复选框进行设置，默认值为 True。在程序运行阶段，也可以通过响应代码来控制菜单项的 Enabled 属性，从而达到特定的操作目的。

【例 11.3】 修改【例 11.2】的代码，使“字体”菜单只有在文本框中有文字的时候才有效；没有文字或删除文字以后，该菜单项就不可用。补充代码如下：

```
Private Sub Form_Load()
    If Text1.Text = "" Then mfont.Enabled = False
End Sub

Private Sub Text1_Change()
    If Text1.Text = "" Then
      mfont.Enabled = False
    Else
      mfont.Enabled = True
    End If
End Sub
```

2. 菜单项的复选标记

菜单的复选标记就是菜单项左侧的“√”记号。它表明该菜单项当前处于活动状态，也就是说该菜单项对于该命令只能表示两种状态：活动状态与非活动状态。当命令菜单项左侧有“√”记号时，单击该菜单项则“√”记号消失；当命令菜单项左侧无“√”记号时，单击该菜单项则添加“√”记号；同时完成各自响应的功能任务。

菜单项的复选标记也可以表示在多个菜单项中选择了哪一个，即在一组菜单项中哪些菜单项处于选中状态(左侧有“√”记号)，如图 11-7 所示。

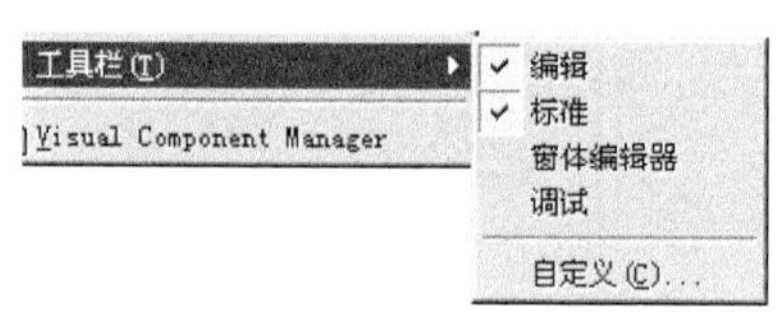

图 11-7 菜单项的复选标记

在菜单编辑器中，“复选”复选框用来对复选框进行初始化设置，它对应菜单项的 Checked 属性；该属性只有 True 和 False 两种取值，分别表明该菜单项当前处于活动状态还是非活动状态。

【例 11.4】 在【例 11.3】的基础上，增加一个“粗体”的菜单项(读者可以自行完成)。使该菜单项具有复选标记，用以表明当前字体是否以显示粗体形式。增加代码如下：

```
Private Sub mcuti_Click()
    mcuti.Checked = Not mcuti.Checked
    Text1.FontBold = mcuti.Checked
End Sub
```

11.1.5 菜单项的增删

应用程序的菜单应该能够随着程序运行状态的变化而动态地增减菜单中的菜单项。菜单项的增加是通过代码来实现的。通过下面的例子，简要演示一下菜单项增减的实现。

【例 11.5】 建立如图 11-8 和图 11-9 所示的动态菜单：当用户在窗体上单击时，“字体颜色”菜单中增加“红色”“绿色”“蓝色”菜单项；双击窗体时，这三个菜单项就消失。

具体设计步骤如下：打开“菜单编辑器”窗口，按照表 11-2 对各菜单项属性进行设置。

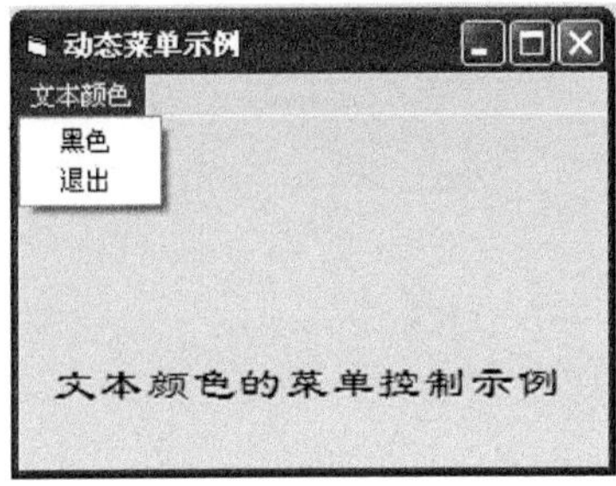

图 11-8　初始菜单项

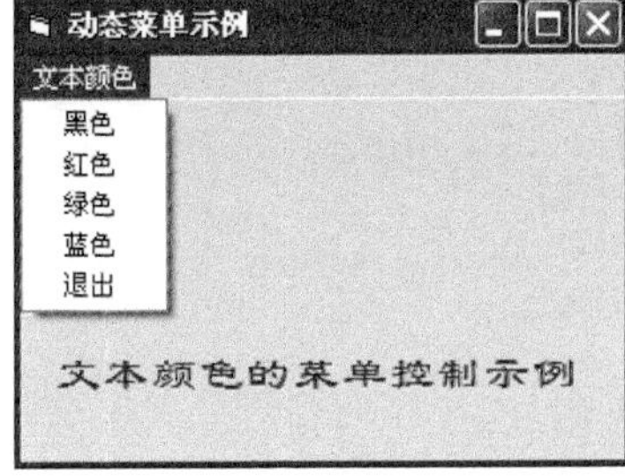

图 11-9　增加以后的菜单

表 11-2　各菜单项属性

菜　单　项	名称(Name)	属　　性
文本颜色	mc	Visible＝True
....黑色	mblack	Visible＝True
....退出	mexit	Visible＝True
....	mrgb	Visible＝False
		Index＝1

实现代码如下：

```
Dim num As Integer
Private Sub Form_Click()
    If num = 0 Then
       num = num + 1
       Load mrgb(num)
       mrgb(num).Caption = "红色"
       mrgb(num).Visible = True
       num = num + 1
       Load mrgb(num)
       mrgb(num).Caption = "绿色"
       mrgb(num).Visible = True
       num = num + 1
       Load mrgb(num)
       mrgb(num).Caption = "蓝色"
       mrgb(num).Visible = True
       End If
End Sub
Private Sub Form_DblClick()
    While num > 0
       Unload mrgb(num)
       num = num - 1
    Wend
End Sub
Private Sub mblack_Click()
    Label1.ForeColor = RGB(0, 0, 0)
End Sub
Private Sub mexit_Click()
```

```
        End
    End Sub
    Private Sub mrgb_Click(Index As Integer)
        Select Case Index
            Case 1
              Label1.ForeColor = RGB(255, 0, 0)
            Case 2
              Label1.ForeColor = RGB(0, 255, 0)
            Case 3
              Label1.ForeColor = RGB(0, 0, 255)
        End Select
    End Sub
```

11.1.6 弹出式菜单

弹出式菜单(又称快捷菜单)是在窗体的任意位置通过单击鼠标右键打开的,因而使用方便,具有较大的灵活性。弹出式菜单是一种小型的菜单,它可以在窗体的某个地方显示出来,对程序事件做出相应。

建立弹出式菜单通常有两步:首先在"菜单编辑器"中建立菜单,然后用 PopupMenu 方法弹出显示。第一步的操作与前面介绍的基本相同,唯一不同的是,如果不想在窗体顶部显示该菜单,就应把菜单名(即主菜单项)的"可见"属性设置为 False(子菜单项不要设置为 False)。PopupMenu 方法用来显示弹出式菜单,其格式是:

[对象.] PopupMenu 菜单名[,Flags [,x [,y [,BoldCommand]]]]

其中,"对象"是窗体名;当省略"对象"时,弹出式菜单只能在当前窗体中显示。要在其他窗体中显示弹出式菜单,必须加上相应的窗体名。"菜单名"是在"菜单编辑器"中定义的主菜单项名。如果主菜单项不需要在窗口顶部显示出来,则应在菜单编辑器中将主菜单项的"可见"属性设置为 False。弹出式菜单的位置由 x,y 及 Flags 参数共同确定。x 和 y 分别指定弹出式菜单显示位置的横坐标和纵坐标,如果省略,则弹出式菜单在鼠标指针的当前位置显示。Flags 参数是一个数值或符号常量,它的取值有两组;一组指定菜单位置,另一组用于定义特殊的菜单行为,具体描述如表 11-3 所示。表中的常数可以单独使用,也可以两组中各取一个,再用 Or 将其连接起来组成 Flags 参数。BoldCommand 的取值是弹出式菜单中某个菜单项的名字。如果选择该参数,则在弹出式菜单中将用黑体显示指定的菜单项标题。

表 11-3 Flags 参数

常数		值	说明
位置常量	VB PopupMenuLeftAlign	0	默认值,指定的 x 值定义为弹出式菜单的左边界位置
	VB PopupMenuCenterAlign	4	指定的 x 值定义为弹出式菜单的中心位置
	VB PopupMenuRightAlign	8	指定的 x 值定义为弹出式菜单的右边界位置
行为常量	VB PopupMenuLeftButton	0	默认值,菜单命令只接受鼠标右键单击
	VB PopupMenuRightButton	2	菜单命令可以接受鼠标左键或右键单击

【例 11.6】 设计一个窗体，建立弹出式菜单，实现对文本框文字字体的控制。程序界面如图 11-10 和图 11-11 所示。

图 11-10　窗体的初始状态

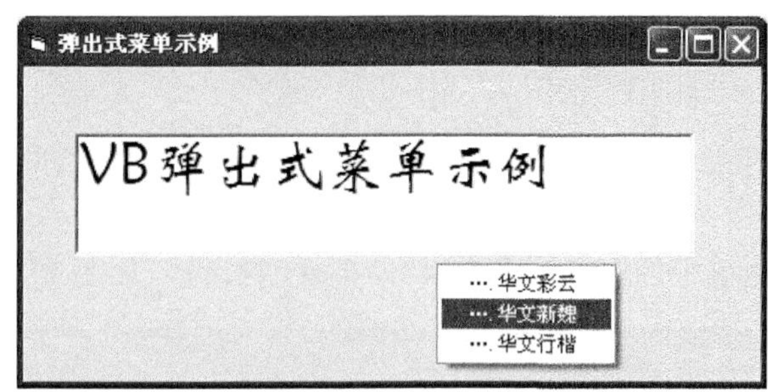

图 11-11　右键显示弹出菜单

具体步骤如下：打开“菜单编辑器”，把表 11-4 列出的各菜单项属性输入到“菜单编辑器”中。

表 11-4　菜单项属性的设置

菜　单　项	名称(Name)	可见性(Visible)
字号	mfont	False
….华文彩云	mhc	True
….华文新魏	mhx	True
….华文行楷	mhk	True

程序实现的代码如下：

```
Private Sub Form_MouseDown(Button As Integer, Shift As Integer, X As Single, Y As Single)
  If Button = 2 Then PopupMenu mfont
End Sub
Private Sub mhc_Click()
     Text1.Font = "华文彩云"
End Sub
Private Sub mhk_Click()
     Text1.Font = "华文行楷"
End Sub
Private Sub mhx_Click()
```

```
    Text1.Font = "华文新魏"
End Sub
```

11.2 通用对话框

对话框是应用程序在执行过程中与用户进行交流的窗口。在 VB 中,可以利用系统提供的通用对话框,也可以根据需要自己设计对话框。

VB 提供了一组基于 Windows 操作系统的常用的标准对话框界面,用户可以充分利用通用对话框(Common Dialog)控件在窗体上创建 6 种标准对话框,它们分别是打开(Open)、另存为(Save As)、颜色(Color)、字体(Font)、打印(Printer)和帮助(Help)对话框。利用这些系统提供的通用对话框可以大量节省设计人员的工作量。

通用对话框仅用于应用程序与用户之间进行的信息交互,是输入、输出界面,不能实现打开文件、存储文件、设置颜色、字体打印等操作。如果想要实现这些功能还需要用代码进行编程。

通用对话框不是标准控件,因此使用前要先把通用对话框控件添加到工具箱中,操作步骤如下。

(1) 选择"工程"菜单中的"部件"命令打开"部件"对话框,如图 11-12 所示。

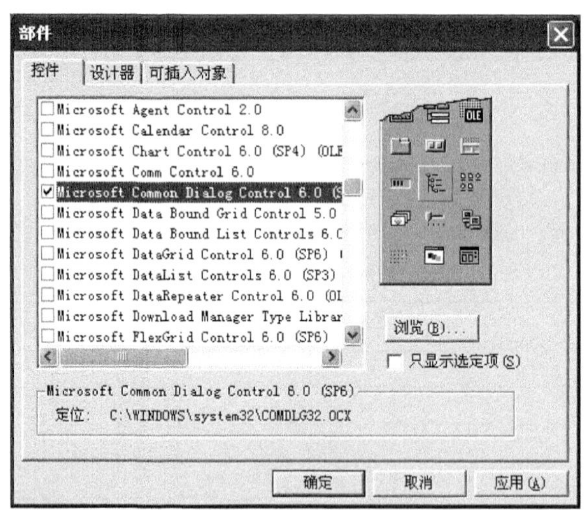

图 11-12 "部件"对话框

(2) 在"控件"选项卡中选择 Microsoft Common Dialog Control 6.0。

(3) 最后单击"确定"按钮退出。

通过上面的操作,通用对话框控件就会出现在控件工具箱中,图标为 。如果需要使用里面的某种对话框,就可以像使用普通控件一样把它添加到窗体中去,但它的图标大小不能改变。在设计状态,窗体上显示通用对话框图标,但在程序运行时,窗体上不会显示通用对话框,因此可以把它放在窗体上的任意位置。

在窗体中的通用对话框对象上单击右键,在弹出的快捷菜单上选择"属性"命令,可以调出通用对话框的"属性页"对话框,如图 11-13 所示。对话框中有 5 个选项卡,可以对不同类型的对话框设置属性。例如要对打开/另存为对话框进行设置,可以选择“打开/另存为”选项卡。

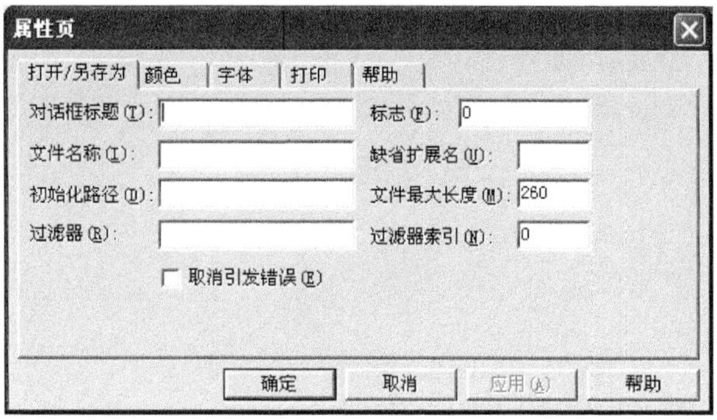

图 11-13 “属性页”对话框

通用对话框提供的 6 种对话框可以通过设置它的 Action 属性或调用对应的 6 种方法来打开。通用对话框的属性、方法和含义如表 11-5 所示。

表 11-5 通用对话框的属性和方法

属 性 值	方 法	所显示的对话框
1	ShowOpen	“打开”对话框
2	ShowSave	“保存”对话框
3	ShowColor	“颜色”对话框
4	ShowFont	“字体”对话框
5	ShowPrinter	“打印”对话框
6	ShowHelp	“帮助”对话框

以上属性不能在属性窗口内设置,只能在程序中赋值,用于调出相应的对话框。

【例 11.7】 如图 11-14 和图 11-15 所示,单击“弹出打开对话框”按钮弹出“打开”对话框。

图 11-14 窗体初始状态

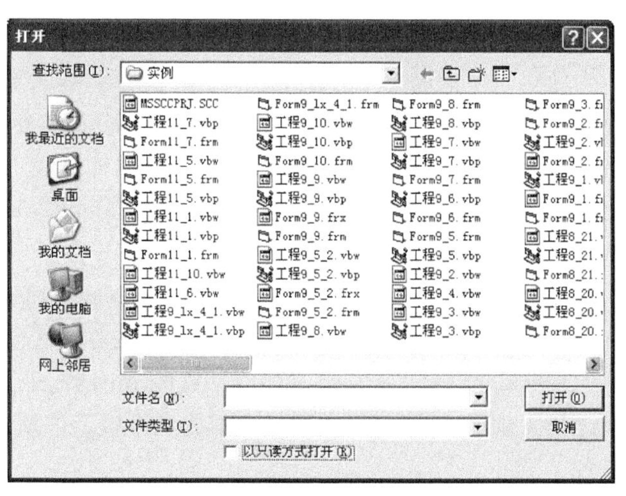

图 11-15 “打开”对话框

程序实现的代码如下：

```
Private Sub Command1_Click()
    CommonDialog1.Action = 1
End Sub
```

或代码：

```
Private Sub Command1_Click()
    CommonDialog1.ShowOpen
End Sub
```

11.2.1 "打开"对话框

"打开"对话框是应用程序中经常使用的，其界面如图 11-16 所示。

图 11-16 "打开"对话框

它的功能是指定文件的驱动器、目录、文件扩展名和文件名，并将这个文件打开。使用"打开"对话框前，通常先打开如图 11-13 所示的"属性页"对话框，对其进行属性设置。

选择"打开/另存为"选项卡，就可以进行属性设置了。各属性含义和设置方法如下：

(1) 对话框标题：对应于通用对话框的 DialogTitle 属性，用来给出对话框的标题内容，默认值为"打开"。

(2) 文件名称：对应于通用对话框的 FileName 属性，用于设置在对话框的"文件名"文本框中显示的文件名。该属性也能返回用户在对话框中选中的文件名。

(3) 初始化路径：对应于通用对话框的 InitDir 属性，用来指定"打开"对话框中的初始目录。若要显示当前目录，则该属性不需要设置。该属性也能返回用户在对话框中选中的目录名。

(4) 过滤器：对应于通用对话框的 Filter 属性，用于确定文件列表框中所显示文件的类型。设置过滤器属性的格式为：

描述符 1 | 筛选符 1 |描述符 2 | 筛选符 2 |描述符 3 | 筛选符 3 | …

其中,描述符是在"打开"对话框中的文件类型列表框中显示的字符串,如"所有文件(*.*)";而筛选符是实际的文件过滤器表示符,如"*.*";分隔符为"|"。描述符与筛选符要成对出现,二者缺一不可。例如,所有文件(*.*)|*.*|文本文件|*.txt|Word 文档|*.doc。

(5) 标志:对应于通用对话框的 Flags 属性,用来设置对话框的一些选项。Flags 属性常用设置值和作用如表 11-6 所示。

表 11-6 Flags 属性常用设置值和作用

设 置 值	作 用
1	建立对话框时,只读复选框初始状态为选中
2	如果用磁盘上已有的文件名保存文件,则显示一个消息框,询问用户是否覆盖已有文件
4	不显示"只读"复选框
8	保留当前目录
16	显示一个 Help 按钮
256	允许文件中有无效字符
512	允许用户选择多个文件

(6) 缺省扩展名:对应于通用对话框的 DefaultExt 属性,用来指定对话框中文件的默认扩展名(即指定默认的文件类型)。如果保存一个未指定扩展名的文件时,则自动使用默认扩展名。

(7) 文件最大长度:对应于通用对话框的 MaxFileSize 属性,用来指定 FileName 的最大长度,范围为 1~2048,默认值为 256。

(8) 过滤器索引:对应于通用对话框的 FilterIndex 属性,用索引值来指定对话框使用哪一个过滤器。索引值的起始值为 1。

(9) 取消引发错误:对应于通用对话框的 CancelError 属性。它是一个复选框,用来设置当前用户单击对话框的"取消"按钮时,是否会显示一个报错信息的消息框。它的默认值是 False,即复选框未选中状态。当 CancelError 属性为 True 时,若用户单击对话框上的"取消"按钮,通用对话框自动将错误对象 Err. Number 设置为 32775(cdlCancel)以便供程序判断。当 CancelError 属性为 False 时,则单击"取消"按钮时,不产生错误信息。需要说明的是:CancelError 属性的设置方法对其他几种对话框也同样适用。

注意:对话框的属性可以用上面的方法进行设置,也可以在代码中进行设置和修改。不再赘述。

【例 11.8】 设计一个程序,通过对话框为图像框加载图片。效果如图 11-17~图 11-19 所示。

程序实现的代码如下:

```
Private Sub Command1_Click()
    Dim st As String
    CommonDialog1.Filter = "All Files(*.*) | *.* | JPG Files (*.jpg) | *.jpg"
    CommonDialog1.InitDir = "d:\pic"
    CommonDialog1.Flags = 1
```

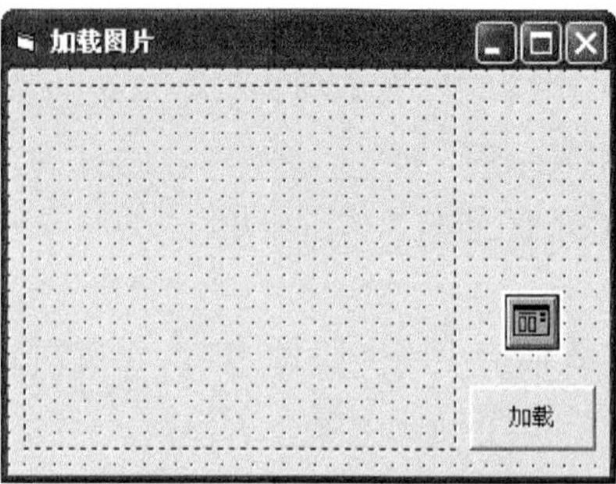

图 11-17　窗体界面

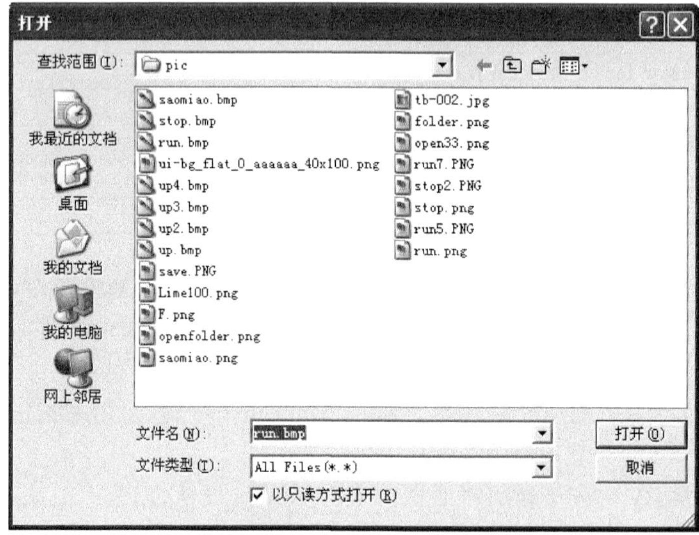

图 11-18　“打开”对话框

图 11-19　运行界面

```
    CommonDialog1.ShowOpen
    st = CommonDialog1.FileName
    Image1.Picture = LoadPicture(st)
End Sub
```

11.2.2 其他对话框

还有几个对话框是 Windows 应用程序中经常会用到的，比如“另存为”对话框、“颜色”对话框、“字体”对话框和“打印”对话框。下面进行简要的介绍。

1. “另存为”对话框

“另存为”对话框是当 Action 为 2 时的通用对话框。它为用户在存储文件时提供了一个标准用户界面，供用户选择或输入所要存入文件的驱动器、路径和文件名。同样，它并不能提供真正的存储文件操作，存储文件的操作需要编程来完成。“另存为”对话框所涉及的属性基本上和“打开”对话框一样，只是还有一个 DefaulText 属性，表示所存文件的默认扩展名。

【例 11.9】 设计一个程序，把文本框中的内容以文本文件保存。效果如图 11-20～图 11-23 所示。

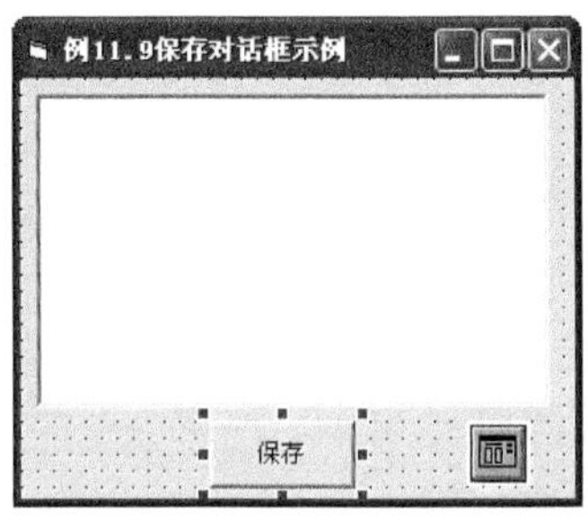

图 11-20　窗体界面

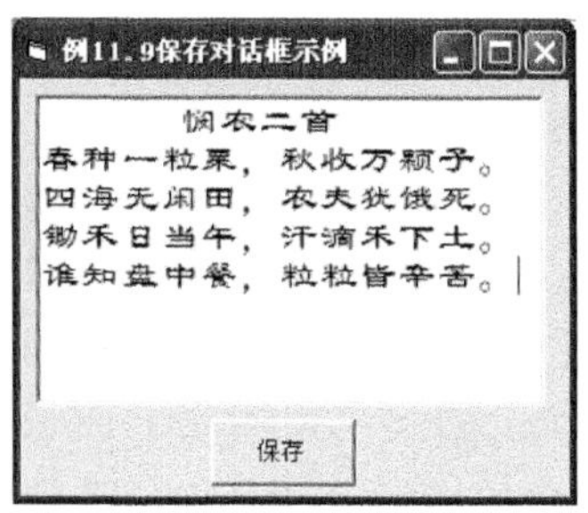

图 11-21　程序运行

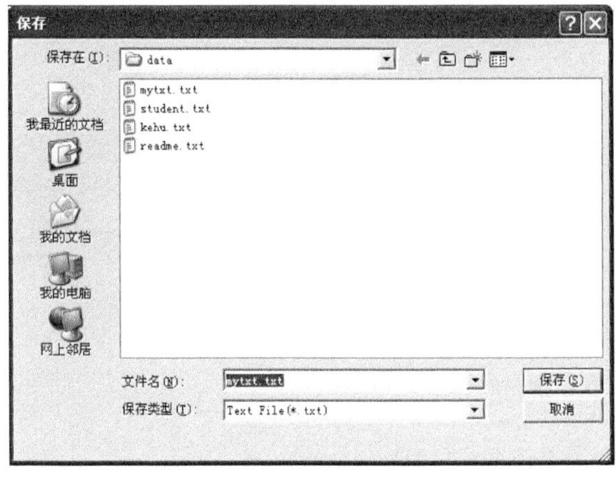

图 11-22　“保存”对话框

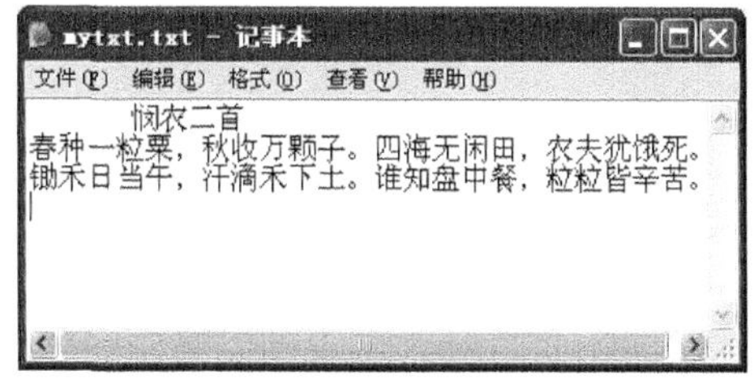

图 11-23　文件内容

程序实现的代码如下：

```
Private Sub Command1_Click()
    CommonDialog1.DialogTitle = "保存"
    CommonDialog1.Filter = "Text File( * .txt) | * .txt"
    CommonDialog1.InitDir = "d:\data"
    CommonDialog1.Flags = 2
    CommonDialog1.ShowSave
```

```
    Open CommonDialog1.FileName For Output As #1
    Print #1, Text1.Text
    Close #1
End Sub
```


2. “颜色”对话框

“颜色”对话框是当 Action 为 3 时的通用对话框，如图 11-24 所示，供用户选择颜色。对于“颜色”对话框，除了基本属性之外，还有个重要属性——Color。它返回或设置选定的颜色。在调色板中提供了基本颜色(Basic Colors)，还提供了用户的自定义颜色(Custom Colors)，用户可自己调色。当用户在调色板中选中某颜色时，该颜色值将赋给 Color 属性。“颜色”对话框的属性既可以在属性页中设置，也可以在代码中设置。在通用对话框的“属性页”对话框中，和颜色相关的属性主要有“颜色”和“标志”两个，如图 11-25 所示。其中，“颜色”属性用来设置“颜色”对话框的初始值，同时它也能返回用户在对话框中选择的颜色，取值范围是 &H000000 到 &HFFFFFF。从最低到最高字节分别代表红、绿、蓝的成分，分别由一个介于 &H00 和 &HFF 的数值来表示。例如，把 CommonDialog1 初始颜色设置为蓝色的代码为：CommonDialog1. Color = &HFF0000。“标志”属性用来决定颜色对话框的样式，具体取值和含义如表 11-7 所示。

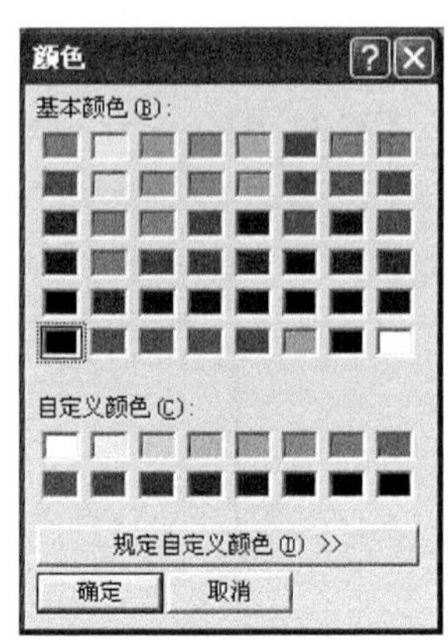

图 11-24 “颜色”对话框

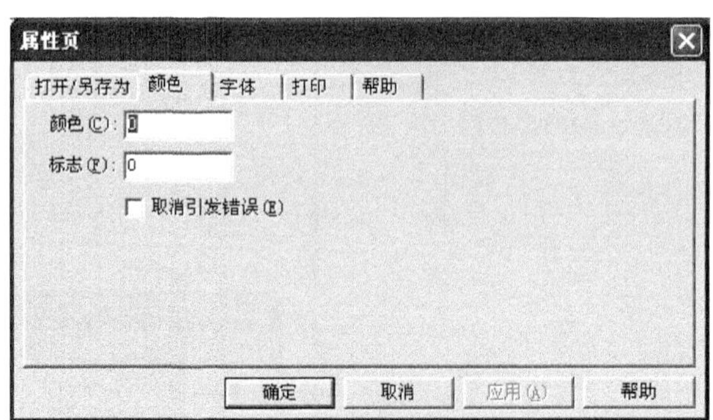

图 11-25 颜色相关的属性

表 11-7 “标志”属性的取值和含义

取　　值	作　　用
1	使 Color 属性定义的颜色在首次显示对话框时显示出来
2	打开的对话框包含“自定义颜色”窗口
4	不能使用“规定自定义颜色”按钮
8	显示一个 Help 按钮

【例 11.10】 设计程序，通过“颜色”对话框为文本框中的文字设置颜色。运行效果如图 11-26～图 11-28 所示。

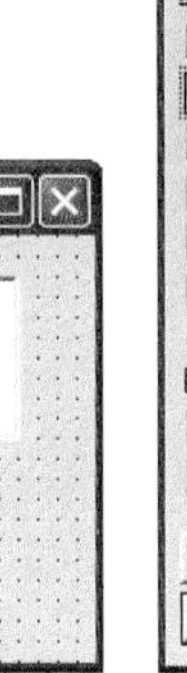

图 11-26　窗体界面设计

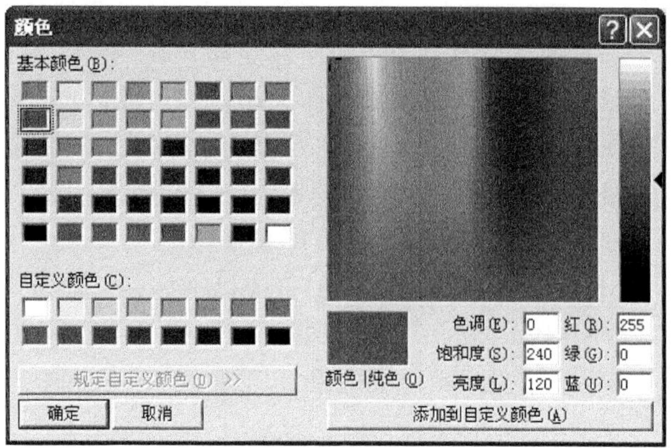

图 11-27　“颜色”对话框

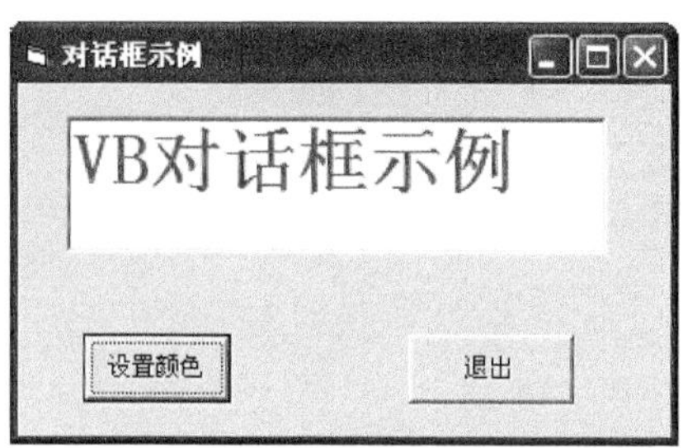

图 11-28　程序运行界面

程序实现的代码如下：

```
Private Sub Command1_Click()
    CommonDialog1.Flags = 2
    CommonDialog1.ShowColor
    Text1.ForeColor = CommonDialog1.Color
End Sub
Private Sub Command2_Click()
    End
End Sub
```

3. “字体”对话框

“字体”对话框是当 Action 为 4 时的通用对话框，如图 11-29 所示，供用户选择字体。字体对话框的属性页如图 11-30 所示。利用“字体”对话框可以指定字体名称、大小、颜色和样式。要使用字体对话框，通常先在通用对话框的“属性页”对话框中设置与字体对话框相关的属性，然后使用 ShowFont 方法来显示对话框。“字体”对话框主要有以下主要属性：

(1) Color 属性：表示字体的颜色。当用户在“颜色”下拉列表框中选定某颜色时，Color 属性值即为所选的颜色值。

(2) FontName 属性：用来设定用户所选定的字体名称。

(3) FontSize 属性：用来设定用户所选定的字体大小。

(4) FontBold、FontItalic、FontStrikeThru、FontUndeline 属性：这些值都是逻辑类型，

取值为 True 或 False。它们分别决定字体是粗体还是斜体，是否加删除线或下画线。

(5) Min、Max 属性：用于设定用户在“字体”对话框中所能选择的最小值和最大值，即用户只能在此范围内选择字体大小。该属性以点(Point)为单位。

(6) Flags 属性：在显示“字体”对话框之前必须设置 Flags 属性，否则将发生不存在字体的错误。Flags 的属性应设置为下述常数之一：

cdlCFScreenFonts 或 1：屏幕字体。

cdlCFPrinterFonts 或 2：打印机字体。

cdlCFBoth 或 3：既可以是屏幕字体也可以是打印机字体。

如果想使用 Color、删除线和下画线，还必须加上 cdlCFEffects 常数。例如：

```
CommonDialog1.Flags = cdlCFEffects + 3.
```

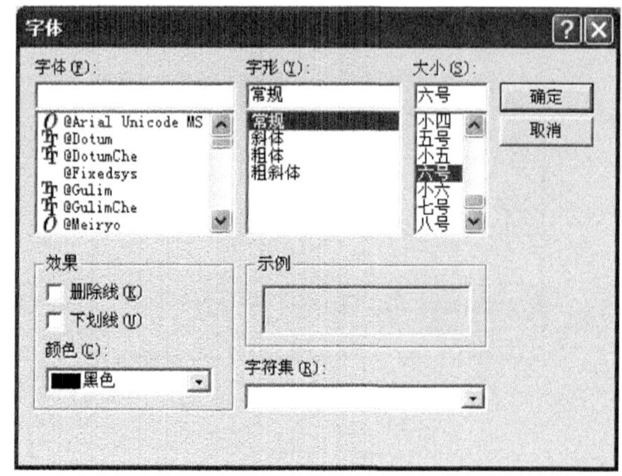

图 11-29 “字体”对话框

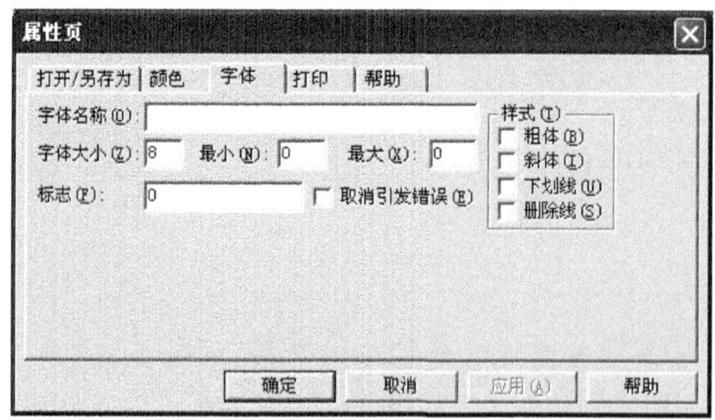

图 11-30 “字体”对话框的属性页

【例 11.11】 设计程序，通过“字体”对话框为窗体上标签内的文字设置字体。运行效果如图 11-31～图 11-33 所示。

程序实现的代码如下：

```
Private Sub Command1_Click()
   CommonDialog1.Flags = 1 + cdlCFEffects
```

```
    CommonDialog1.ShowFont
    With Label1
        .ForeColor = CommonDialog1.Color
        .FontBold = CommonDialog1.FontBold
        .FontItalic = CommonDialog1.FontItalic
        .FontStrikethru = CommonDialog1.FontStrikethru
        .FontUnderline = CommonDialog1.FontUnderline
        .FontName = CommonDialog1.FontName
        .FontSize = CommonDialog1.FontSize
    End With
End Sub
```

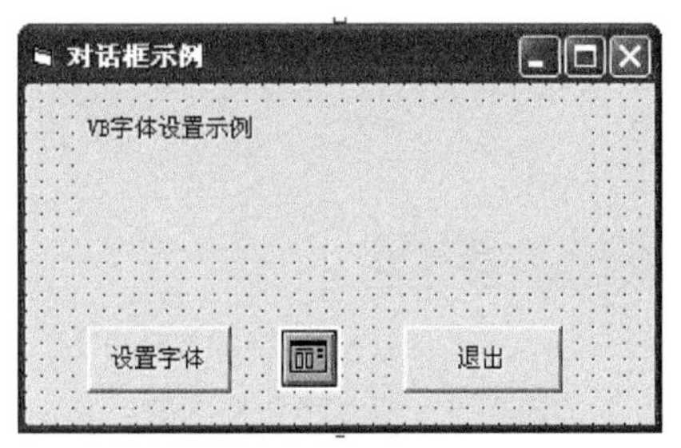

图 11-31　窗体界面设计

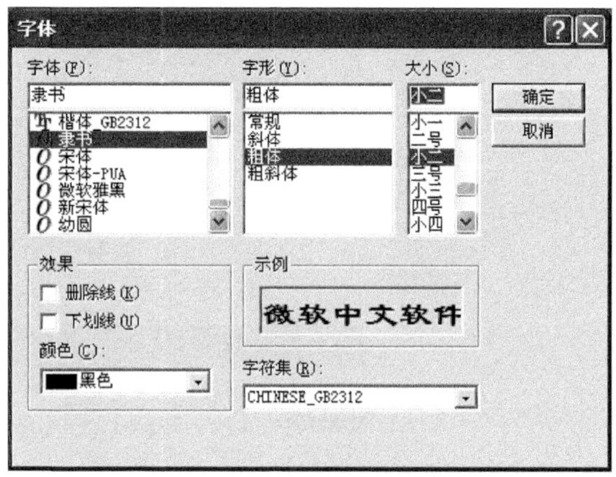

图 11-32　“字体”对话框

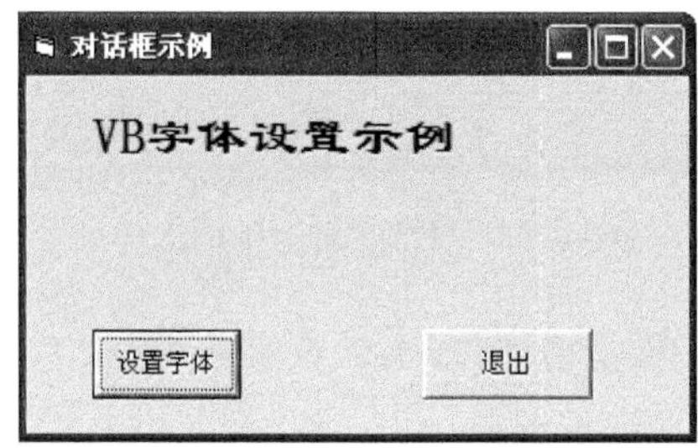

图 11-33　程序运行界面

4. “打印”对话框

“打印”对话框是当 Action 为 5 时的通用对话框，是一个标准打印对话窗口界面，如图 11-34 所示。通过它可以指定打印输出方式，可以指定被打印页的范围、打印质量、打印的份数等。这个对话框还包含当前打印机的信息，并允许配置或重新安装默认打印。但是“打印”对话框并不能把数据传送到打印机上，只是给出了希望打印的情况。如果想真正实现打印功能，还必须编写相应的代码。其属性页如图 11-35 所示。

“打印”对话框的主要属性及其具体含义如下：

(1) 复制：决定打印的份数。

(2) 标志：如果把 Flags 设置为 0，则默认选中“打印”对话框中“页面范围”框架内的

图 11-34 “打印”对话框

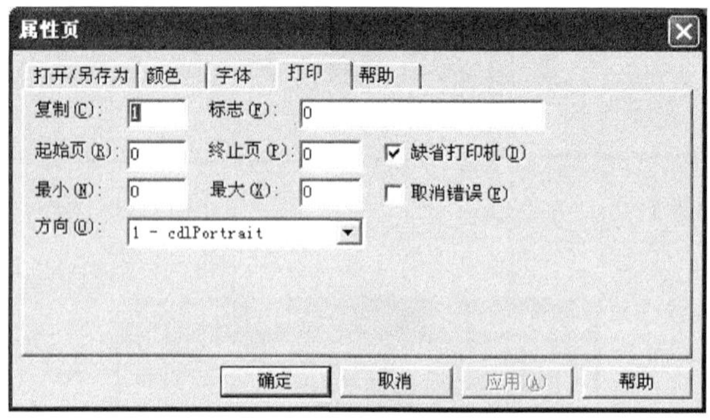

图 11-35 “打印”对话框的属性页

“全部”单选按钮；如果把 Flags 设置为 1，则默认选中“选定范围”单选按钮；如果把 Flags 设置为 2，则默认选中“页码”单选按钮。

(3) 起始页、终止页：用来设置从第几页打印到第几页。注意：如果想设置此属性，必须首先把 Flags 设置为 2。

(4) 最小、最大：分别用于设置打印的最小和最大页码数。

(5) 方向：用来设定打印的方向。取值为 1 表示纵向打印；取值为 2 表示横向打印。

【例 11.12】 设计程序，实现将文本框中的内容打印若干份。运行界面如图 11-36、图 11-37 所示。

程序实现的代码如下：

```
Private Sub Command1_Click()
    Dim i As Integer
    CommonDialog1.ShowPrinter
    For i = 1 To CommonDialog1.Copies
```

```
        Printer.Print Text1.Text
    Next
    Printer.EndDoc
End Sub
```

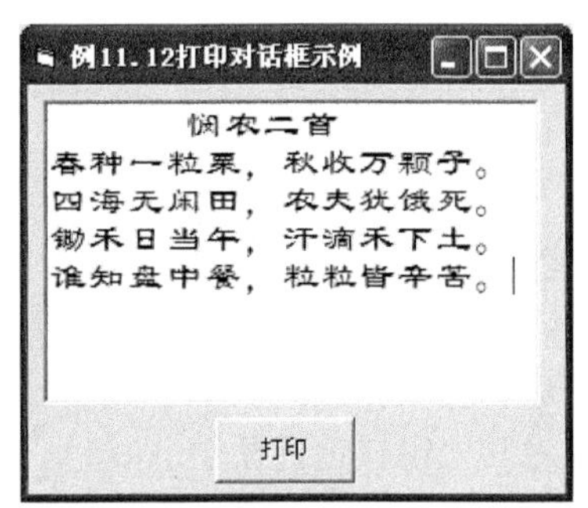

图 11-36　程序运行界面

图 11-37　"打印"对话框

11.3　多重窗体程序设计

简单 VB 应用程序通常只包括一个窗体，称为单窗体程序。在实际应用中，特别是对于比较复杂的应用程序，单一窗体往往不能满足需要，必须通过多重窗体(Multi-Form)来实现。在多重窗体程序中，每个窗体可以有自己的界面和程序代码，完成不同的操作。下面介绍多重窗体程序的设计，同时介绍 VB 的工程结构以及与环境应用有关的内容。

11.3.1　与多重窗体程序设计有关的语句和方法

在多重窗体程序中，要建立的界面由多个窗体组成，每个窗体的界面设计与以前讲的完全一样，只是在设计之前应先建立窗体。这可以通过"工程"菜单中的"添加窗体"命令实现。每执行一次该命令就建立一个窗体。程序代码是针对每个窗体编写的，因此也与单窗体程序设计中的代码编写类似，但应注意各个窗体之间的相互关系。多重窗体实际上是单窗体的集合，而单窗体是多重窗体程序设计的基础。掌握了单窗体的程序设计，多重窗体的程序设计是很容易的。

在单窗体程序设计中，所有的操作都在一个窗体中完成，不需要在多个窗体间切换。而在多窗体程序中，需要打开、关闭、隐藏或显示指定的窗体，这可以通过相应的语句和方法来实现。

1. Load 语句

格式：

```
Load 窗体名称
```

Load 语句把一个窗体装入内存。执行 Load 语句后，可以引用窗体中的控件及各种属性，但此时窗体没有显示出来。“窗体名称”是窗体的 Name 属性。

2. Unload 语句

格式：

```
Unload 窗体名称
```

该语句与 Load 语句的功能相反，它清除内存中指定的窗体。

3. Show 方法

格式：

```
[窗体名称.]Show[模式]
```

Show 方法用来显示一个窗体。如果省略“窗体名称”，则显示当前窗体。参数“模式”用来确定窗体的状态，可以取 0 和 1 两种值。当“模式”值为 1(或常量 vbModal)时，表示窗体是“模态型”窗体。在这种情况下，此窗体是最前面的，鼠标只在此窗体内起作用，不能在其他窗口内操作，只有在关闭该窗口后才能对其他窗口进行操作。当“模式”值为 0(或省略参数“模式”值)时，表示窗体为“非模态型”窗体，即不用关闭该窗体就可以对其他窗口进行操作。

Show 方法兼有装入和显示窗体两种功能。也就是说，在执行 Show 时，如果窗体不在内存中，则 Show 自动把窗体装入内存，然后再显示出来。

4. Hide 方法

格式：

```
[窗体名称.]Hide
```

Hide 方法使窗体隐藏，即不在屏幕上显示，但仍在内存中，因此，它与 Unload 语句的作用是不一样的。在多窗体程序中，经常要用到关键字 Me，它代表的是程序代码所在的窗体。例如，建立了一个窗体 Form1，则可以通过下面的代码使该窗体隐藏：Form1. Hide。它与代码 Me. Hide 等价。这里应注意，Me. Hide 必须是 Form1 窗体或控件的事件过程中的代码。

抽象地介绍如何进行多重窗体程序设计是比较困难的，也不好理解，下面介绍一个简单的例子。

【例 11.13】 编程实现物理学绝对温度(开氏温度)与摄氏温度的转换，转换公式为：$t=T-273.15$℃。设计思路：使用 3 个窗体，窗体 Form1 作为主窗体；窗体 Form2 完成摄氏温度向开氏温度的转换；窗体 Form3 完成开氏温度向摄氏温度的转换。具体步骤如下：

(1) 设计主窗体 Form1 如图 11-38 所示。

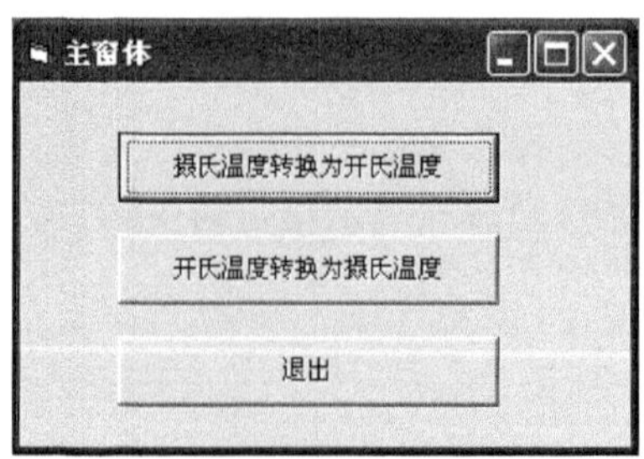

图 11-38　程序主窗体界面

(2) 在主窗体中编写代码如下：

```
Private Sub Command1_Click()
    Form1.Hide
    Form2.Show
End Sub
Private Sub Command2_Click()
    Form1.Hide
    Form3.Show
End Sub
Private Sub Command3_Click()
    End
End Sub
```

(3) 设计窗体 Form2 如图 11-39 所示。

(4) 在窗体 Form2 中编写代码如下：

```
Private Sub Command1_Click()
    Dim shuju As Single
    Dim T As Single
    shuju = Val(Text1.Text)
    T = shuju + 273.15
    Text2.Text = T & "K"
End Sub
Private Sub Command2_Click()
    Form2.Hide
    Form1.Show
End Sub
Private Sub Command3_Click()
    End
End Sub
```

(5) 设计窗体 Form3 如图 11-40 所示。

图 11-39　窗体 Form2 的界面

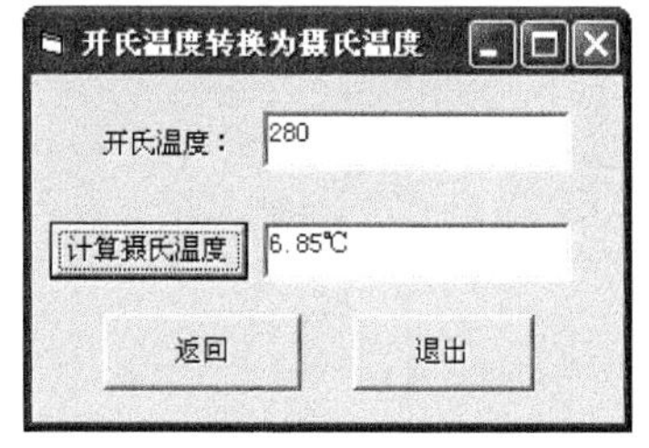

图 11-40　窗体 Form3 的界面

(6) 在窗体 Form3 中编写代码如下：

```
Private Sub Command1_Click()
    Dim shuju As Single
    Dim T As Single
    shuju = Val(Text1.Text)
    T = shuju - 273.15
```

```
    Text2.Text = T & "℃ "
End Sub
Private Sub Command2_Click()
    Form3.Hide
    Form1.Show
End Sub
Private Sub Command3_Click()
    End
End Sub
```

11.3.2 多重窗体程序的执行与保存

例 11.13 设计的程序包括 3 个窗体，程序运行后，首先显示的是主窗体，即从该窗体开始执行程序。当应用程序包含多个窗体时，VB 怎么知道是从哪个窗体开始执行呢？

1. 指定启动窗体

在单一窗体程序中，程序的执行没有其他选择，即只能从这个窗体开始执行。多重窗体程序由多个窗体构成，究竟先从哪一个窗体开始执行呢？VB 规定，对于多窗体程序，必须指定其中一个窗体为启动窗体，如果未指定，就把设计时的第一个窗体作为启动窗体。在【例 11.13】中，没有指定启动窗体，但由于首先设计的是主窗体，因此自动把该窗体作为启动窗体。

只有启动窗体才能在运行程序时自动显示出来，其他窗体必须通过 Show 方法才能看到。启动窗体通过"工程"菜单中的"工程属性"命令来指定。执行该命令后，将打开"工程属性"对话框，单击该对话框中的"通用"选项卡，将显示如图 11-41 所示的对话框。

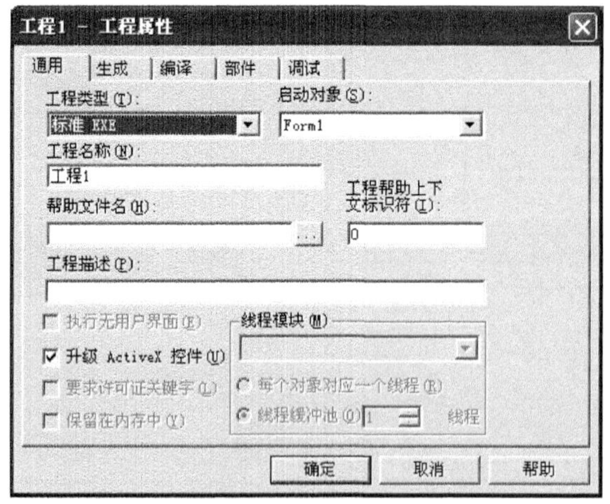

图 11-41 "工程属性"对话框的"通用"选项卡

单击"启动对象"栏右端的箭头，下拉显示当前工程中所有窗体的列表，如图 11-42 所示。此时条形光标位于当前启动窗体上。如果需要改变，则单击作为启动窗口的名字，然后单击"确定"按钮，即可把所选择的窗体设置为启动窗体。

2. 保存多重窗体程序

单窗体程序的保存比较简单，通过"文件"菜单中的"保存工程"或"工程另存为"命令，可

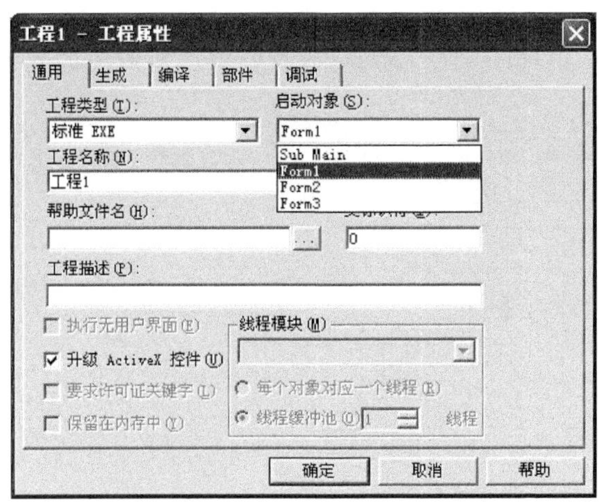

图 11-42 指定启动窗体

以把窗体文件以.frm 扩展名存盘，工程文件以.vbp 扩展名存盘。多重窗体程序的保存要复杂一些，因为每个窗体要作为一个文件保存，然后所有窗体再作为一个工程文件保存。

(1) 在工程资源管理其中选择需要保存的窗体，例如 FormCover，然后执行“文件”菜单中的“FormCover.frm 另存为”命令，打开“文件另存为”对话框把窗体保存到磁盘文件中。在工程管理器窗口中列出的每个窗体或者标准模块都必须分别保存。窗体文件的扩展名为.frm，标准模块文件的扩展名为.bas。在【例 11.13】中，需要保存 3 个.frm 文件。每个窗体通常用该窗体的 Name 属性值作为文件名保存，当然，也可以用其他文件名保存。

(2) 执行“文件”菜单中的“工程另存为”命令，打开“工程另存为”对话框，把整个工程以.vbp 扩展名保存(假定为 mulform.vbp)。

在执行上面两个命令时，都会显示一个对话框，在对话框中输入要保存的文件名及其路径。如果不指定文件名和路径，工程文件将以“工程 1.vbp”作为默认文件名存入当前目录。此外，窗体文件或工程文件经过修改后再保存，可以执行“文件”菜单中的“保存工程”命令。执行该命令后，不显示对话框，窗体文件和工程文件直接以原来命名的文件名保存。如果是第一次保存窗体文件或工程文件，则当执行“保存窗体”或“保存工程”命令时分别打开“文件另存为”或“工程另存为”对话框。

3. 装入多窗体程序

保存文件通过以上两步实现，而打开(装入)文件的操作比较简单。执行“文件”菜单中的“打开工程”命令，将显示“打开工程”对话框的“现存”选项卡，在对话框中输入或选择工程文件(.vbp)名，然后单击“打开”按钮，即可把属于工程的所有文件(包括.frm 和.bas 文件)装入内存。在这种情况下，如果对工程中的程序或窗体进行修改后再保存，则只要执行“文件”菜单中的“保存工程”命令即可。

如果选择“打开工程”对话框中的“最新”选项卡，则将列出最近编写的工程文件，此时可以选择要打开的工程文件，然后单击“打开”按钮。

在执行“打开工程”命令时，如果内存中有修改后但尚未保存的文件(窗体文件、模块文件或工程文件)，则会显示一个对话框，提示保存。

VB 可以记录最近存取过的工程文件，这些文件名位于“文件”菜单的底部（“退出”命令之上），如图 11-43 所示。打开“文件”菜单后，只要单击所需要的文件名，即可打开相应的文件。

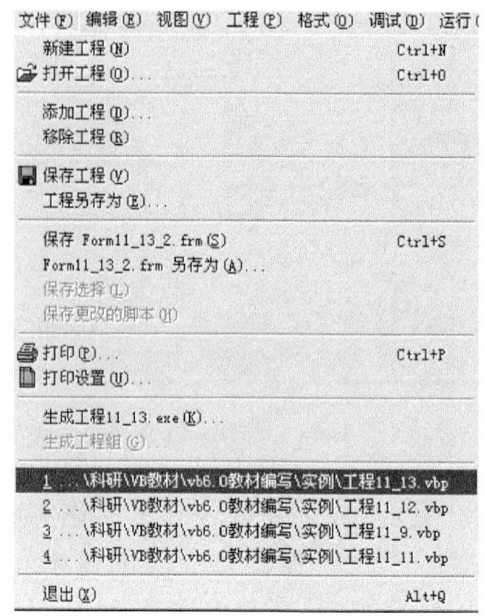

图 11-43　从“文件”菜单中选择要打开的工程文件

4. 多窗体程序的编译

多窗体程序可以编译生成可执行文件(.exe)。而可执行文件总是针对工程建立的，因此，多窗体程序的编译操作与单窗体程序是一样的。也就是说，不管一个工程包括多少窗体，都可以通过“文件”菜单中的“生成 XX.exe”命令生成可执行文件，这里的“XX”是工程的名字。例如，工程名字为 mulform，工程文件的名字为 mulform.vbp，执行“生成 mulform.exe”命令后，生成的可执行文件的名字为 mulform.exe，可以在 Windows 下直接执行。

11.4　VB 的工程结构

以上介绍了多窗体程序设计的方法。现在，对以前所学内容进行简单的回顾，了解 VB 的工程结构，以便对 VB 应用程序有一个总体印象。

在传统的程序设计中，编程者对程序的执行顺序是比较明确的，但是，在 VB 中，程序的执行顺序就不太容易确定，也就是说，很难勾画出程序的执行“轨迹”。不过，从大的方面来说，还是有章可循的。

模块(Module)是相对独立的程序单元。在 VB 中主要有 3 种模块，即窗体模块、标准模块和类模块。类模块主要用来定义类和建立 ActiveX 组件，本书不涉及与类模块有关的内容。下面主要介绍标准模块和窗体模块。

11.4.1　标准模块

标准模块也称全局模块，由全局变量声明、模块层声明及通用过程等几部分组成。其中全局变量声明放在标准模块的首部，因为每个模块都可以要求它自己的、具有唯一名字的全局变量。全局变量声明总是在启动时执行。

模块层声明包括在标准模块中使用的变量和常量。

当需要声明的标准模块只含有全局变量或常量较多时,可以把全局变量声明放在一个单独的标准模块中,这样的标准模块只含有全局变量声明而不含任何过程,因此 VB 解释程序不对它进行任何指令解释。这样的标准模块在所有基本指令开始之前处理。

在标准模块中,全局变量用 Public 声明,模块层变量用 Dim 或 Private 声明。

在大型应用程序中,主要操作在标准模块中执行,窗体模块用来实现与用户之间的通信。但在只使用一个窗体的应用程序中,全部操作通常用窗体模块就能实现。在这种情况下,标准模块不是必需的。

标准模块通过“工程”菜单中的“添加模块”命令来建立或打开。执行该命令后,显示“添加模块”对话框。利用这个对话框,可以建立新模块(选择“新建”选项卡),也可以将已有模块添加到当前工程中(选择“现存”选项卡,打开“文件”对话框)。单击“打开”按钮,即可打开标准模块代码窗口,可以在该窗口内输入或修改代码。在编辑完代码之后,可以用“文件”菜单中的“保存文件”命令保存。标准模块作为独立的文件保存,其扩展名为.bas。

一个工程文件可以有多个标准模块,也可以把原有的标准模块加入工程中。当一个工程中含有多个标准模块时,各模块中的过程不能重名。当然,一个标准模块内的过程也不能重名。

VB 通常从启动窗体的指令开始执行。在执行启动窗体的指令前,不会执行标准模块内中的 Sub 或 Function 过程,只能在窗体指令(窗体或控件事件过程)中调用。

在标准模块中,还可以包含一个特殊的过程,即 Sub Main,将在 11.4.3 节中介绍。

11.4.2 窗体模块

窗体模块包括 3 部分内容,即声明部分、通用过程部分和事件部分。在声明部分中,用 Dim 语句声明窗体模块所需要的变量,其作用域为整个窗体模块,包括该模块内的每个过程。注意,在窗体模块代码中,声明部分一般放在最前面,而通用过程和事件过程的位置没有严格限制。

在声明部分执行之后,VB 在事件过程部分查找启动窗体中的 Sub Form_Load 过程,它是在把窗体装入内存时所发生的事件。如果存在这个过程,则自动执行它。在执行完 Sub Form_Load 过程之后,如果窗体模块中还有其他事件过程,则暂停程序的执行,并等待激活事件过程。

Sub Form_Load 可以含有语句,也可以不含有任何指令。当该过程为空时,VB 将显示相应的窗体。如果在该过程中含有可由 VB 触发的事件,则会触发事件过程的执行。在执行 Sub Form_Load 过程之后,将暂停指令执行,然后等待用户触发下一个事件。从表面上看,此时程序似乎什么事也没做,但应用程序仍处于运行(Run)状态,而不是中断(Break)状态。在 VB 中,可以运行一个不含有任何源代码的应用程序。程序运行后,会在屏幕上显示一个空窗体(通常为 Form1)。这样的程序称为零指令程序。

窗体模块中的通用过程可以被本模块或其他窗体模块中的事件过程调用。

一个 VB 应用程序有多种存盘文件,这些文件通过不同的扩展名来区分,包括.bas 文件(标准模块)、.frm 文件(窗体模块)、.cls 文件(类模块)、.vbp 文件(工程)、.vbg 文件(工程组)等。在存盘时,这些文件分别保存,而在装入时,则只要装入.vbp 文件(单工程)或.vbg

文件(多工程)即可。装入 vbp 文件或. vbg 文件后,与该工程或工程组有关的所有. bas 文件、. cls 文件和. frm 文件等都在工程资源管理器窗口中显示出来。

在窗体模块中,可以调用标准模块中的过程,也可以调用其他窗体模块中的过程,被调用的过程必须用 Public 定义为公用过程。标准模块中的过程可以直接调用(当过程名唯一时),而如果要调用其他窗体模块中的过程,则必须加上过程所在的窗体的名字,其格式为:

```
窗体名.过程名(参数列表)
```

11.4.3 Sub Main 过程

在一个含有多个窗体或多个工程的应用程序中,有时候需要在显示多个窗体之前对一些条件进行初始化,这就要在启动程序时执行一个特定的过程。在 VB 中,这样的过程称为启动过程,并命名为 Sub Main,它类似于 C 语言中的 Main 函数。

如前所述,在一般情况下,整个应用程序从设计时的第一个窗体开始执行,需要首先执行的程序代码放在 Form_Load 事件过程中。如果需要从其他窗体开始执行应用程序,则可通过"工程"菜单中的"工程属性"命令("通用"选项卡)指定启动窗体。但是,如果有 Sub Main 过程,则可以(注意,是"可以",而不是"必须")首先执行 Sub Main 过程。

Sub Main 过程在标准模块窗口中建立。其方法是,执行"工程"菜单中的"添加模块"命令,打开标准模块窗口,在该窗口中输入:Sub Main,然后按 Enter 键,将显示该过程的开始和结束语句,然后即可在两个语句之间输入程序代码。

Sub Main 过程位于标准模块中。一个工程可以含有多个标准模块,但 Sub Main 过程只能有一个。Sub Main 过程通常是作为启动过程编写的,也就是说,程序员编写 Sub Main 过程,总是希望把它作为第一个过程执行。但是与 C 语言中的 Main()函数不同,Sub Main 过程不能自动被识别,也就是说,VB 并不自动把它作为启动过程,必须通过与设置启动类似的方法把它指定为启动过程。其操作步骤如下:

(1) 执行"工程"菜单中的"工程属性"命令,在打开的对话框中单击"通用"选项卡,单击该选项卡中"启动对象"栏右端的箭头,将显示窗体模块的窗体名列表,Sub Main 过程也出现在列表中,如图 11-44 所示。

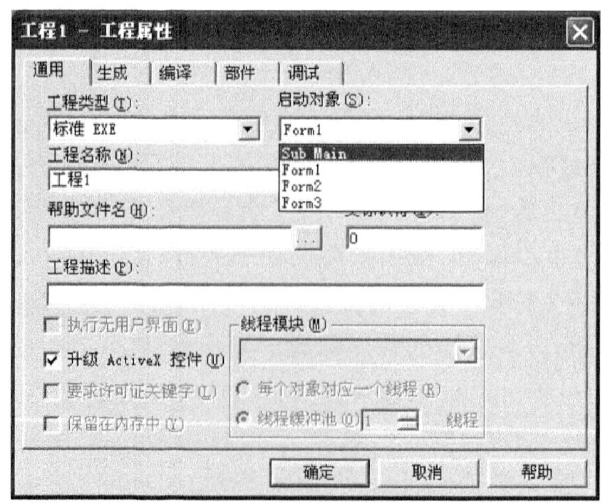

图 11-44　指定启动过程

(2) 选择 Sub Main。

(3) 单击"确定"按钮,即可把 Sub Main 指定为启动过程。

如果把 Sub Main 指定为启动过程,则可以在运行程序时首先执行。由于 Sub Main 过程先于窗体模块执行,因此常用来设定初始化条件。

11.5 闲置循环与 DoEvents 语句

VB 是事件驱动型的语言,只有当发生事件时才执行相应的程序。也就是说,如果没有事件发生,则应用程序将处于"闲置"状态。另一方面,当 VB 执行一个过程时,将停止对其他事件(如鼠标事件)的处理,直至执行完 End Sub 或 End Function 指令为止。也就是说,如果 VB 处于"忙碌"状态,则事件过程只能在排队中等待,直到当前过程结束。

为了改变这种执行顺序,VB 提供了闲置循环(Idle Loop)和 DoEvents 语句。

所谓闲置循环,就是当应用程序处于闲置状态时,用一个循环来执行其他操作。简言之,闲置循环语句就是在闲置状态下执行的循环。但是当执行闲置循环时,将占用全部 CPU 时间,系统处于无限循环中,不响应其他事件过程。为此,VB 提供了一个 DoEvents 语句,当执行闲置循环时,可以用它把控制权交给周围环境使用,然后回到原来程序继续执行。

DoEvents 既可以作为语句,也可以作为函数使用,一般格式为:

```
[窗体号 = ]DoEvents[()]
```

当作为函数使用时,DoEvents 返回当前装入 VB 应用程序工作区的窗体号。如果不想使用这个返回值,则可随便使用一个变量接收返回值。例如,Dummy=DoEvents( )。

当作为语句使用时,DoEvents 可以省略前、后的可选项。

DoEvents 给程序执行带来一定的方便,但不能不分场合地使用。有时候,应用程序的某些关键部分可能需要独占计算机时间,以防止被键盘、鼠标或其他程序中断,在这种情况下,不能使用 DoEvents 语句。例如,当程序从调制解调器接收信息时,就不应使用 DoEvents 语句。

【例 11.14】 设计程序,实现图像框的增大效果。具体步骤如下:

(1) 在 Form1 窗体上建立两个按钮、一个图像框,并设置好各控件的属性(注意给图像框的 Stretch 属性先设置为 True,然后再加载图片)。界面设计如图 11-45 所示。

(2) 执行"工程"菜单中的"添加模块"命令,打开标准模块窗口,编写如下代码:

```
Sub main()
    Form1.Show
    Do While DoEvents()
        If Form1.Image1.Height <= Form1.Height - 900 Then
            Form1.Image1.Width = Form1.Image1.Width + 1.4
            Form1.Image1.Height = Form1.Image1.Height + 1
            Beep
        Else
            Exit Do
        End If
```

```
    Loop
End Sub
```

(3) 在 Form1 窗体中编写如下代码:

```
Private Sub Command1_Click()
    For i = 1 To 1000000
        x = Sqr(9999)
        x = DoEvents()
    Next i
End Sub
Private Sub Command2_Click()
    End
End Sub
```

(4) 把 Sub main( )设置为启动过程。

运行程序后,单击"闲置循环"按钮,图像框的大小变化将会暂停片刻(具体时间由 Command1 的循环所决定),稍后会继续变化;图像框的增大到一定程度会自动结束循环而停止。如图 11-46 所示。

图 11-45 界面设计

图 11-46 运行界面

习 题 11

一、选择题

1. 用菜单编辑器创建菜单时,如果要在菜单中添加一条分隔线,正确的操作是( )。

A. 在分隔线上面一个菜单项标题的后面添加一个"_"(下画线)字符

B. 在分隔线上面一个菜单项标题的后面添加一个"-"(减号)字符

C. 插入一个单独的菜单项,标题为"_"(下画线)

D. 插入一个单独的菜单项,名称为"_"(下画线)

2. 窗体上有文本框 Text1 和一个菜单,菜单标题、名称如表 11-8 所示,界面如图 11-47 所示。要求程序执行时单击"保存"菜单项,则把其标题显示在 Text1 文本框中。下面可实现此功能的事件过程是( )。

表 11-8　菜单标题、名称

标　　题	名　　称
文件	file
新建	new
保存	save

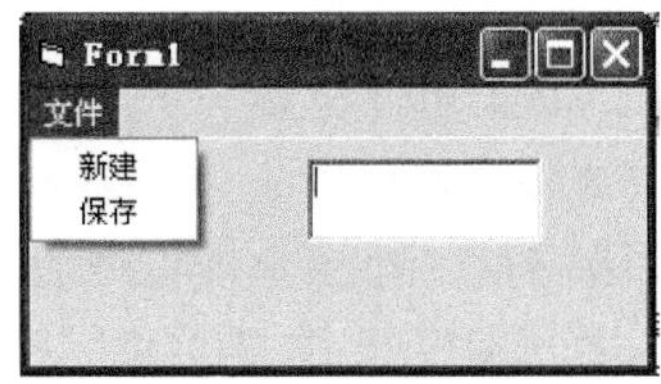

图 11-47　窗体界面

A.
```
Private Sub save_Click( )
  Text1.Text = file.save.Caption
End Sub
```

B.
```
Private Sub save_Click( )
  Text1.Text = save.Caption
End Sub
```

C.
```
Private Sub file_Click( )
  Text1.Text = file.save.Caption
End Sub
```

D.
```
Private Sub file_Click( )
  Text1.Text = save.Caption
End Sub
```

3. 以下叙述中错误的是(　　)。

A. 在程序运行时,通用对话框控件是不可见的

B. 在同一个程序中,用不同的方法(如 ShowOpen 或 ShowSave 等)激活同一个通用对话框,可以使该通用对话框具有不同的作用

C. 调用通用对话框的 ShowOpen 方法能够直接打开在该通用对话框中指定的文件

D. 调用通用对话框的 ShowColor 方法,可以打开“颜色”对话框

4. 在窗体上有一个名为 Cd1 的通用对话框,要在运行程序时打开“保存文件”对话框,则在程序中应使用的语句是(　　)。

A. Cd1. Action=2　　B. Cd1. Action=1

C. Cd1. ShowSave=True　　D. Cd1. ShowOpen

5. 为使程序运行时通用对话框 CD1 上显示的标题为“对话框窗口”,程序中应包含的语句是(　　)。

A. CD1. DialogTitle ="对话框窗口"　　B. CD1. Action ="对话框窗口"

C. CD1. FileName ="对话框窗口"　　D. CD1. Filter ="对话框窗口"

6. 使一个窗体从屏幕上消失但仍在内存中,所使用的方法或语句为(　　)。

A. Show　　B. Hide　　C. Load　　D. Unload

7. 当一个工程含有多个窗体时,其中的启动窗体是(　　)。

A. 启动 VB 时建立的窗体　　B. 第一个添加的窗体

C. 最后一个添加的窗体　　D. 在“工程属性”对话框中指定的窗体

8. 工程中有 2 个窗体,名称分别为 Form1、Form2,Form1 为启动窗体,其中有命令按钮 Command1,程序运行后单击命令按钮,就显示 Form2,则按钮的 Click 事件过程应是(　　)。

A.
```
Private Sub Command1_Click( )
  Form2.Show
End Sub
```

B.
```
Private Sub Command1_Click( )
    Form2.Visible
End Sub
```

C.
```
Private Sub Command1_Click( )
  Load Form2
End Sub
```

D.
```
Private Sub Command1_Click( )
  Form2.Load
End Sub
```

二、填空题

1. 在 VB 中可以建立________和________菜单。

2. 菜单编辑器可以分为 3 个部分：________、________和________。

3. 如果要将某个菜单项设计为分隔线，则该菜单项的标题应设置为________。

4. 在菜单编辑器中，菜单项后面 3 个小点的含义是________________。

5. VB 中的对话框分为 3 类：________、________和________。

6. 把通用对话框控件加到工具箱中，应在"部件"对话框的"控件"选项卡中选择________。

7. 建立"打开文件""保存文件""颜色""字体"和"打印"对话框所使用的方法分别为________、________、________、________和________。如果使用 Action 属性，则应把该属性的值分别设置为________、________、________、________和________。

8. 在"文件"对话框中，FileName 和 FileTitle 属性的主要区别是________________。假定一个名为 f.exe 的文件，它位于 d:\myvb\目录下，则 FileName 属性的值为________；FileTitle 属性的值为________。

9. 假定窗体上有一个通用对话框名称为 CommonDialog1，为了建立一个"保存文件"对话框，需要把____属性设置为________，其等价的方法为________________。

10. 为了把一个窗体装入内存，所使用的语句为________；为了清除内存中指定的窗体，所使用的语句为________。

11. 在工程中添加窗体的方法有 3 种，分别是________、________和________________。

12. 启动窗体在__________对话框中指定。为了打开该对话框，应该执行________菜单中的________命令。

13. VB 应用程序由__________、__________和__________ 3 种模块组成。

14. 显示一个窗体所使用的方法为________；隐藏一个窗体所使用的方法为________。

三、简答题

1. 菜单的主要作用是什么？VB 提供什么类型的菜单？

2. 什么是弹出式菜单？用什么方法显示弹出式菜单？

3. 对话框有哪些类型？各自有什么特点？

4. 简述 DoEvents 语句的作用。

第12章 数据库应用基础

数据管理是计算机应用的一个主要领域,对于复杂、大量数据的管理,需要有更准确的数据模型来描述数据之间的复杂逻辑关系,更高效的平台来管理和实现数据的各种操作,更安全的手段来保证数据的安全性、完整性和一致性,于是数据库应运而生。在程序设计中如何操作和维护数据库成为程序设计中的一项重要工作。

VB 6.0 提供了强大的数据库访问功能。它所附带的可视化数据管理器可以使对数据库了解不多的用户轻松、方便地管理和维护数据库;它提供的数据控件可以使用户用少量编程就能实现数据库的简单操作;数据库访问组件 ADO 技术允许用户方便、灵活地访问各种常用的关系型数据库。

本章在介绍关系数据库和 SQL 语言的基本知识的基础上,介绍可视化数据管理器的使用和利用 Data 数据控件、ADO Data Control(简写为 ADODC)访问数据库的方法。本章介绍的内容均以微软 Office 中的 Access 数据库为例。

12.1 数据库基础

数据库是按一定组织方式把相关数据组织在一起的数据集合。数据模型决定了数据的组织方式。采用关系模型的数据库称为关系数据库,是目前应用最为广泛的数据库。目前流行的 Access、FoxPro、SQL Server、Oracle 都是关系型数据库。

12.1.1 关系数据库概述

1. 数据的组织形式

关系数据库用二维表来组织数据。它把现实世界中的同一类实体对象(称为实体)用一个二维表来表示,称为"关系"。二维表的列描述实体的属性,称为字段,二维表的行表示实体的一个具体实例,称为记录。例如,学生是一类性质相同的对象,可以用一组相同的属性来描述,因此可以抽象为一个实体,每个学生是这个实体的一个具体实例。可以用表 12-1 所列出的二维表来描述多个学生的基本情况。

表 12-1 学生基本情况表

学 号	姓 名	性 别	出生日期	班 级	院 系
201405020121	陈胜利	男	1996-5-12	电信 1401	电子工程学院
201410010218	刘红	女	1995-12-21	英语 1402	外国语学院
201407010101	张小军	男	1996-6-11	计科 1401	计算机学院

显然，这张二维表的列是相对稳定的，而行则可能随时增加或减少。

这个二维表被称为“数据表”或“表”。表中的列称为“字段”，表中的行称为“记录”。表中的每个字段是一个数据项，有自己的名称、数据类型和允许的最大长度，每条记录由相同的一组数据项组成，但每条记录中的数据不能完全相同。

一个关系数据库由多个数据表组成，数据表由若干个字段组成，表中的数据以行的形式存储，每一行是一条记录。

2. 数据表的结构

在设计关系数据库时，要确定数据库由哪些数据表组成，每个数据表由哪些字段组成。所谓表结构，指的就是组成数据表的字段的数量、字段的数据类型、字段所允许的最大长度和其他一些约束条件。表 12-1 中第一行列出的就是字段的名称，也隐含了字段的数量。表 12-2 所示的就是学生基本情况表的表结构。

表 12-2 “学生基本情况表”的表结构

字 段 名	数据类型	字段长度	主 键
学号	字符型	12	是
姓名	字符型	8	否
性别	字符型	2	否
出生日期	日期型	8	否
班级	字符型	20	否
院系	字符型	20	否

设计一个数据表，就是要确定它的表结构。

3. 主关键字

在关系数据库中，要求每个表中不能有完全相同的重复记录。在一个表中能够唯一确定一条记录的一个字段或多个字段的组合称为“主关键字”，简称“主键”。主键不能是空值。每个表必须有一个主键，每条记录的主键值不能相同。

4. 数据表之间的联系

一个数据库往往由多个数据表组成，但这些数据表不是孤立的，它们之间总有一定的逻辑关系。例如一个学生成绩管理的系统中，除了要记录学生的基本情况外，还要有课程情况和学习情况记录。学生不依赖于课程而存在，课程也不依赖于学生而存在。所以学生、课程各是一个独立的实体，用单独的二维表来表示。表 12-3 表示的是“课程表”的表结构。

表 12-3 “课程表”的表结构

字 段 名	数据类型	字段长度	主 键
课程编号	字符型	10	是
课程名称	字符型	20	否
学分	单精度型	4	否
学时	整型	2	否
课程简介	字符型	50	否
选修课	字符型	20	否

学生与课程虽然可以独立存在，但在一个应用系统中它们又是有联系的，学生通过选课与课程建立了联系。一个学生可以选多门课，一门课可以被多个学生选。两个表之间的这种关系被称为多对多的关系，可以把这个关系命名为“成绩”，它记载了学生选课的情况，是联系“学生基本情况”与“课程情况”的纽带。“成绩”也可以用一个二维表来描述。表 12-4 表示的是“成绩表”的表结构。

表 12-4 “成绩表”的表结构

字段名	数据类型	字段长度	主键
学号	字符型	8	是
课程编号	字符型	10	是
成绩	整型	2	否

在“成绩表”二维表中，“学号”和“课程编号”2 个字段的组合构成表的主键，保证了记录的唯一性。

于是，根据“成绩表”中的学号，可以在“学生基本情况表”中找到该学号学生的姓名、性别等的基本信息，根据“成绩”表中同一记录的“课程编号”，可以在“课程表”中找到该学生所选课程的名称、学分、学时等课程信息。“成绩表”中的一条记录记载了某个学生所选的一门课程，以及该学生该课程的学习成绩。

5. 索引

为了加快数据表的查询速度，可以为数据表建立索引。建立索引实际是对表的一个字段或几个字段的值进行排序。应用中，一般对经常需要检索的字段建立索引，这样，在查找记录时，可以在索引中快速找到要查找的字段值，再在表中定位该记录的位置，从而找到整条记录。由于在有序的数据中检索可以大大提高检索速度，所以，当记录较多时，一般都要为数据表建立索引。

通常要为表的主键建立索引。根据需要，可以为一个表建立多个索引。

12.1.2 SQL 查询语句

结构化查询语言 SQL(Structure Query Language)是操作关系数据库的标准语言，具有数据定义、数据操作和数据查询等各种功能。目前流行的关系型数据库管理系统都支持 SQL 语言。

SQL 语言中用于数据查询的是 SELECT 查询语句。用 SELECT 语句可以实现各种单表、多表的简单和复杂的查询要求，使用起来极为方便。

SELECT 语句最常用的语法格式是(字母大小写不限)：

```
SELECT <字段列表> FROM <表名> [WHERE <条件>] [ORDER BY <排序字段> [ASC | DESC] ]
```

其中：

(1) 字段列表是需要在查询结果中包含的所有字段的名称，字段名之间用逗号隔开。如果使用“*”，则表示要包含所有字段。可见，指定字段列表实际是在数据表中筛选列。

(2) FROM 子句限定查询数据的来源，即数据表。表名是指要查询的数据表的名称。如果要从多个表中查找数据，每个表名之间要用逗号隔开。

(3) WHERE 子句限定查询条件,只有满足条件的记录才会出现在查询结果集中,如果省略 WHERE 子句,则表示表中所有记录都符合条件。可见,WHERE 子句的作用是在数据表中筛选行。多表查询时,表之间的联结条件也写在 WHERE 子句中。

(4) ORDER BY 子句决定查询结果中的所有记录按哪个或哪些字段排序,ASC 表示升序,是默认值,DESC 表示降序。省略 ORDER BY 子句表示不排序。

【例 12.1】 下面的查询产生的结果是获得学生基本情况表中所有男生的学号、姓名和专业等信息。

```
SELECT 学号,姓名,专业 FROM 学生基本情况表 WHERE 性别 = "男"
```

【例 12.2】 下面的查询产生的结果是获得学生基本情况表中所有计算机科学与技术专业男生的所有字段中的数据。

```
SELECT * FROM 学生基本情况表 WHERE 性别 = "男" AND 专业 = "计算机科学与技术"
```

【例 12.3】 下面的查询产生的结果是获得选修了课程编号为"1001"课程的所有学生的学号、成绩和该课程的名称,查询结果按成绩升序排序。

```
SELECT 学号,课程名称,成绩 FROM 成绩表,课程表
WHERE 成绩表.课程编号 = 课程表.课程编号 AND 成绩表.课程编号 = "1001"
ORDER BY 成绩
```

其中学号、成绩取自"成绩表"数据表,课程名称取自"课程表"数据表。记录的筛选条件是课程编号="1001",两表的联结条件是课程编号相同的记录。这样,只有成绩表中指定课程编号的记录被选中进入结果集,并在"课程表"表中找出相同课程编号记录的"课程名称"字段的值放到结果集中。

由于成绩表和课程表中都有"课程编号"字段,在每次用到该字段时,要在前面指定数据表的名称并用"."隔开。

【例 12.4】 下面的查询产生的结果中包含了陈胜利同学的学号、姓名、课程编号为1001 的课程名称和该课程的成绩。

```
SELECT 学生基本情况表.学号,姓名,课程名称,成绩
FROM 学生基本情况表,成绩表,课程表
WHERE 学生基本情况表.学号 = 成绩表.学号 AND 成绩表.课程编号 = 课程表.课程编号
        AND 姓名 = "陈胜利" AND 成绩表.课程编号 = "1001"
```

本例使用了 3 个表。

【例 12.5】 请列出所有"程序设计"课程不及格的学生的姓名、专业、学分和成绩。

分析:在字段列表中,姓名、专业来源于学生基本情况表,学分来源于课程表,成绩来源于成绩表。

联结条件是:学生基本情况表与成绩表中的学号字段的值应相同;成绩表与课程表中课程编号字段的值应相同。

记录的筛选条件是:成绩表中的成绩小于 60,并且课程表中的课程名称等于"程序设计"。

查询语句:

```
SELECT 姓名,专业,学分,成绩
FROM 学生基本情况表,课程表,成绩表
WHERE 学生基本情况表.学号 = 成绩表.学号 AND 成绩表.课程编号 = 课程表.课程编号
        AND 成绩< 60 AND 课程名称 = "程序设计"
```

12.2 可视化数据管理器

VB 提供了一个称为"可视化数据管理器"的软件工具,可以用来进行数据库的创建、数据的编辑和查询。可视化数据管理器通过可视化界面管理和使用数据库,使用起来非常方便。利用可视化数据管理器不用编程就可以完成数据库的简单应用。

可视化数据管理器可以管理多种数据库,下面以 Microsoft Access 数据库为例介绍可视化数据管理器的使用方法。

12.2.1 启动可视化数据管理器

在 VB 集成环境中选"外接程序"菜单中的"可视化数据管理器"命令,或直接运行 VB 系统安装目录中的 VisData.exe 文件就可以启动可视化数据管理器。启动后打开的窗口如图 12-1 所示。

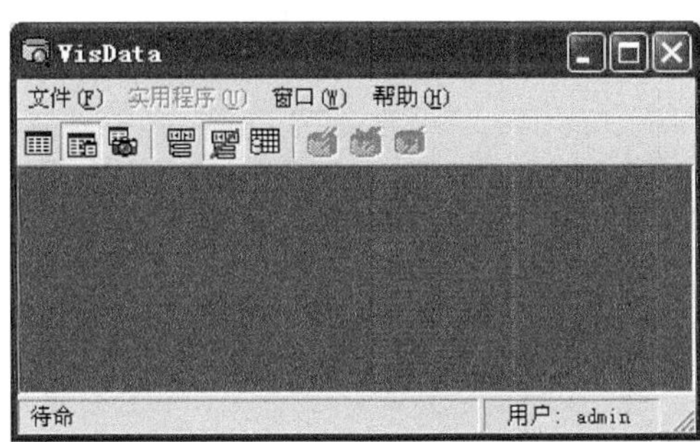

图 12-1 可视化数据管理器窗口

12.2.2 建立数据库

建立数据库的步骤如下:

(1) 在"文件"菜单中依次选"新建"|"Microsoft Access"|"Version 7.0 MDB",弹出"选择要创建的 Microsoft Access 数据库"对话框。

(2) 在"选择要创建的 Microsoft Access 数据库"对话框中选择文件夹和数据库文件的名称,例如 Students,再单击"保存"按钮,即可在指定的文件夹中建立 Students.mdb 文件,同时,在可视化数据管理器窗口内打开了两个子窗口:"数据库窗口"和"SQL 语句"窗口,如图 12-2 所示。

数据库窗口用于管理数据库中的数据表、索引等内容;SQL 语句窗口用于输入并执行 SQL 语句。

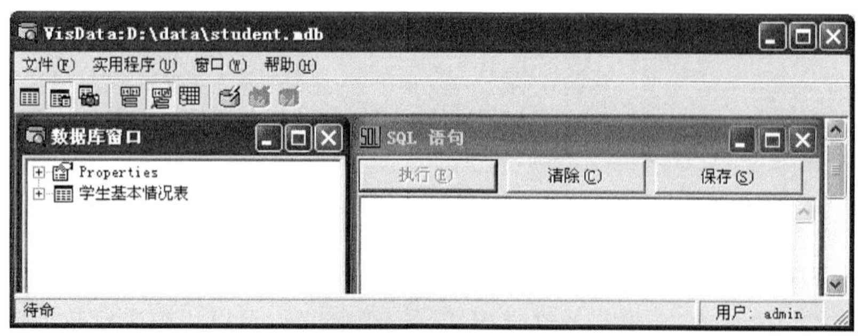

图 12-2 “数据库窗口”和“SQL 语句”窗口

12.2.3 在数据库中建立数据表

数据库一般包含多个数据表。刚建立的数据库是空的，还要分别建立各个数据表。

1. 定义表结构

建立数据表实际上就是定义表结构。

下面以表 12-2 所示的表结构来建立“学生基本情况表”。

定义表结构的具体步骤如下：

(1) 打开数据库文件。如果刚建立了数据库文件，数据库文件已经被打开，直接进入下一步。如果还未打开要操作的数据库，可在“文件”菜单中依次选“打开数据库”|“Microsoft Access”，在弹出的“打开 Microsoft Access 数据库”对话框中选择要打开的数据库文件名，单击“打开”按钮，则会在可视化数据管理器窗口打开如图 12-2 所示的数据库窗口和 SQL 语句窗口。

(2) 打开“表结构”对话框。用鼠标右键单击“数据库窗口”，在弹出的快捷菜单中选“新建表”命令，可弹出如图 12-3 所示的“表结构”对话框。

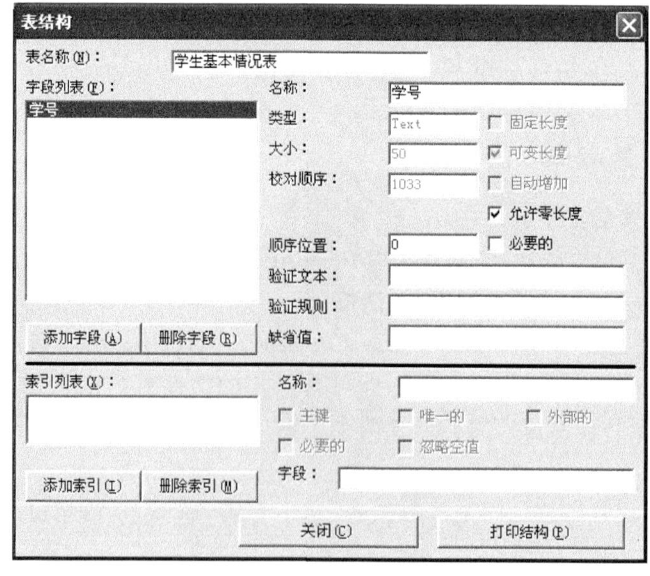

图 12-3 “表结构”对话框

(3) 确定数据表的名称。在“表结构”对话框的“表名称”文本框中输入表的名称，例如“学生基本情况表”。

(4) 为表添加新字段。单击对话框中的“添加字段”按钮，弹出如图 12-4 所示的“添加字段”对话框。

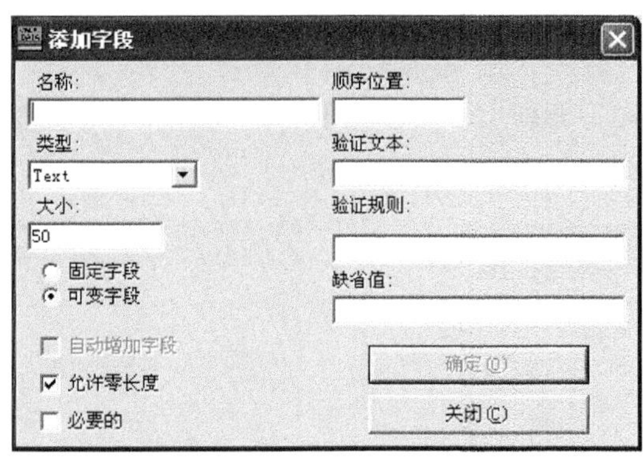

图 12-4 “添加字段”对话框

(5) 定义新字段。确定字段名、字段的数据类型、字段大小等相应信息。字段的类型可在“类型”下拉列表中选择，其中 Text 表示字符型。如果字段要求是非空的，例如主键，应选中“必要的”复选框。输入完毕，单击“确定”按钮，则新添加字段的字段名将出现在“表结构”对话框的“字段列表”中。

(6) 重复第(4)、(5)步添加表 12-2 中的所有字段。然后单击“关闭”按钮返回“表结构”对话框。这时，在“表结构”对话框的“字段列表”中列出了所有字段的名称，如图 12-5 所示。

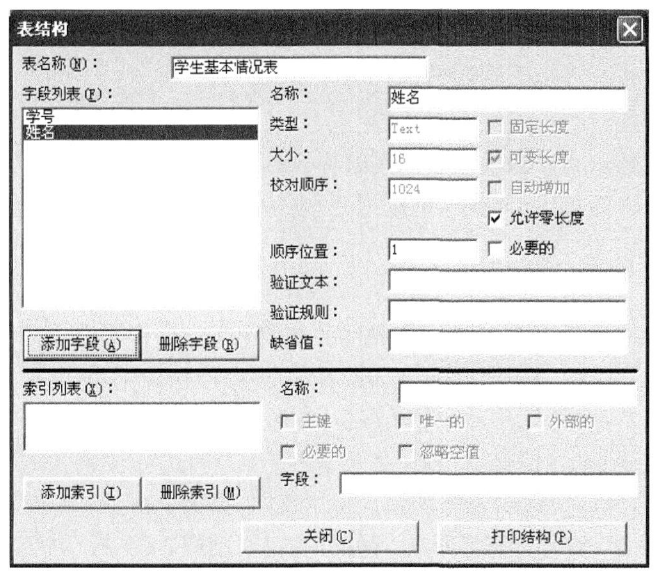

图 12-5 字段列表

(7) 生成数据表。单击“关闭”按钮返回“数据库窗口”，则“学生基本情况表”数据表出现在“数据库窗口”中，单击“数据库窗口”中表名左端的“加号”和展开后 Fields 左端的“加号”，可以显示该表的所有字段的字段名，如图 12-6 所示。

建立好“学生基本情况表”后，再以同样的方法，参照表 12-3、表 12-4 所示的表结构建立“课程表”和“成绩表”。

2. 建立索引

建立索引的步骤如下：

(1) 单击“表结构”对话框中的“添加索引”按钮，打开如图 12-7 所示的“添加索引”对话框。对话框的“可用字段”下面列出了要建立索引的数据表中的所有可以被选为索引关键字的字段名。

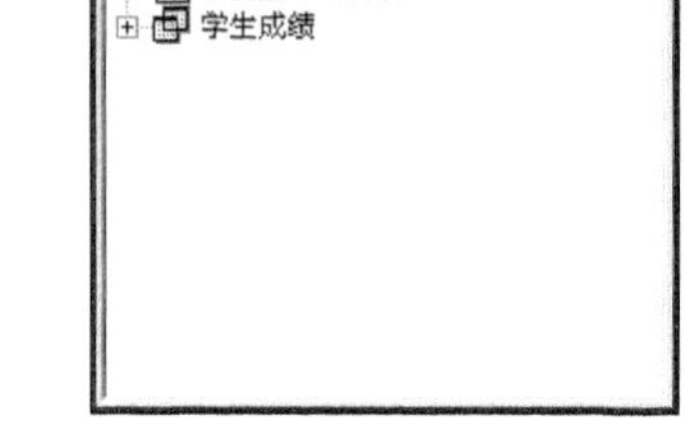

图 12-6 在“数据库窗口”中展开数据表

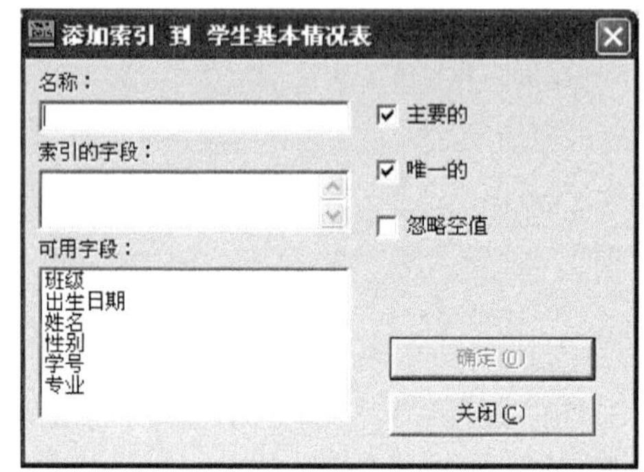

图 12-7 “添加索引”对话框

(2) 单击“可用字段”列表中的某个字段，例如“学号”，则该字段名出现在“索引的字段”列表中。

(3) 在“名称”文本框中为索引输入一个名称，例如“学号”。

(4) 单击“确定”按钮，则索引的名称将被添加到“表结构”对话框的“索引列表”列表框中。单击“关闭”按钮，返回“表结构”对话框。

3. 修改表结构

如果要修改已经建立好的数据表的表结构，可以在“数据库窗口”中右击数据表的表名，在弹出的快捷菜单中选“设计”命令，可以打开“表结构”对话框，对表结构进行修改。

12.2.4 数据的编辑

数据的编辑包括数据的输入、修改、删除等操作，这些操作都在 Dynaset(动态集)窗口中完成。右击数据库窗口中要处理的数据表名，在弹出的快捷菜单中选“打开”命令，或用双击要处理的数据表名，可以打开 Dynaset 窗口，如图 12-8 所示。

1. 添加记录

数据表建立好之后，要向表中添加记录可单击图 12-8 中的“添加”按钮，Dynaset 窗口成为图 12-9 所示的状态，输入数据后单击“更新”按钮回到图 12-8 所示状态，并且数据被填进各文本框。重复操作，可添加多条记录。

单击 Dynaset 窗口下端的▶和◀按钮，可以在已经添加的多条记录之间进行切换。

2. 修改记录

单击图 12-8 所示窗口中的“编辑”按钮可以编辑、修改当前正在显示的记录。

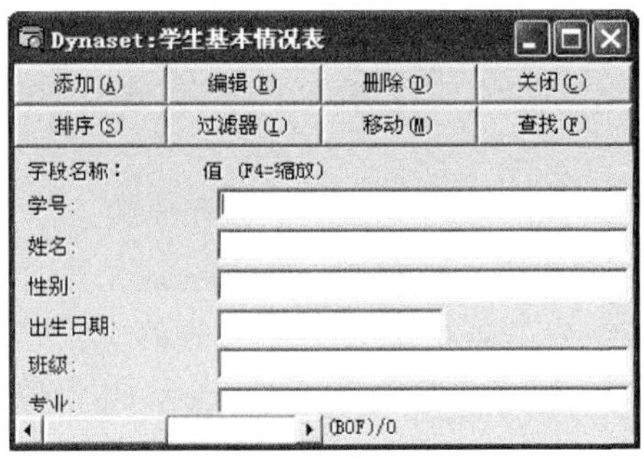

图 12-8　Dynaset 窗口

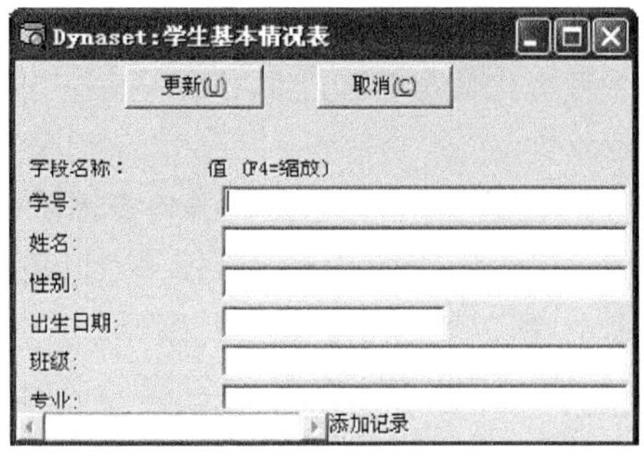

图 12-9　添加记录对话框

3. 删除记录

单击图 12-8 所示窗口中的“删除”按钮可以删除当前正在显示的记录。

4. 排序记录

单击图 12-8 所示窗口中的“排序”按钮，并输入要排序的列(例如“学号”)，将按这个列的升序排列记录。

5. 移动记录

单击图 12-8 所示窗口中的“移动”按钮，并输入移动的行数(正数表示向后移动，负数表示向前移动)，将改变当前记录的位置。

6. 过滤记录

过滤记录实际是对记录进行简单的筛选。单击图 12-8 所示窗口中的“过滤器”按钮，并输入一个过滤器表达式，则只显示能够使表达式为真的记录，但并不删除未显示的记录。例如，如果输入的过滤器表达式为：性别＝"男"，则单击▶或◀按钮就只能看到男生的记录。

7. 查找记录

单击图 12-8 所示窗口中的“查找”按钮，会打开如图 12-10 所示的“查找记录”对话框。选择字段和运算符，并输入要查找的字段值后单击“确定”按钮，在 Dynaset 窗口中就会显示查到的记录。

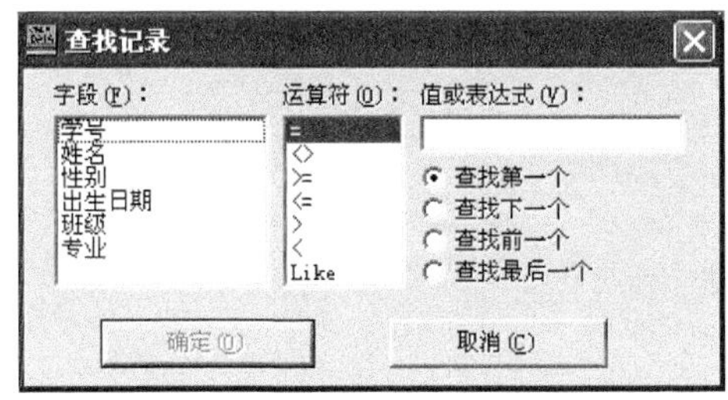

图 12-10　“查找记录”对话框

查找只在过滤通过的记录中进行。

12.2.5　数据的查询

Dynaset 窗口中的“查找”功能过于简单，更复杂的查询需要使用 SQL 查询语句，或查询生成器。

1. SQL 语句查询

在可视化数据管理器的“SQL 语句”窗口直接输入 SELECT 语句并单击“执行”按钮即可进行查询。

【例 12.6】 用 SELECT 语句查询陈胜利同学所选的课程、学时、学分和成绩。

分析：姓名，课程名称、学分、学时、成绩分别在学生基本情况表、课程表、成绩表这 3 个数据表中，所以要将 3 个表进行联结。联结条件是学生基本情况表与学习表的学号字段的值相同；学习表与课程表中课程编号字段的值相同。记录的筛选条件是：学生基本情表中的姓名等于“陈胜利”。

按图 12-11 所示的内容输入 SELECT 语句，单击“执行”按钮后，会打开如图 12-12 所示的窗口显示查询结果。

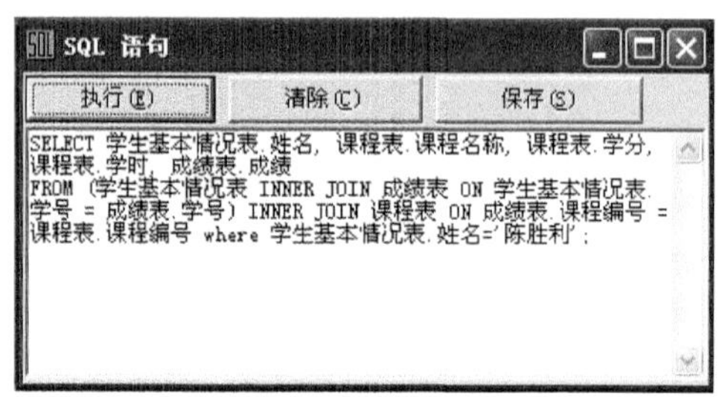

图 12-11 SQL 查询语句编辑窗口

单击图 12-12 所示窗口下端的▶和◀按钮可以显示其他查到的记录。

如果单击“SQL 语句”窗口上的“保存”按钮，并输入一个名称，则可以保存这个查询，并把它的名称列在“数据库窗口”中，双击这个查询名称，可以直接执行这个查询，产生图 12-12 所示的结果。

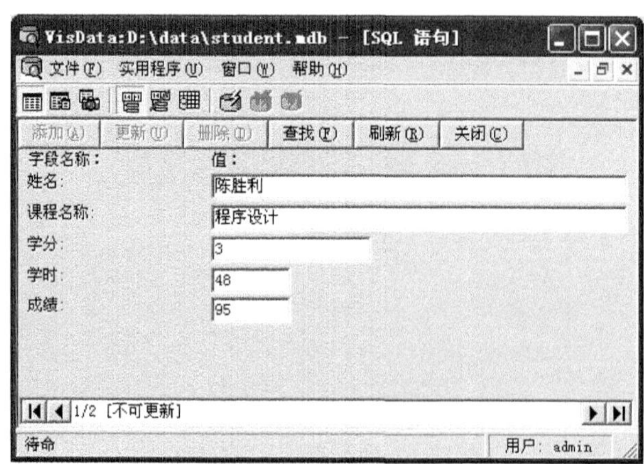

图 12-12 查询结果

2. 查询生成器

查询生成器也使用 SQL 查询语句进行查询，只是不需要用户自己编写查询语句，而是通过对话框进行选择和输入，然后自动生成 SELECT 语句，并用此语句进行查询。

从可视化数据管理器的“实用程序”菜单中选择“查询生成器”命令，可以打开如

图 12-13 所示的“查询生成器”对话框。

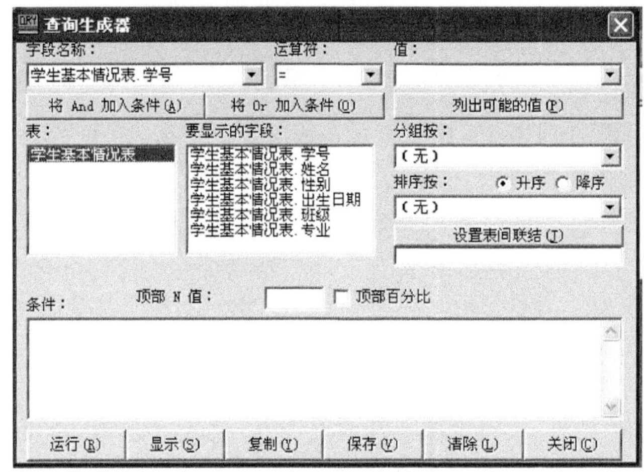

图 12-13 “查询生成器”对话框

下面以【例 12.6】中的查询为例介绍查询生成器的使用方法。

【例 12.7】 用查询生成器完成【例 12.6】中的查询。

(1) 选择要使用的表。“查询生成器”对话框的“表”列表框中显示了当前数据库中的所有数据表。单击未选中的表名可以选中该表，被选中的表的所有字段将出现在“要显示的字段”列表框中和“字段名称”下拉列表中；单击已选中的表名则该表变为不选中，该表的字段也从“要显示的字段”列表框和“字段名称”下拉列表中消失。本例选中学生基本情况表、课程表、成绩表这 3 个数据表。

(2) 设置表间的联结。多表查询需要设置表之间的联结条件，步骤如下：

① 单击“设置表间联结”按钮，打开“联结表”对话框。在第(1)步中选中的表将列在“选择表对”列表框中，如图 12-14 所示。

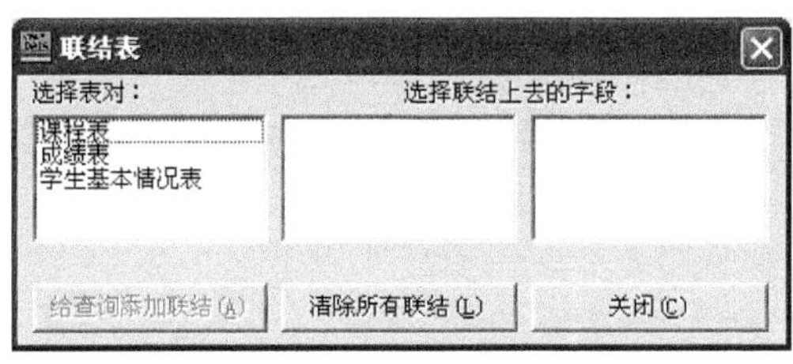

图 12-14 “联结表”对话框

② 选中“学生基本情况表”和“成绩表”，则这 2 个表的所有字段将分别出现在右边的 2 个列表框中，在这 2 个列表框中分别选中在联结条件中应该相等的字段，即“学生基本情况表.学号”和“成绩表.学号”。

③ 单击“给查询添加联结”按钮，则这个联结条件就出现在“查询生成器”对话框“设置表间联结”按钮下面的文本框中。

④ 以同样方法建立“课程表”和“成绩表”的联结，联结的字段是“课程.课程编号”和“成绩表.课程编号”。然后关闭“联结表”对话框。

(3) 设置查询条件。可以直接在“条件”文本框中输入查询条件，它对应的是 SELECT 语句中 WHERE 子句中的查询条件。也可以生成查询条件，步骤如下：

① 在“字段名称”下拉列表中选字段“学生基本情况.姓名”，在“运算符”下拉列表中选“=”。

② 单击“列出可能的值”按钮，则学生基本情况表中所有记录的姓名字段的值都可以从“值”组合框的下拉列表中找到。

③ 在“值”组合框的下拉列表中选“陈胜利”，也可直接在组合框的编辑域输入“陈胜利”。

④ 单击“将 And 加入条件”按钮，则对话框下方的“条件”文本框中就列出了查询条件：学生基本情况.姓名 = '陈胜利'。

用同样的方法可以设置其他条件，并根据与已经存在的条件的关系，用“将 And 加入条件”按钮或“将 Or 加入条件”按钮添加到查询条件中。如果不满意，也可以直接在“条件”文本框中修改查询条件。

(4) 选择显示字段。在“要显示的字段”列表框中单击“学生基本情况.姓名”“课程.课程名称”“课程.学分”“成绩表.成绩”。

(5) 查看 SELECT 语句。单击“显示”按钮可以查看生成的 SELECT 语句是否正确。

(6) 执行查询。单击“运行”按钮执行查询，产生的结果与图 12-12 所示的结果相同。

如果单击“保存”按钮并输入一个名称，可以保存刚生成的查询供以后执行。

12.2.6 数据窗体设计器

前面所介绍的各种操作都是在可视化数据管理器平台下完成的，是独立于 VB 应用程序的。为了在 VB 应用程序中使用数据库，应该以 VB 的窗体为界面进行数据库操作，因此要设计一个数据操作的窗体。可视化数据管理器提供的“数据窗体设计器”可以设计这样的窗体，并把它添加到当前工程中去。

当打开一个数据库之后，从可视化数据管理器的“实用程序”菜单中选“数据窗体设计器”命令，可以打开如图 12-15 所示的“数据窗体设计器”对话框。

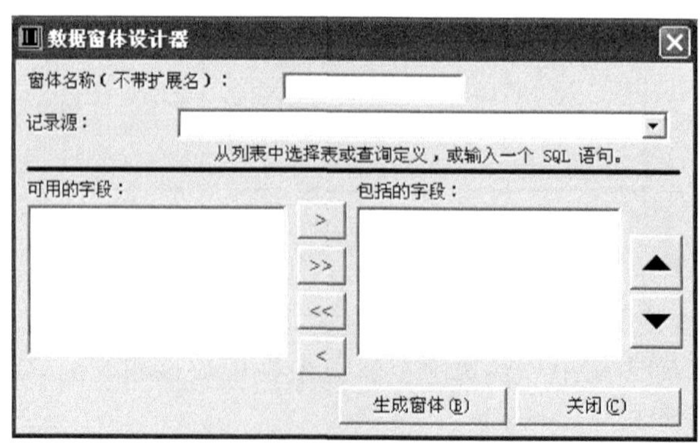

图 12-15 “数据窗体设计器”对话框

对话框中各个选项的作用如下：

窗体名称(不带扩展名)：用于输入要建立的数据窗体的名称。在 VB 工程中的实际窗体名称由前缀(frm)和这个窗体的名称构成。

记录源：用于确定数据窗体上显示的记录从哪里来。单击右边的▼按钮，会列出当前数据库中的所有表名和保存的查询名，供用户选择。也可以直接输入一个 SQL 查询语句，使查询得到的记录集合成为记录源。

可用的字段：列出指定记录源中的所有可用字段供用户选择。

包括的字段：数据窗体上将要显示的字段。是用户从“可用的字段”列表中选出来的。列表中字段的顺序代表了字段在数据窗体上的顺序。

“>”按钮：把“可用的字段”列表中选中的一个字段移到“包括的字段”列表中。

“<”按钮：把“包括的字段”列表中选中的一个字段移回到“可用的字段”列表中。

“>>”按钮：把“可用的字段”列表中所有字段移到“包括的字段”列表中。

“<<”按钮：把“包括的字段”列表中所有字段移回到“可用的字段”列表中。

▲▼按钮：调整选中的字段在“包括的字段”列表中的位置。

“生成窗体”按钮：当全部选项设置完毕，单击此按钮就生成一个数据窗体。

例如，若在数据窗体设计器上进行了下列设置：

窗体名称：Student

记录源：学生基本情况表

包含的字段：学号、姓名、性别、专业

单击“生成窗体”按钮后将在当前工程中添加一个名称为 frmStudent 的窗体，其外观如图 12-16 所示。生成的窗体不仅含有相关控件，还包含了各控件的事件过程。

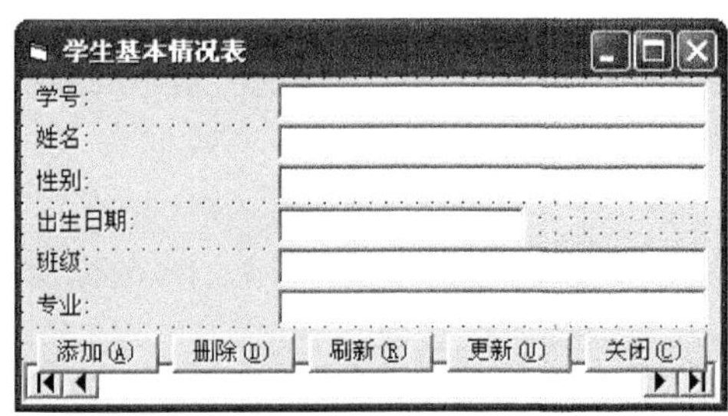

图 12-16　生成的数据窗体

运行程序时，这个窗体将显示“学生基本情况表”中的第 1 条记录。窗体下端的▶和◀按钮可以切换到下一条、上一条记录。“添加”“删除”“刷新”“更新”等按钮也可以完成相应的操作。

12.3　数据库访问

使用“可视化数据管理器”虽然可以访问数据库，但它独立于 VB 应用程序。建立的数据窗体虽然可以与 VB 应用程序结合在一起，但功能比较简单，外观也不够灵活。要设计一个满足用户特定要求的 VB 数据库应用程序，还是要利用 VB 提供的用于数据库访问的控件或采用 ADO 对象来实现对数据库的访问。

12.3.1 Data 控件

Data 控件是 VB 的标准控件,在工具箱中用图标表示,在窗体上画出的外观如图 12-17 所示。

图 12-17 Data 控件

Data 控件本身不能显示和修改记录,记录中各个字段的显示和修改是在"数据绑定控件"中完成的。数据绑定控件是指具有"数据源"(DataSource)属性的控件,在VB的标准控件中,文本框、标签、列表框、组合框、复选框、图片框、图像框都是数据绑定控件。在数据库应用中需要把 Data 控件与数据绑定控件进行"绑定",Data 控件则相当于一个记录指针,用来控制数据绑定控件中显示或处理的是哪条记录。

1. Data 控件的常用属性

1) Connect 属性

Connect 属性用于指定数据库类型,默认值为 Access,表示使用 Access 数据库。

2) DatabaseName 属性

DatabaseName 属性设定数据源的名称和位置。

3) RecordsetType 属性

RecordsetType 属性指出记录集的类型。这里所说的记录集是一组与数据库相关的逻辑记录集合,可以是一个数据表中的部分或全部记录,也可以是一个查询所产生的一组记录。RecordsetType 属性可以设置的值有:

0(Table):表类型记录集。数据源是一个数据表,其中的数据允许被修改。

1(Dynaset):动态集类型。记录集可以来自多个数据表,数据源中记录的变化可以动态地体现在记录集中。

2(Snapshot):快照类型。是数据源记录的一个副本,数据源中记录的变化不会动态地体现在记录集中,也不能修改数据源中的记录。

4) RecordSource 属性

RecordSource 属性用来设置要访问的记录的来源。可以是数据库中的一个表,或一个已经保存的查询,也可以是一条返回记录的 SQL 语句。

2. Data 控件与数据绑定控件的绑定

在 VB 的数据库应用程序中,数据绑定控件(例如文本框)需要与 Data 控件"绑定"后,才能联结到数据源上,实现对数据库中数据的访问。这个"绑定"操作就是正确设置 Data 控件的相关属性以及数据绑定控件与数据源有关的属性。

数据绑定控件常用的与数据源有关的属性有:

1) DataSource 属性

DataSource 属性为数据绑定控件设置数据源。这一属性应该设置为 Data 控件的名称,表示数据绑定控件绑定到哪个 Data 控件上。

2) DataField 属性

DataField 属性设置绑定的数据项,其内容应该是 Data 控件的 RecordSource 属性所确定的记录来源中的一个字段名。

一旦把数据绑定控件与 Data 控件正确绑定后，不需要编程就可完成一个简单的数据库应用程序。

【例 12.8】 利用 Data 控件实现对学生基本情况表的简单操作。

分析：学生基本情况表是 Students 数据库中的一个数据表，共有 6 个字段，可以用 6 个文本框显示和处理各个字段中的数据，再用一个 Data 控件与它们绑定，并正确设置 Data 控件与数据绑定控件的相关属性，就可以实现数据库的简单操作。

设置控件属性：主要控件的相关属性设置如表 12-5 所示。

表 12-5 【例 12.8】中控件属性设置

控件类型	控件名称	用　　途	属性与属性值
文本框	Text1	关联"学号"字段	DataSource="Data1",DataField="学号"
文本框	Text2	关联"姓名"字段	DataSource="Data1",DataField="姓名"
文本框	Text3	关联"性别"字段	DataSource="Data1",DataField="性别"
文本框	Text4	关联"出生日期"字段	DataSource="Data1",DataField="出生日期"
文本框	Text5	关联"班级"字段	DataSource="Data1",DataField="班级"
文本框	Text6	关联"专业"字段	DataSource="Data1",DataField="专业"
Data 控件	Data1	连接数据库	Connect="Access" DatabaseName="D:\data\Student.mdb" RecordsetType=1 RecordSource="学生基本情况表"

界面设计：窗体界面如图 12-18 所示。

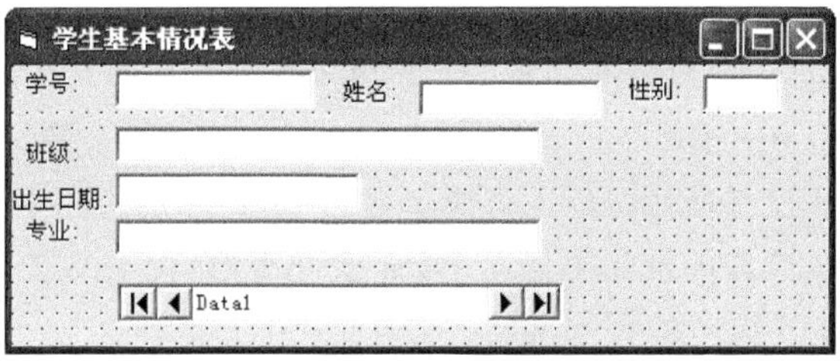

图 12-18 【例 12.8】窗体界面

程序运行时，单击 Data 控件两端的 ▶、◀ 按钮，可以显示下一条、上一条记录，单击 |◀、▶| 按钮可以显示第一条、最后一条记录。当修改某个文本框中的数据，并切换记录后，该文本框中的数据就被写到相关联的字段中，结果是记录集和数据库被更新。

【例 12.9】 用 Data 控件实现对学生成绩的简单操作。窗体上包括的字段有学号、姓名、专业、课程名称、学分、成绩。

分析：与【例 12.8】不同的是这 6 个字段来源于 3 个不同的表，且 3 个表中的记录有一定的逻辑关系。一个简单的方法是利用可视化数据管理器建立一个查询，通过联结条件把 3 个表联结起来，用这个查询产生的记录集合作为 Data 控件的记录来源。其他设置则与【例 12.8】相同。

建立查询：用可视化数据管理器打开 Students 数据库，在"SQL 语句"子窗口中输入如下 SELECT 语句，并以"学生成绩"为名称保存这个查询：

```
SELECT 成绩表.学号, 姓名, 专业, 课程名称, 学分, 成绩
FROM 学生基本情况表, 课程表, 成绩表
WHERE 学生基本情况表.学号 = 成绩表.学号 AND 课程表.课程编号 = 成绩表.课程编号
ORDER BY 成绩表.学号
```

设置控件属性：把 Data 控件的 RecordSource 属性设置为"学生成绩"，Data 控件其他属性的设置与【例 12.8】相同，可参照【例 12.8】设置相关文本框的属性。

程序运行界面如图 12-19 所示。

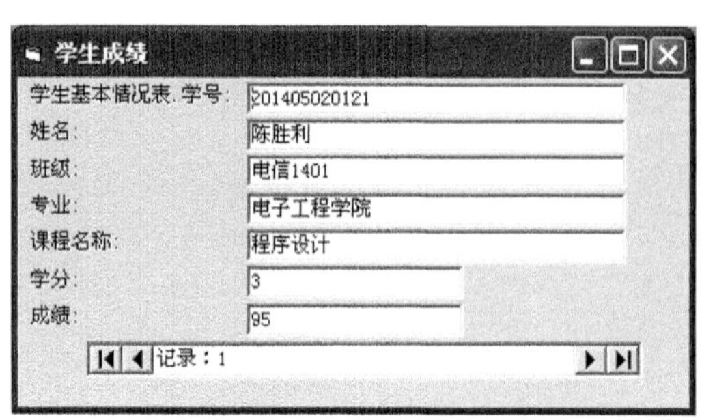

图 12-19 【例 12.9】程序运行界面

12.3.2 ADO Data Control 控件和 DataGrid 控件

Data 控件采用的是 DAO(Data Access Objects，数据访问对象)技术。VB 6.0 引入了更先进的 ADO(ActiveX Data Object，ActiveX 数据对象)技术。ADO 是一个基于 OLE DB 之上的对象模型，用于数据访问。

使用 ADO 控件访问数据库具有简单、方便、编码量小的特点。

1. ADO Data Control 控件

ADO Data Control 控件使用 ADO 来快速建立数据绑定控件和数据提供者之间的连接。ADO Data Control 控件的使用方法与 Data 控件类似，但有更先进的数据访问方式，可以联结任何符合 OLE DB 规范的数据源。

ADO Data Control 控件不是 VB 的标准控件，使用之前，要先把它加载到工具箱中。加载的方法是：选择 Visual Basic 集成环境主窗口的"工程"菜单中的"部件"命令，在弹出的"部件"对话框的"控件"选项卡中选中 Microsoft ADO Data Control 6.0 (OLEDB)，单击"确定"按钮，则该控件的图标就出现在工具箱窗口中。ADO Data Control 控件在窗体上画出的外观与 Data 控件相同。

与 Data 控件相似，ADO Data Control 控件也需要与其他数据绑定控件绑定后使用。ADO Data Control 控件有一个"属性页"对话框，设置属性可以在这个对话框中进行，而不必在属性窗口中直接输入。右击窗体上的 ADO Data Control 控件，在弹出的快捷菜单中选"ADODC 属性"就可打开如图 12-20 所示的"属性页"对话框。

下面通过实例来说明 ADO Data Control 控件的使用方法。

【例 12.10】 利用 ADO Data Control 控件实现【例 12.8】。

首先在窗体的下端画一个名称为 Adodc1 的 ADO Data Control 控件，然后设置该控件的属性。属性设置的步骤如下：

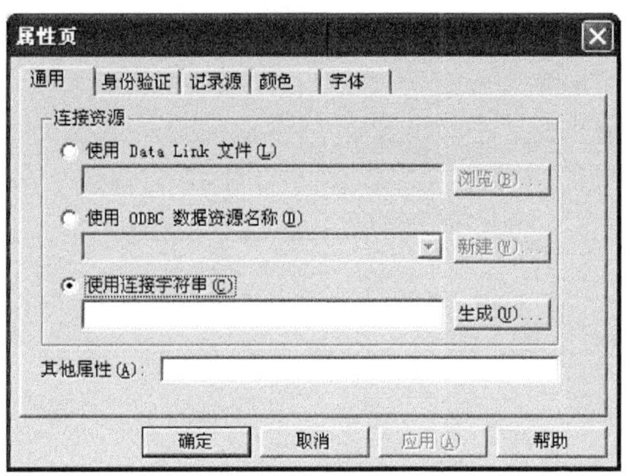

图 12-20　ADO Data Control 控件的“属性页”对话框

(1) 打开如图 12-20 所示的“属性页”对话框，选中“使用连接字符串”单选按钮，单击“生成”按钮，弹出“数据链接属性”对话框，如图 12-21 所示。

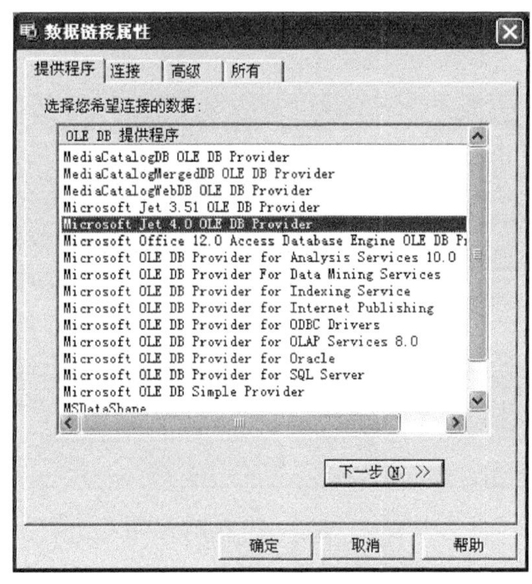

图 12-21　“数据链接属性”对话框

(2) 在“数据链接属性”对话框的“提供程序”选项卡中选 Microsoft Jet 4.0 OLE DB Provider，单击“下一步”按钮或直接单击“连接”选项卡。

(3) 在“连接”选项卡的“选择或输入数据库名称”文本框中输入要连接的 Access 数据库文件名，或单击右边的“…”按钮选择数据库文件名，如图 12-22 所示。

(4) 单击“测试连接”按钮。若测试成功，单击“确定”按钮。

(5) 单击“属性页”对话框的“记录源”选项卡，如图 12-23 所示，在选项卡的“命令类型”下拉列表中选“2-adCmdTable”。

(6) 在下面的“表或存储过程名称”下拉列表中选“学生基本情况表”，如图 12-23 所示。单击“确定”按钮关闭“属性页”对话框。

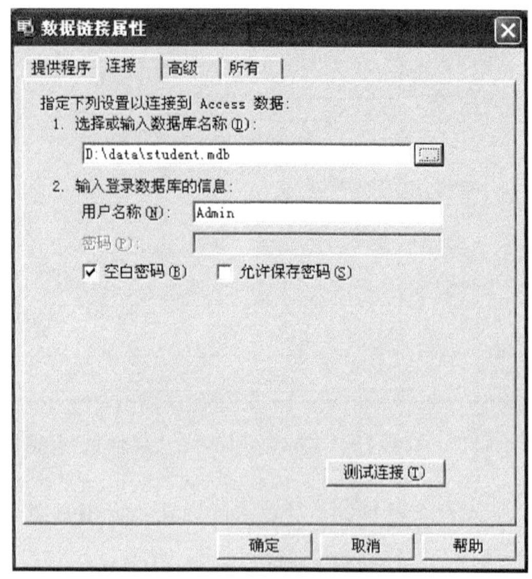

图 12-22　选择数据库

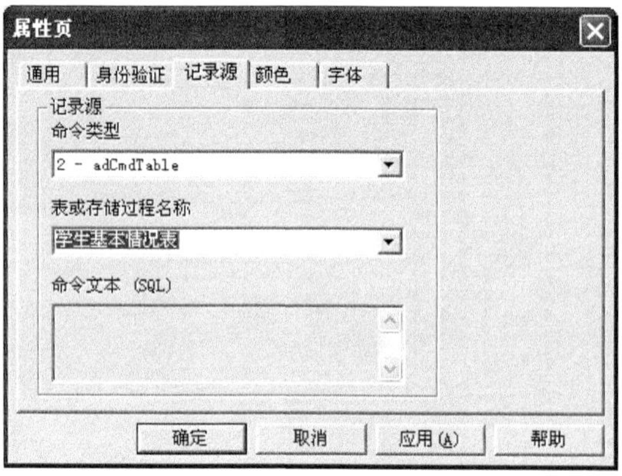

图 12-23　选择命令类型和表名称

设置好 ADO Data Control 控件，再画出数据绑定控件 Text1～Text6 并设置与数据绑定有关的属性。它们的 DataField 属性与【例 12.8】中设置的一样，但 DataSource 要设置为 Adodc1。

运行程序后其界面与效果与【例 12.8】类似。

使用 ADO Data Control 控件最重要的是要正确设置它的 ConnectionString、CommandType、RecordSource 属性。【例 12.10】中的第(2)、(3)步完成 ConnectionString 属性的设置，第(5)步完成 CommandType 属性的设置，第(6) 步完成 RecordSource 属性的设置。这些属性的设置结果可以在属性窗口中看到。

2. DataGrid 控件

前面使用的数据绑定控件每个控件只能绑定一个字段，这样，一条记录需要多个数据绑定控件，而每次也只能显示一条记录。如果希望在一个控件中显示记录集中的多行多列，就需要使用数据网格控件。

VB 6.0 提供了一个 DataGrid 控件，它是一个数据绑定控件，但只能与 ADO Data Control 控件一起使用，不能与 Data 控件一起使用。

DataGrid 控件也是 ActiveX 控件，使用前要先把它添加到工具箱中。添加的方法是在“部件”对话框中选 Microsoft DataGrid Control 6.0 (OLE DB)。添加后在工具箱中的图标是 。

DataGrid 控件可以以二维表的形式同时显示多条记录，每列显示一个字段，每行显示一条记录。使用时要与 ADO Data Control 控件绑定。绑定的方法是在属性窗口中，把 DataGrid 控件的 DataSource 属性设置为 ADO Data Control 控件的名称。

【例 12.11】 用 DataGrid 控件实现对学生成绩的简单操作。

(1) 画控件。在窗体的上端画一个名称为 DataGrid1 的 DataGrid 控件，下端画一个名称为 Adodc1 的 ADO Data Control 控件。

(2) 设置 ADO Data Control 控件的属性。按照【例 12.10】中的步骤设置 Adodc1 的属性。

(3) 设置 DataGrid 控件的属性。在属性窗口中把 DataGrid1 的 DataSource 属性设置为 Adodc1。

运行程序后，显示的界面如图 12-24 所示。

其中，DataGrid 控件中左端有▶的记录是当前记录。

学生基本情况表

	学号	姓名	性别	出生日期	班级	专业
▶	201405020121	陈胜利	男	1996-5-12	电信1401	电子工程学院
	201410010218	刘红	女	1995-12-21	英语1402	外国语学院
	201407010101	张小军	男	1996-6-11	计科1401	计算机学院

Adodc1

图 12-24 【例 12.11】的界面

12.3.3 记录集 Recordset 对象

除了使用 ADO Data Control 控件访问数据库外，还可以用 ADO 对象访问数据库。ADO 对象模型共有 7 种对象，其中用得最多的是 Recordset 对象，即记录集对象。

Recordset 对象包括了某个 SQL 查询返回的数据库记录集合，这个记录集合也是二维表结构，一行是一条记录，一列是一个字段，记录指针所指的记录是当前记录。利用 Recordset 对象的方法和属性可以方便地对记录集合进行各种操作，这些操作最终将体现到数据库中，所以它也是一种操作数据库的工具。

1. Recordset 对象的常用属性

1) BOF 属性

若记录指针在记录集的首记录之前，则 BOF 属性的值为 True，否则为 False。在程序中向前移动记录指针时，一般要检测 BOF 属性的值，判断是否已经到了记录集的最前面。

BOF 属性是只读属性。

2) EOF 属性

若记录指针在最后一条记录之后，则 EOF 属性的值为 True，否则为 False。在程序中向后移动记录指针时，一般要检测 EOF 属性的值，判断是否已经到了记录集的最后面。

EOF 属性也是只读属性。

若 BOF、EOF 属性同时为 True，则表示记录集为空，没有记录。

3) AbsolutePosition 属性

AbsolutePosition 属性的值是整数，指明记录指针的当前位置，首记录的位置为 1。利用 AbsolutePosition 属性的值可以知道记录指针的位置，了解当前记录是第几条记录。为 AbsolutePosition 属性赋一个整数值，则可把记录指针移到对应的记录上，使之成为当前记录。

4) RecordCount 属性

RecordCount 属性返回记录集中记录的个数。此属性为只读属性。

2. Recordset 对象的常用方法

使用 Recordset 对象的各种方法可以对记录进行编辑操作。

1) 记录的定位

记录定位需要调用记录集的 Move 方法组，该方法组用于移动记录指针。

MoveFirst 方法：把记录指针移动到首记录上。

MoveLast 方法：把记录指针移动到最后一条记录上。

MoveNext 方法：把记录指针移动到下一条记录上。调用这一方法后，一般应判断 EOF 属性的值，若 EOF 属性的值为 True，应再调用 MoveLast 方法，把记录指针定位到最后一条记录上。

MovePrevious 方法：把记录指针移动到上一条记录上。调用这一方法后，一般应判断 BOF 属性的值，若 BOF 属性的值为 True，应再调用 MoveFirst 方法，把记录指针定位到首记录上。

以上 4 个方法没有参数。

Move 方法的调用格式是：

```
Move < n > [, < start >]
```

其中：

(1) start 指明移动记录指针时的参照位置，可以取 3 种值：

0(符号常量是 adBookmarkCurrent)——参照位置是当前记录；

1(符号常量是 adBookmarkFirst)——参照位置是首记录；

2(符号常量是 adBookmarkLast)——参照位置是尾记录。

默认值是 0

(2) n 表示从参照位置开始，记录指针向前或向后跳过的记录数。正值向后，负值向前。

例如：

Recordset. Move 2　把记录指针移到当前记录后面的第 2 条记录上。

Recordset. Move －1　把记录指针移到当前记录前面的一条记录上。

Recordset. Move 3, adBookmarkFirst　把记录指针移到记录集的第 4 条记录上。

Recordset. Move −1, adBookmarkLast　把记录指针移到记录集的倒数第 2 条记录上。

Recordset. Move 0, adBookmarkLast　把记录指针移到记录集的最后一条记录上。

2）字段的编辑

Recordset 对象有一个 Fields 集合，其中的每个对象对应记录集中的一个字段，利用 Fields 可以设置、修改当前记录的某个字段的值。例如，要把当前记录的“姓名”字段值改为“张三”，可以使用下面的赋值语句：

```
Recordset.Fields("姓名") = "张三"
```

3）记录的编辑

调用记录集具有编辑功能的方法可以增加、删除、修改记录。

AddNew 方法：添加一条空记录。通常，在调用此方法添加一条空记录之后，要利用被绑定的控件输入新记录的具体值。也可以用 Recordset 对象的 Fields 集合为新记录的各个字段赋值。

Update 方法：更新记录。对记录集中的已有记录做了修改之后，应调用 Update 方法把所做的修改保存起来。

Delete 方法：删除记录。调用不带参数的 Delete 方法将删除当前记录，在删除前不给出任何提示。

CancelUpdate 方法：用于取消对记录集中已有记录的修改，但如果已经调用了 Update 方法，则在此之前所做的修改不会被取消。

4）记录的查找

查找记录使用 Find 方法，其调用格式为：

```
Recordset.Find <搜索条件> [ , [<位移>] , [<搜索方向>] , [<起始位置>] ]
```

其中：

(1)“搜索条件”是一个字符串，字符串的内容类似于一个条件表达式，包含字段名、比较运算符和数据。例如：

```
Recordset.Find "姓名 = '刘红'"
```

其中的字符串："姓名 = '刘红'"是搜索条件。该语句可以把记录指针定位到姓名为“刘红”的记录上去。

下面的语句也可以得到相同的结果：

```
strname$ = "刘红"
Recordset.Find "姓名 = '" & strname & "'"
```

搜索条件中可以使用 Like 运算符和“*”进行模糊查询。

例如

```
Recordset.Find "姓名 like '张*'"
```

这条语句可以把记录指针定位到张姓的记录上。

(2)“位移”是一个整数，默认值为 0。它指定从开始位置位移多少条记录后开始搜索。

正数向下位移,负数向上位移。

(3)“搜索方向”的值为 adSearchForward 时从开始位置向后搜索,这也是默认值;为 adSearchBackward 时从开始位置向前搜索。

(4)“起始位置”指定搜索的起始位置,1 表示起始位置是记录集的首记录,2 表示起始位置是记录集的尾记录,省略时表示当前记录位置。例如

```
Recordset.Find "姓名 = '刘红'", , ,1
```

表示从记录集的首记录开始向后搜索,并把记录指针定位到第一个姓名为“刘红”的记录上。

以上这些方法都需要获得了一个记录集之后才能使用。如果在程序中使用了 ADO Data Control 控件,可以利用 ADO Data Control 控件的数据源获得记录集,再利用 ADO Data Control 控件的 Recordset 属性使用记录集对象。

3. 通过 ADO Data Control 控件使用记录集

ADO Data Control 控件有一个 Recordset 属性(这一属性不出现在属性窗口中)。可以直接利用 Recordset 属性使用 ADO 的 Recordset 对象的方法和属性,这时所得到的记录集是 ADO Data Control 控件的 RecordSource 属性所限定的数据源。

利用 ADO Data Control 控件使用记录集对象的格式是:

```
< ADO Data Control 控件的名称>.Recordset.<属性|方法>
```

其中的属性、方法是指 Recordset 对象的属性和方法。

【例 12.12】 编写一个对“学生基本情况表”进行简单维护的程序,包括记录的添加、删除、修改和简单查询功能。

分析:为实现记录的添加、删除、修改和简单查询,应使用 Recordset 对象的相应方法。可以采用命令按钮来激活这些功能。

界面设计:在窗体上画一个名称为 DataGrid1 的 DataGrid 控件和一个名称为 Adodc1 的 ADO Data Control 控件,并按照【例 12.10】设置这两个控件的属性。由于要使用命令按钮进行操作,应把 Adodc1 的 Visible 属性设置为 False。再画 8 个命令按钮构成一个控件数组,数组名称为 Command1。程序运行界面如图 12-25 所示。

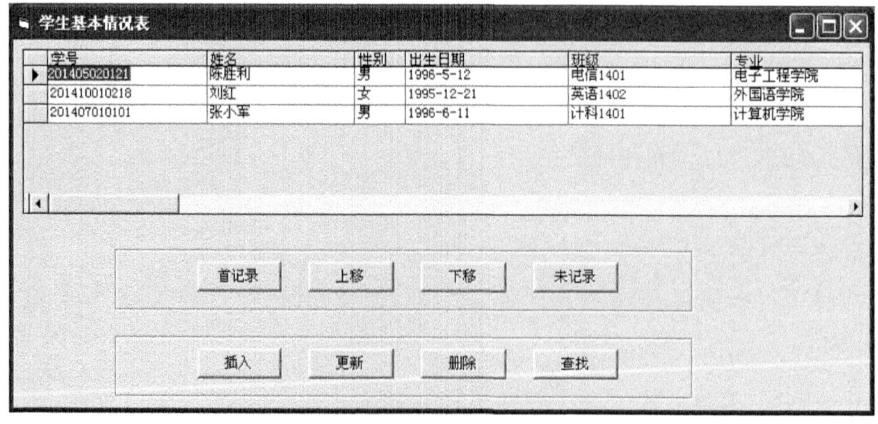

图 12-25 【例 12.12】程序运行界面

程序代码如下：

```
Private Sub Command1_Click(Index As Integer)
    Select Case Index
        Case 0
            Adodc1.Recordset.MoveFirst              '移到第一条记录
        Case 1
            Adodc1.Recordset.MovePrevioust          '移到上一条记录
            If Adodc1.Recordset.BOF Then
                Adodc1.Recordset.MoveFirst
            End If
        Case 2
            Adodc1.Recordset.MoveNextt              '移到下一条记录
            If Adodc1.Recordset.EOF Then
                Adodc1.Recordset.MoveLast
            End If
        Case 3
            Adodc1.Recordset.MoveLastt              '移到最后一条记录
        Case 4
            Adodc1.Recordset.AddNew                 '插入一条空记录
        Case 5
            Adodc1.Recordset.Delete                 '删除当前记录
        Case 6
            Adodc1.Recordset.Update                 '保存所做的修改
        Case 7
            ch$ = InputBox("请输入要查找的姓名")
            Adodc1.Recordset.Find "姓名 Like'" & ch & "*" & "'", , , 1
            '从首记录开始向下搜索
    End Select
End Sub
```

程序说明：

(1) 由于要通过 ADO Data Control 控件使用 Recordset 对象，所以在所有 Recordset 的前面要添加“Adodc1.”。

(2) 单击“插入”按钮时，插入的是一条空记录，还需要在空记录中输入各个字段数据。

(3) 删除记录时不会自动给出任何提示，为了安全起见，可以在调用 Delete 方法之前，加入显示提示信息的代码。

(4) 查询功能采用的是模糊查询，输入姓名时，既可输入全名，也可只输入姓氏。

习　题　12

一、选择题

1. 下面关于关系型数据库的叙述中错误的是(　　)。

   A. 数据库中只能有一个表　　　　B. 数据库中可以有多个表

   C. 关系数据库中的表是二维表　　D. 表中不能有完全相同的记录

2. 下面关于索引的叙述中正确的是(　　)。

   A. 只能为一个表建立一个索引　　B. 建立索引的目的是提高输入速度

C. 可以为一个表建立多个索引　　　　D. 建立索引的目的是节省存储空间

3. 查询语句：SELECT * FROM 学生基本情况表 WHERE 性别="女" 中的"*"的含义是(　　)。

A. 所有满足条件的记录　　　　B. 指定表中的所有字段

C. 数据库中的所有表　　　　D. 指定表中的所有记录

4. 下面的查询语句用到的所有数据表有(　　)。

```
SELECT 学号,课程名称,成绩 FROM 学习,课程
WHERE 学习.课程编号 = 课程.课程编号 AND 学习.课程编号 = "1000211232" ORDER BY 成绩
```

A. "学习"表　　　　B. "课程"表

C. "成绩"表　　　　D. "学习"表与"课程"表

5. 如果希望在窗体中显示数据库中的数据，当选用了 ADO Data Control 控件来进行数据库操作之后，则(　　)。

A. 还需使用命令按钮　　　　B. 还需使用 Data 控件

C. 还需使用数据绑定控件　　　　D. 不需要再使用其他控件

6. 设数据库 Students 中有"学生基本情况表"数据表，如果选用 ADO Data Control 控件来进行"学生基本情况表"表的操作时，必须把它的一个属性设置为"学生基本情况表"，这个属性是(　　)。

A. ConnectionString　　　　B. CommandType

C. RecordSource　　　　D. DataSource

7. 设数据库 Students 中有"学生基本情况表"数据表，并且用 ADO Data Control 控件来控制对"学生基本情况表"的操作，如果要用 Text1 文本框显示"学生基本情况表"中"姓名"字段的值，则 Text1 的 DataSource 属性应设置为(　　)。

A. ADO Data Control 控件的名称　　　　B. "学生基本情况表"

C. "姓名"　　　　D. 不设置，使用默认值

8. 如果 EOF 属性为 True，说明当前指针位置在 RecordSet 对象的(　　)。

A. 第一条记录　　　　B. 第一条记录之前

C. 最后一条记录　　　　D. 最后一条记录之后

9. 如果 ADO Data Control 控件的名称是 Adodc1，并且已经连接了数据库，则下面的方法调用的结果是(　　)。

```
Adodc1.Recordset.Move -1
```

A. 把记录指针移到记录集的最前面一条记录上

B. 把记录指针移到当前记录前面的一条记录上

C. 把记录指针移到当前记录后面的一条记录上

D. 把记录指针移到记录集的最后一条记录上

10. 记录集对象的插入新记录的方法是(　　)。

A. Find 方法　　B. Update 方法　　C. AddNew 方法　　D. Delete 方法

二、填空题

1. 关系数据库由二维表组成，二维表的行称为________，列称为________。

2. 一个表中不同记录的同一字段中的数据，其数据类型是________。

3. 在 VB 集成环境中，执行________菜单中的“可视化数据管理器”命令，可以打开“可视化数据管理器”窗口。

4. 从可视化数据管理器的________菜单中选“查询生成器”命令，可以打开“查询生成器”对话框。

5. 设在数据库中已经创建了如表 12-2、12-3、12-4 所示的“学生基本情况表”表、“课程表”表和“学习表”表，并已经输入了若干记录。

(1) 查询所有“计算机科学与技术”专业学生的所有信息的 SELECT 语句是
____。

(2) 查询所有学分大于 3 的课程的课程编号、课程名称和课程简介的 SELECT 语句是
____。

(3) 查询张楠同学的所有课程的成绩的 SELECT 语句是
____。

(4) 查询张楠同学的所有课程的课程名称和成绩的 SELECT 语句是
____。

(5) 查询所有 091021 班同学学习“VB 程序设计”课程的成绩，结果按成绩降序排列的 SELECT 语句是
____。

6. 把 ADO Data Control 控件添加到工具箱的方法是：在________菜单中选________命令，在打开的对话框中选 Microsoft ADO Data Control 6.0 (OLE DB)，然后单击“确定”按钮即可。

7. DataGrid 控件可以显示多条记录，每一行是________，左端有▶的记录是________。

8. 如果使用了 ADO Data Control 控件和 DataGrid 控件，DataGrid 控件的 DataSource 属性应设置为__________。

第 13 章　VB 上机练习题

程序最终是要在计算机上运行的，学习程序设计过程中很重要的一个环节是上机练习，只有将一个程序在计算机上编写、调试、运行并得到正确的结果，才算完成了程序的设计与实现。本章根据前面章节的学习内容将上机练习题目进行分类，分别编写了 12 类上机题目，供老师教学和上机参考。

13.1　上机练习一

13.1.1　目的

(1) 熟悉 VB 6.0 开发环境。
(2) 模仿简单的 VB 应用程序的编写。
(3) 掌握 VB 应用程序的开发步骤。
(4) 掌握 VB 应用程序的编写、调试、运行过程。

13.1.2　上机题目

设计一个程序，当用单击窗体时，窗体中显示“Visual Basic 6.0 程序设计”字样。

要点说明：建立 VB 应用程序工程，在单击窗体事件中实现显示“Visual Basic 6.0 程序设计”。

程序界面如图 13-1 和图 13-2 所示。

图 13-1　设计界面

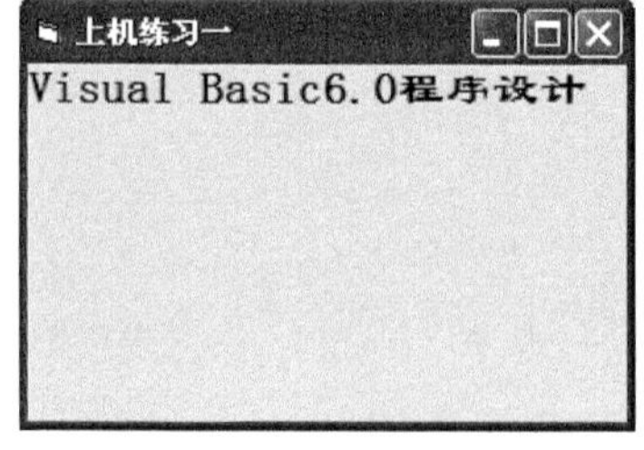

图 13-2　程序界面

程序代码如下：

```
Private Sub Form_Click()
   Print "Visual Basic6.0 程序设计"        '在窗体上输出
End Sub
```

提示：

(1) 程序运行时单击两次鼠标，观察输出结果；

(2) 将输出内容修改为“我的第一个 VB 程序”；

(3) 尝试改变输出文本的颜色。

13.1.3 上机要求

(1) 每题创建一个 VB 工程，并在窗体 (Form1)上设计界面，在相关事件过程中编写程序；

(2) 保存并运行应用程序；

(3) 以工程文件夹的压缩文件形式提交作业。

13.2 上机练习二

13.2.1 目的

(1) 熟悉 VB 6.0 工具箱中常用控件的使用。

(2) 掌握 VB 应用程序界面设计技术。

(3) 掌握对象属性设置方法。

(4) 掌握事件驱动程序设计及运行机制、事件过程编程方法。

13.2.2 上机题目

1. 在窗体的左上部画两个命令按钮和两个文本框，然后选择这 4 个对象，并把它们移到窗体的右下部。

2. 在窗体的任意位置画一个文本框，然后在属性窗口中设置下列属性：

Left　1600

Top　2400

Height　1000

Width　2000

3. 在窗体上画一个文本框和两个命令按钮，并把两个命令按钮的标题分别设置为“隐藏文本框”和“显示文本框”。当单击第一个命令按钮时，文本框消失；单击第二个命令按钮时，文本框重新出现，并在文本框中显示“VB 程序设计”(字体大小为 16：可以使用语句 Fontsize=16)。

扩展练习：设计实现改变文本框显示文本的颜色。

语句：Text1.ForeColor = RGB(255, 0, 0)

4. 设计一个用户登录验证界面，两个标签(Label)分别是“用户名”和“密码”，两个文本框(TextBox)分别是“用户名值”和“密码值”，两个命令按钮(CommandButton) 分别是“确认”和“取消”。单击“确认”按钮验证用户名和密码(假设用户名为：VB，密码为：123456)，输入正确显示“登录成功!”，否则显示“用户名或密码错误!”，单击“取消”按钮结束程序运行(语句是：End)。(输入密码时显示“ * ”)

扩展练习：设计给窗体增加一个背景图片，把命令按钮改为图形按钮。

13.2.3 上机要求

(1) 每题创建一个 VB 工程,并在窗体 (Form1)上设计界面,在相关事件过程中编写程序;

(2) 保存并运行应用程序;

(3) 以工程文件夹的压缩文件形式提交作业。

13.3 上机练习三

13.3.1 目的

(1) 掌握 VB 基本数据类型。

(2) 掌握 VB 常量、变量的基本概念及符号常量、变量的声明。

(3) 掌握 VB 表达式的概念,能够书写正确的 VB 表达式并计算表达式的值。

(4) 掌握 VB 中常用的内部函数及其应用。

13.3.2 上机题目

1. 上机实现习题 3 填空题第 5,6 题。

扩展练习:在窗体的 Click 事件过程中编程,输出表达式的值。

例如,5(1):Print Chr(Int(Rnd * 5 + 100))

6(1):Print 100 + 33 Mod 10 \ 7 + Asc("a")

2. 上机实现【例 3.4】。

3. 设计实现求解一元二次方程的程序。

扩展练习:要求设计三个标签分别是:a,b,c;用三个文本框输入 a,b,c 的值,两个文本框或两个标签输出 x1,x2;两个命令按钮“计算”和“退出”。

4. 求解鸡兔同笼问题。一个笼子中有鸡 x 只,兔 y 只,每只鸡有两只脚,每只兔有 4 只脚。已知鸡和兔的总只数为 con,总脚数为 sum,问笼中鸡和兔各若干?

要求:

(1) 算法:列两个方程 $x+y=\text{con}$, $2x+4y=\text{sum}$ 求解 x,y。

(2) 界面设计:设计四个标签分别是:con、sum、x、y;个文本框输入 con 和 sum 值,利用两个文本框或两个标签输出 x,y;两个命令按钮“计算”“退出”。界面设计如图 13-3 所示,运行界面如图 13-4 所示。

(3) 代码:

```
Private Sub Command1_Click()
    Dim x As Integer, y As Integer, con As Integer, sum As Integer
    con = Val(Text1.Text)
    sum = Val(Text2.Text)
    y = (sum - 2 * con) / 2
    x = con - y
    Text3.Text = Str(x)
```

```
    Text4.Text = Str(y)
End Sub

Private Sub Command2_Click()
    End
End Sub
```

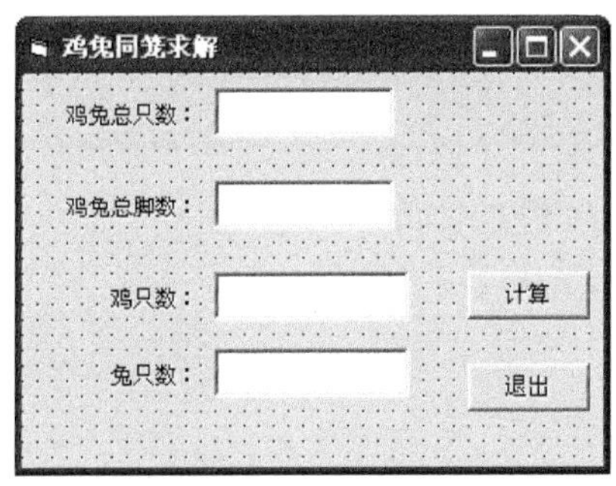

图 13-3　设计界面

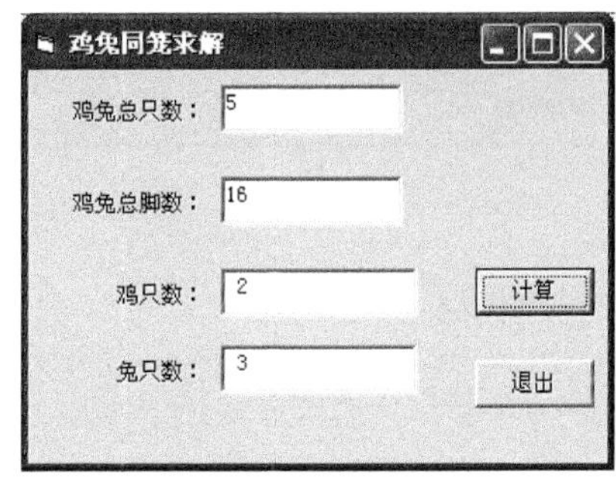

图 13-4　运行界面

13.3.3　上机要求

(1) 每题创建一个 VB 工程，并在窗体（Form1）上设计界面，在相关事件过程中编写程序；

(2) 保存并运行应用程序；

(3) 以工程文件夹的压缩文件形式提交作业。

13.4　上机练习四

13.4.1　目的

(1) 掌握 VB 顺序结构程序设计。

(2) 掌握赋值语句的正确使用。

(3) 掌握输入、输出函数和 Print 方法的使用。

(4) 掌握 VB 应用程序的调试方法。

13.4.2　上机题目

1. 编写程序使用 InputBox 函数输入数据，使用 Print 方法在窗体上输出输入的数据，并输出变量的数据类型。程序运行界面如图 13-5 所示。

要求：

(1) 在窗体的 Click 事件中编写代码。

(2) 观察 InputBox 函数的参数和输入对话框的效果，可以通过改变参数后运行程序，掌握各个参数的意义。

(3) 通过输出变量的数据类型，掌握 InputBox 函数返回值的数据类型。

图 13-5　程序运行界面

示例程序代码：

```
Private Sub Form_Click()
    Dim x
    x = InputBox("请输入数据:", "InpuBox 示例", "我的数据")
    Print x
    Print TypeName(x)
End Sub
```

2. 在窗体上放一个“退出”命令按钮。编写程序，实现当单击“退出”按钮时，出现如图 13-6 所示的消息对话框，并在窗体上输出函数返回值。

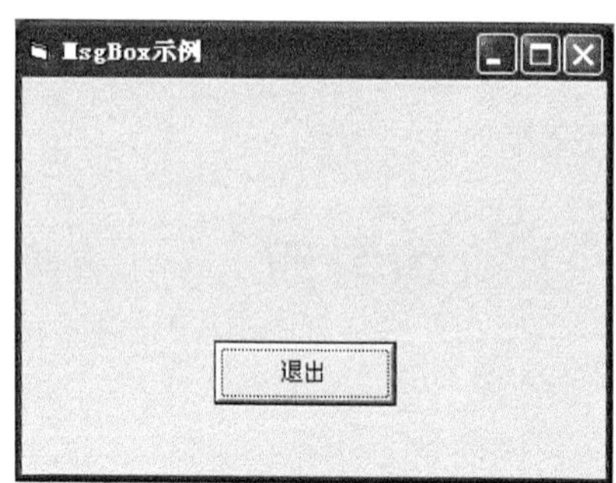

图 13-6　运行界面

要求：

(1) 在命令按钮的 Click 事件中编写代码。

(2) 观察 MsgBox 函数的参数和消息对话框的显示效果，可以通过改变参数后运行程序，掌握各个参数的意义。

(3) 通过输出返回值，掌握 MsgBox 函数按不同按钮的返回值。

示例程序代码：

```
Private Sub Command1_Click()
    Dim x
    x = MsgBox("确认退出吗?", 0 + 32 + 1, "系统提示")
    Print x
End Sub
```

13.4.3 上机要求

(1) 每题创建一个 VB 工程,并在窗体(Form1)上设计界面,在相关事件过程中编写程序;

(2) 保存并运行应用程序;

(3) 以工程文件夹的压缩文件形式提交作业。

13.5 上机练习五

13.5.1 目的

(1) 掌握 VB 选择结构程序设计。

(2) 掌握 If 语句和 Select Case 语句的正确使用。

(3) 掌握多分支结构 If 语句的正确使用。

(4) 掌握 Iif 函数的使用。

13.5.2 上机题目

1. 输入三个不同的数,将它们从大到小排序。

2. 编写程序,输入一个整数,判定该数的奇偶性。

3. 输入一个数,判断它能否同时被 2,5,7 整除。

4. 输入一个数,判断它是否是完全平方数。一个数如果是另一个整数的完全平方,那么就称这个数为完全平方数。

5. 从键盘输入 a、b、c 的值,判断它们能否构成三角形。如果能构成一个三角形,则计算三角形的面积。

6. 某公司进行工资调整,调整计划为:若基本工资大于等于 5000,则工资增加 20%;若小于 5000 大于等于 3000,则工资增加 15%;若小于 3000,则工资增加 10%。请根据用户输入的基本工资,计算出增加后的工资。

7. 输入一个数字(0~6),用中文显示星期几(输入 0,显示星期日)。

8. 设计一个两位数加、减、乘、除运算的程序,要求如下:

(1) 加、减、乘、除由用户单击相应按钮选择。

(2) 运算数据由随机函数产生。

(3) 选择合适的控件显示运算式中数据、运算符。

(4) 对用户输入的结果对错用消息框给出提示。

结果正确时用"!"图标;结果错误时用"×"图标。

9. 有如下分段函数:

$$y=\begin{cases} x^2+3x+2 & 当\ x>20 \\ \sqrt{3x}-2 & 当\ 10\leqslant x\leqslant 20 \\ \dfrac{1}{x}+|x| & 当\ 0<x<10 \end{cases}$$

编程实现输入 x，计算 y 并输出。

13.5.3 上机要求

(1) 每题创建一个 VB 工程，并在窗体（Form1）上设计界面，在相关事件过程中编写程序；

(2) 保存并运行应用程序；

(3) 以工程文件夹的压缩文件形式提交作业。

13.6 上机练习六

13.6.1 目的

(1) 掌握 VB 循环结构程序设计。

(2) 掌握 For…Next 计数循环语句的正确使用。

(3) 掌握 Do While…Loop 条件循环语句的正确使用。

(4) 掌握 Exit For、Exit Do 语句的使用方法。

13.6.2 上机题目

1. 求水仙花数。水仙花数是指一个 3 位数，其各位数字的立方和等于该数本身。如：$153=1^3+5^3+3^3$。

2. 求 1！+2！+3！+4！+…+10!。

3. 找出 1000 以内的所有完数。一个数如果恰好等于它的因子之和，这个数就称为“完数”。例如 6=1+2+3。

4. 打印 Fibonacci 数列的前 20 项。该数列的第一项和第二项都为 1，从第三项开始，每项都是前两项的和。

5. 某班英语测试，抽取十名同学的测试成绩分别为：85、76、49、56、94、88、67、82、78、74，编程依次输入这十名同学的成绩，统计出及格人数和不及格人数，并计算出这十名同学的平均分数。

6. 猴子吃桃问题：小猴在某天摘桃若干个，当天吃掉一半多一个；第二天吃了剩下的桃子的一半多一个；以后每天都吃尚存桃子的一半多一个，到第 7 天要吃时只剩下一个，问小猴共摘下了多少个桃子？

7. 设用 100 元钱买 100 支笔，其中钢笔每支 3 元，圆珠笔每支 2 元，铅笔每支 0.5 元。若每种笔至少买 1 支，问钢笔、圆珠笔和铅笔可以各买多少支？

8. 编写程序打印下列图形：

9. 验证歌德巴赫猜想：一个大偶数可以分解为两个素数之和。试编程将 200～500 之间的全部偶数表示为两个素数之和。

13.6.3 上机要求

(1) 每题创建一个 VB 工程，并在窗体（Form1）上设计界面，在相关事件过程中编写程序；

(2) 保存并运行应用程序；

(3) 以工程文件夹的压缩文件形式提交作业。

13.7 上机练习七

13.7.1 目的

(1) 掌握 VB 数组程序设计。

(2) 掌握静态数组、动态数组的基本概念和正确使用。

(3) 掌握数组一维数组和二维数组的正确使用。

(4) 掌握 For Each 语句和控件数组的正确使用。

13.7.2 上机题目

1. 从键盘输入 10 个任意大小的数据，计算平均值并输出大于平均值的数据。

要求：运行程序，单击窗体后依次输入 10 个数据。

提示：利用数组存储数据，例如，定义 Dim a(1 To 10) As Single，可以方便地随时调用其中的数据进行各类统计运算。

2. 建立一个 4×6 的二维数组，其中的元素为区间[15,95]内的随机整数。要求将数组显示在一个文本框中，并输出各行、各列最大元素之和。

界面设计：参考图 13-7，在窗体上添加 4 个按钮，3 个文本框和 2 个标签。其中，显示数组的文本框应设置其 MultiLine 属性为 True。

程序设计：

(1) 考虑到要在不同的过程中使用数组，所以须在窗体的"通用声明"段中声明全局数组。

```
Dim a(1 to 4,1 to 6) as Integer
```

(2) 按钮"生成数组"的 Click 事件代码如下：

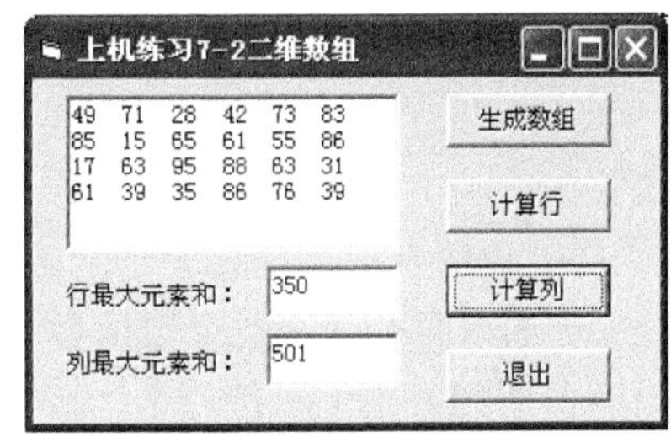

图 13-7 求二维数组各行、各列最大元素之和

```
Private Sub Command1_Click()
   Dim p As String, i As Integer, j As Integer
   Randomize
   For i = 1 To 4
      For j = 1 To 6
          a(i, j) = Int(Rnd * 81) + 15
          p = p & a(i, j) & " "
      Next j
      p = p & vbCrLf              'vbCrLf 代表回车换行
   Next i
```

```
    Text1.Text = p
End Sub
```

(3)“计算行”命令按钮的 Click 事件代码参考：

```
Private Sub Command2_Click()
    Dim i As Integer, j As Integer
    Dim MaxRow As Integer, SumRow As Integer
    For i = 1 To 4
        MaxRow = a(i, 1)
        For j = 1 To 6
            If a(i, j) > MaxRow Then MaxRow = a(i, j)
        Next j
        SumRow = SumRow + MaxRow
    Next i
    Text2 = SumRow
End Sub
```

(4)“计算列”命令按钮的 Click 事件代码与“计算行”的类似。

```
Private Sub Command3_Click()
    Dim i As Integer, j As Integer
    Dim MaxCol As Integer, SumCol As Integer
    For i = 1 To 6
        MaxCol = a(1, i)
        For j = 1 To 4
            If a(j, i) > MaxCol Then MaxCol = a(j, i)
        Next j
        SumCol = SumCol + MaxCol
    Next i
    Text3 = SumCol
End Sub
```

(5) 退出运行。

```
Private Sub Command4_Click()
    End
End Sub
```

3. 从键盘输入 n 个任意大小的数据，求这些数据的最大值、最小值和平均值。

提示：如果要处理任意个数的数据，须采用动态数组。动态数组与静态数组主要是在声明时有所不同。把上机练习七“上机练习题 1”中的声明语句：

```
Dim a(1 To 10) As Single
```

改为以下三条语句，其他代码请自行完成。

```
Dim a() As Single
n = InputBox("请输入需要统计的数据个数")
ReDim a(1 To n)
```

4. 编写程序，在窗体中输出杨辉三角形的前 n 行，行数在运行时由键盘输入。

提示：一个 8 行杨辉三角形如图 13-8 所示。杨辉三角形中的各行是二项式 $(a+b)^n$

展开式中各项的系数。

提示：由图 13-8 可以看出，杨辉三角形每行的第 1 列均为 1；其余各项的值都是其上一行的前一列元素与同列元素之和；若上一行的同列中没有元素则认为是 0。因此，有如下递推关系。

$$A(i,j)=A(i-1,j-1)+A(i-1,j)$$

程序代码如下：

上机练习13-7-4输出杨...

```
1
1   1
1   2   1
1   3   3   1
1   4   6   4   1
1   5   10  10  5   1
1   6   15  20  15  6   1
1   7   21  35  35  21  7   1
```

图 13-8 输出杨辉三角形

```
Private Sub Form_Click()
  Dim a(8, 8) As Integer, i As Integer, j As Integer
  For i = 1 To 8
     a(i, 1) = 1
     Print a(i, 1); " ";
     For j = 2 To i
        a(i, j) = a(i - 1, j - 1) + a(i - 1, j)
        Print a(i, j);
        If a(i, j) >= 10 Then
           Print " ";
        Else
           Print " ";
        End If
     Next j
     Print
  Next i
End Sub
```

5. 控件数组的应用

按图 13-9 进行窗体设计，其中包含 3 个由单选按钮构成的控件数组，当单击单选按钮时，能够相应改变文本框中的颜色、字体和字号。请参照【例 7.13】自行完成。

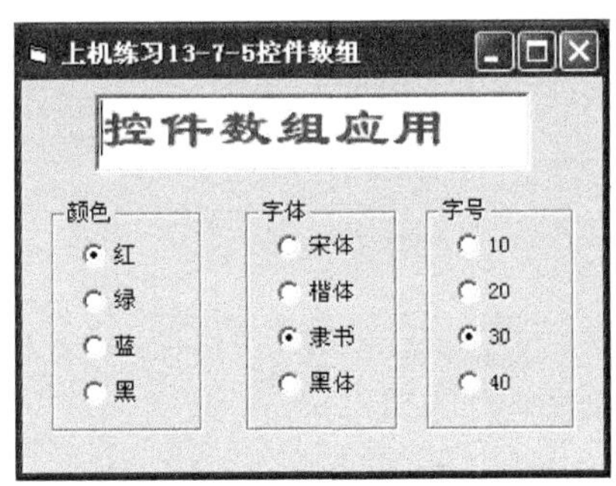

图 13-9 控件数组的应用

13.7.3 上机要求

(1) 每题创建一个 VB 工程，并在窗体（Form1）上设计界面，在相关事件过程中编写程序；

(2) 保存并运行应用程序；

(3) 以工程文件夹的压缩文件形式提交作业。

13.8　上机练习八

13.8.1　目的

(1) 掌握 VB 子过程和函数过程的程序设计。

(2) 掌握子过程和函数过程的定义、调用的正确使用。

(3) 掌握参数传递的基本方法和正确使用。

(4) 掌握 VB 应用程序中变量的作用域的使用方法。

13.8.2　上机题目

1. 子过程与函数过程的定义与调用

(1) 编写一个求两个数的最大公约数的 Function 过程,并实现调用。

(2) 将 Function 过程改写为一个求最大公约数的 Sub 过程,并实现调用。

观察 Sub 过程与 Function 过程在定义与调用时的区别,并注意参数传递方式的选用。

界面设计:在窗体上设计三个标签,分别显示 m、n 和"最大公约数";三个文本框,分别显示 m、n 和"最大公约数"的值;两个命令按钮"计算"和"退出"。设计界面和运行界面如图 13-10、图 13-11 所示。

图 13-10　设计界面

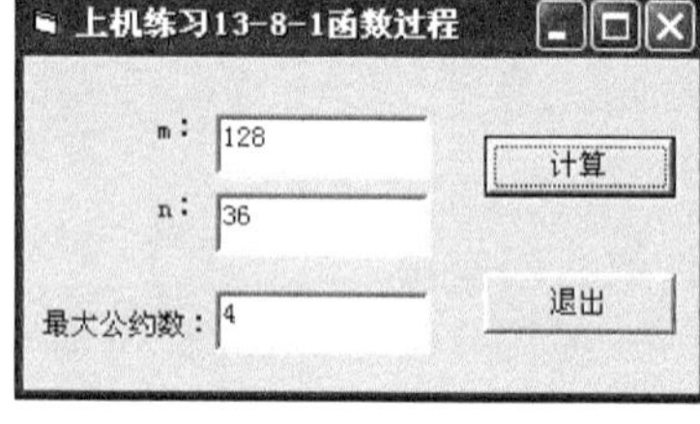

图 13-11　运行界面

程序代码如下:

```
Private Sub Command1_Click()
   Dim m As Integer, n As Integer, gys As Integer
   m = Val(Text1.Text)
   n = Val(Text2.Text)
   gys = gcd(m, n)
   Text3.Text = gys
End Sub

Public Function gcd(ByVal m As Integer, ByVal n As Integer) As Integer
   Dim t As Integer, r As Integer
   If m < n Then
     t = m
     m = n
     n = t
   End If
   r = m Mod n
```

```
    Do While r <> 0
      m = n
      n = r
      r = m Mod n
    Loop
    gcd = n
End Function

Private Sub Command2_Click()
    End
End Sub
```

将函数过程改写为子过程,请读者自行完成。

2. 数组作为参数

(1) 利用随机数(100～500)初始化一个正整数数组,并将数组中的偶数值加一。要求一维数组的输入、输出、元素加一操作分别利用过程调用来实现。

(2) 在主调过程中,利用随机数初始化一个二维数组,要求编写一个 Sub 过程,通过函数调用找到该数组中的最小值元素及对应下标。

提示: Sub 过程的形参可以设置两个: 一个用于传送主程序中的二维数组,另一个用于返回所求得的最小值下标 。

3. 可选参数

参照【例 8.8】,建立一个计算面积的过程,使它能够有选择的计算圆的面积或长方形的面积,并给予验证。

4. 键盘和鼠标事件

(1) 设计一个应用程序,在窗体上建立一个文本框 text1 和一个标签 label1,当从键盘向文本框输入英文字符时,将其转换成大写字母显示在标签中。

(2) 建立一个窗体,在窗体上添加一个按钮。编写程序,使得该按钮随单击的位置而移动。

(3) 在窗体上放置一个图片框 picture1,设置鼠标指针为"I"形状。

13.8.3 上机要求

(1) 每题创建一个 VB 工程,并在窗体 (Form1) 上设计界面,在相关事件过程中编写程序;

(2) 保存并运行应用程序;

(3) 以工程文件夹的压缩文件形式提交作业。

13.9 上机练习九

13.9.1 目的

(1) 掌握 VB 界面设计。

(2) 掌握图片框、图像框的正确使用。

(3) 掌握定时器的正确使用。

(4) 掌握单选按钮、复选框及框架的正确使用。

13.9.2 上机题目

1. 在窗体上添加一个文本框、三个框架控件。在第一个框架控件中添加四个单选按钮,在第二个框架控件中添加四个复选框,在第三个框架控件中添加四个单选按钮,窗体设计界面及程序运行界面如图 13-12 所示。

程序代码如下:

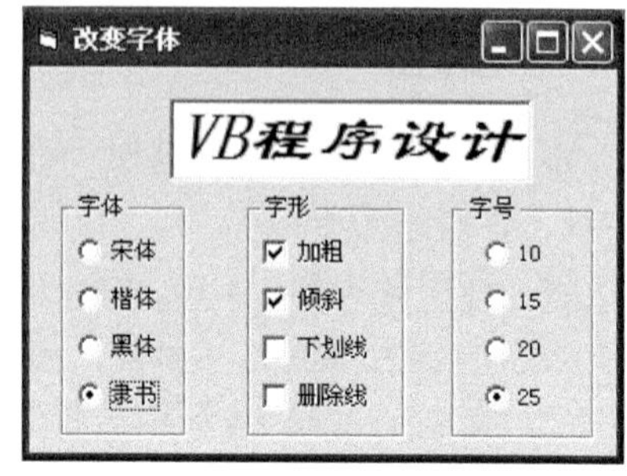

图 13-12 程序运行界面

```
Private Sub Check1_Click()
    If Check1.Value = 1 Then
       Text1.Font.Bold = True
    Else
       Text1.Font.Bold = False
    End If
End Sub

Private Sub Check2_Click()
   If Check2.Value = 1 Then
       Text1.Font.Italic = True
   Else
       Text1.Font.Italic = False
   End If
End Sub

Private Sub Check3_Click()
   If Check3.Value = 1 Then
       Text1.Font.Underline = True
   Else
       Text1.Font.Underline = False
   End If
End Sub

Private Sub Check4_Click()
   If Check4.Value = 1 Then
       Text1.Font.Strikethrough = True
   Else
       Text1.Font.Strikethrough = False
   End If
End Sub

Private Sub Option1_Click()
   If Option1.Value = True Then
      Text1.FontName = Option1.Caption
   End If
End Sub

Private Sub Option2_Click()
   If Option2.Value = True Then
```

```
        Text1.Font.Name = "楷体_GB2312"
    End If
End Sub

Private Sub Option3_Click()
   If Option3.Value = True Then
        Text1.FontName = Option3.Caption
    End If
End Sub

Private Sub Option4_Click()
   If Option4.Value = True Then
        Text1.FontName = Option4.Caption
    End If
End Sub

Private Sub Option5_Click()
    If Option5.Value = True Then
        Text1.Font.Size = Val(Option5.Caption)
    End If
End Sub

Private Sub Option6_Click()
    If Option6.Value = True Then
        Text1.Font.Size = Val(Option6.Caption)
    End If
End Sub

Private Sub Option7_Click()
    If Option7.Value = True Then
        Text1.Font.Size = Val(Option7.Caption)
    End If
End Sub

Private Sub Option8_Click()
    If Option8.Value = True Then
        Text1.Font.Size = Val(Option8.Caption)
    End If
End Sub
```

2. 为计算机协会建立名单维护程序。在窗体上建立一个组合框 Combo1,组合框中预设如图所示的内容,画一个文本框(Text1)和 4 个命令按钮,前 3 个标题分别为“修改”“确定”和“添加”。程序启动后,“确定”按钮不可用。程序的功能是:在运行时,如果选中组合框中的一个列表项,单击“修改”按钮,则把该项复制到 Text1 中(可以在 Text1 中修改),并使“确定”按钮可用;若单击“确定”按钮,则把修改后的 Text1 中的内容替换组合框中该列表项的原有内容,同时使“确定”按钮不可用;若单击“添加”按钮,则把在 Text1 中的内容添加到组合框中。程序运行界面如图 13-13 所示。

程序代码如下：

```
Private Sub Command1_Click()
    Text1.Text = Combo1.Text
    Command2.Enabled = True
End Sub

Private Sub Command2_Click()
    Combo1.Text = Text1.Text
    Command2.Enabled = False
End Sub

Private Sub Command3_Click()
    Combo1.AddItem (Text1.Text)
End Sub

Private Sub Command4_Click()
    End
End Sub
```

3. 利用定时器和图像框控件，编写适当的事件过程，使得程序运行时，窗体上同一位置每隔一秒显示一幅图片，总共 4 幅图片，轮流播放。程序运行界面如图 13-14 所示。

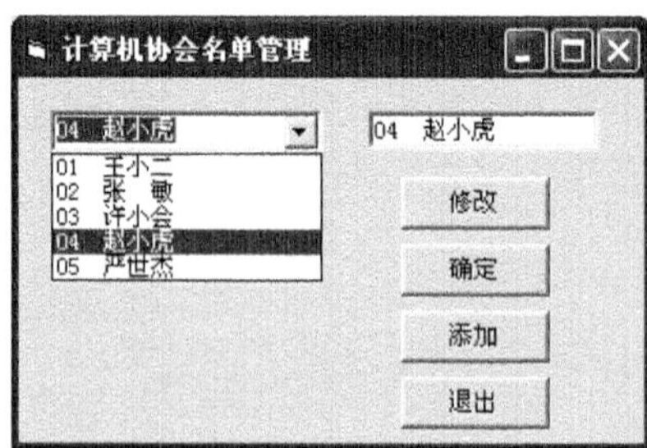

图 13-13 运行界面

图 13-14 程序运行界面

程序代码如下：

```
Dim x As Integer

Private Sub Timer1_Timer()
    Select Case x
        Case 0
            Image1.Picture = Image2.Picture
        Case 1
            Image1.Picture = Image3.Picture
        Case 2
            Image1.Picture = Image4.Picture
        Case 3
            Image1.Picture = Image5.Picture
    End Select
    x = x + 1
    If x > 3 Then
```

```
        x = 0
    End If
End Sub
```

13.9.3 上机要求

(1) 每题创建一个 VB 工程，并在窗体（Form1）上设计界面，在相关事件过程中编写程序；

(2) 保存并运行应用程序；

(3) 以工程文件夹的压缩文件形式提交作业。

13.10 上机练习十

13.10.1 目的

(1) 掌握文件的基本概念。

(2) 掌握顺序文件、随机文件的打开、关闭的正确使用。

(3) 掌握 VB 文件基本操作的正确使用。

(4) 掌握 VB 文件系统控件的正确使用。

13.10.2 上机题目

1. 通过键盘输入 5 个学生的数据，并将数据保存到顺序文件 sdata.txt 中。数据项包括学号、姓名、性别和年龄信息。

2. 从 sdata.txt 读取数据到内存，并将数据在窗体上显示出来。运行界面如图 13-15 所示。

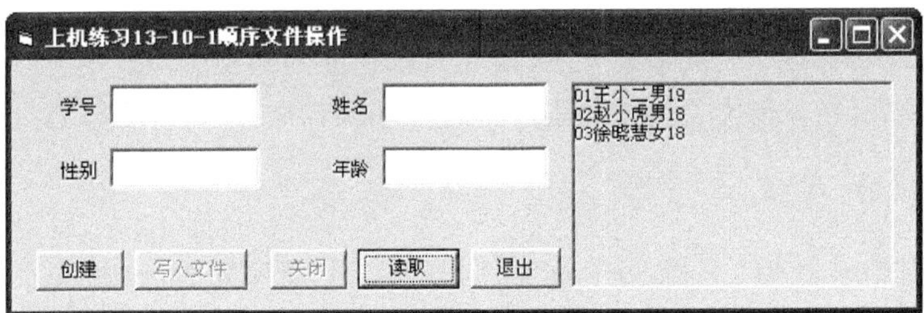

图 13-15 从文件读取读取数据

程序代码如下：

```
Private Sub Command1_Click()
    Write #2, Text1.Text; Text2.Text; Text3.Text; Text4.Text
    Text1.Text = ""
    Text2.Text = ""
    Text3.Text = ""
    Text4.Text = ""
    Command1.Enabled = False
End Sub
```

```
Private Sub Command2_Click()
    Open "d:\data\student1.txt" For Output As #2
    Command2.Enabled = False
    'Command1.Enabled = True
    Command5.Enabled = True
End Sub

Private Sub Command3_Click()
  Dim s1 As String, s2 As String, s3 As String, s4 As String
    Open "d:\data\student1.txt" For Input As #3
    Do While Not EOF(3)
        Input #3, s1, s2, s3, s4
        Picture1.Print s1; s2; s3; s4
    Loop
    Close #3
End Sub

Private Sub Command4_Click()
    Close #2
    End
End Sub

Private Sub Command5_Click()
  Close #2
End Sub

Private Sub Text1_Change()
    Command1.Enabled = True
End Sub
```

3. 编程实现具有对学生成绩录入、修改和显示功能的随机文件。
4. 编写可以复制任何类型文件的程序。打开和保存文件时使用通用对话框。

13.10.3 上机要求

(1) 每题创建一个 VB 工程,并在窗体 (Form1)上设计界面,在相关事件过程中编写程序;

(2) 保存并运行应用程序;

(3) 以工程文件夹的压缩文件形式提交作业。

13.11 上机练习十一

13.11.1 目的

(1) 掌握菜单的基本概念。

(2) 掌握下拉式菜单和弹出式菜单的设计和正确使用。

(3) 掌握 VB 通用对话框的正确使用。

(4) 掌握 VB 多重窗体的正确使用。

(5) 掌握 VB 工程结构并能正确应用。

13.11.2 上机题目

1. 设计菜单及其应用程序界面，编程实现如下功能：用户输入一个十进制数，通过菜单项的选择将该数转换为八进制数或十六进制数。程序运行结果如图 13-16 和图 13-17 所示。

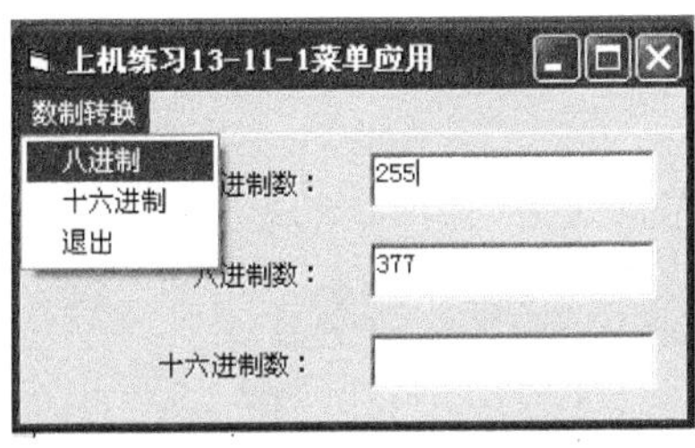

图 13-16 将数据转换为八进制

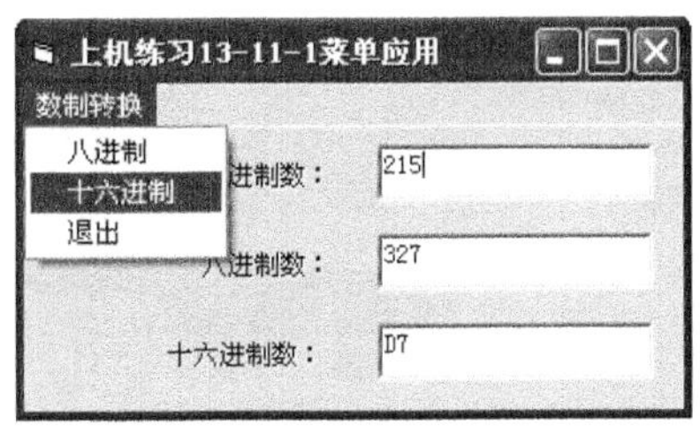

图 13-17 将数据转换为十六进制

程序代码如下：

```
Private Sub m16_Click()
   Dim x As Integer, s As String, x1 As Integer
   x = Val(Text1.Text)
   s = ""
   Do While x >= 16
     x1 = x Mod 16
     x = x \ 16
     If x1 >= 10 Then
        s = Chr(55 + x1) & s
     Else
        s = x1 & s
     End If
   Loop
   If x > 0 Then
     If x >= 10 Then
       s = Chr(55 + x) & s
     Else
        s = x & s
     End If
   End If
   Text3.Text = s
End Sub

Private Sub m8_Click()
   Dim x As Integer, s As String, x1 As Integer
   x = Val(Text1.Text)
   s = ""
   Do While x >= 8
     x1 = x Mod 8
```

```
        x = x \ 8
        s = x1 & s
      Loop
      If x > 0 Then
        s = x & s
      End If
      Text2.Text = s
End Sub

Private Sub mexit_Click()
    End
End Sub
```

2. 设计一个界面，编程实现一个简单的图片浏览器效果，如图 13-18 所示。

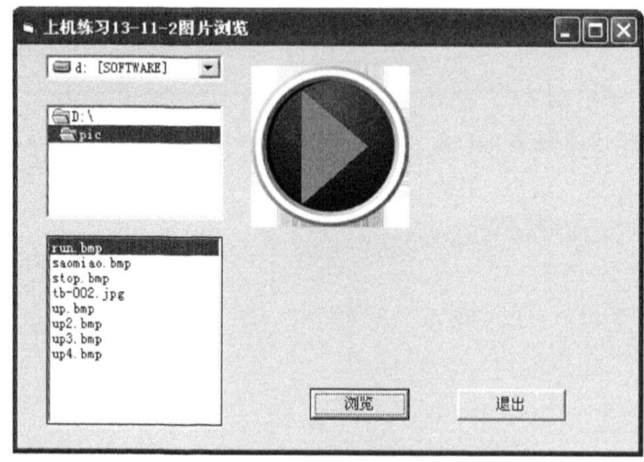

图 13-18　图片浏览器的运行界面

程序代码如下：

```
Private Sub Command1_Click()
   Image1.Picture = LoadPicture(Dir1.Path & "\" & File1.FileName)
End Sub

Private Sub Command2_Click()
   End
End Sub

Private Sub Dir1_Change()
   File1.Path = Dir1.Path
```

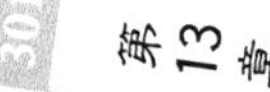


```
hange()
e1.Drive
```

个标签；再建立一个菜单，窗体外观如图 13-19 所示。请编写程序，使单项时，就把系统时间显示在标签上；当选中“当前日期”菜单项时，就把系统日期显示在标签上。如图 13-20 所示。

图 13-19　窗体外观

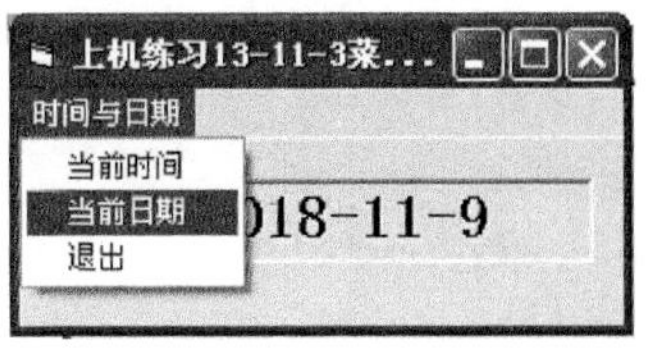

图 13-20　显示日期

4. 建立一个多窗体的应用程序，实现简单的数据编辑和数据查询功能：共 3 个窗体；一个窗体为主窗体，其余 2 个分别为数据编辑和数据查询窗体。程序运行时，先显示主窗体，主窗体上显示软件的简要说明，主窗体上的菜单包括数据编辑、数据查询、退出。单击菜单项显示出相应功能的窗体。各个子窗体上有返回主窗体的功能。运行界面如图 13-21～图 13-23 所示。

图 13-21　程序主界面

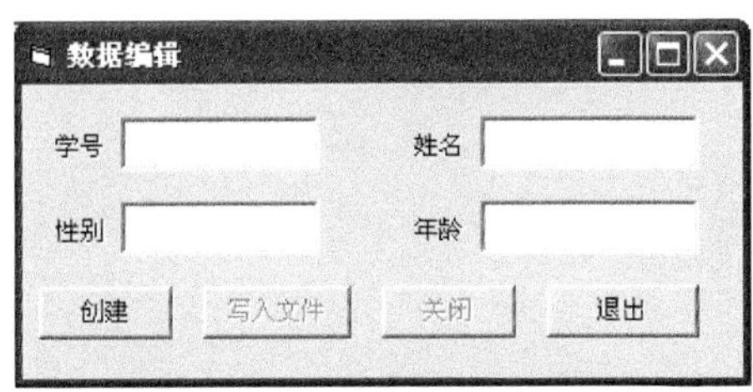

图 13-22　“数据编辑”运行界面

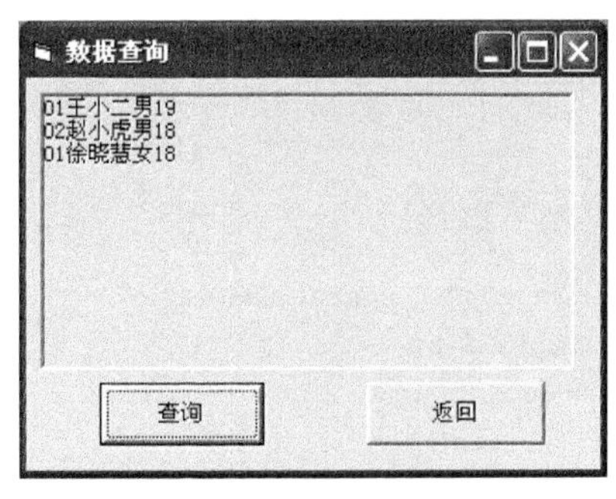

图 13-23　“数据查询“的运行界面

程序代码如下：

主窗体：

```
Private Sub medit_Click()
  Form2.Show (1)
End Sub
```

```
Private Sub mexit_Click()
  End
End Sub

Private Sub mquery_Click()
  Form3.Show (1)
End Sub
```

数据编辑窗体：

```
Private Sub Command1_Click()
  Write #2, Text1.Text; Text2.Text; Text3.Text; Text4.Text
   Text1.Text = ""
   Text2.Text = ""
   Text3.Text = ""
   Text4.Text = ""
   Command1.Enabled = False
End Sub

Private Sub Command2_Click()
   Open "d:\data\student1.txt" For Output As #2
   Command2.Enabled = False
   'Command1.Enabled = True
   Command5.Enabled = True
End Sub

Private Sub Command4_Click()
   Close #2
   Unload Me
End Sub

Private Sub Command5_Click()
  Close #2
End Sub
```

数据查询窗体：

```
Private Sub Command1_Click()
   Unload Me
End Sub

Private Sub Command2_Click()
   Dim s1 As String, s2 As String, s3 As String, s4 As String
   Open "d:\data\student1.txt" For Input As #3
   Do While Not EOF(3)
      Input #3, s1, s2, s3, s4
      Picture1.Print s1; s2; s3; s4
   Loop
   Close #3
End Sub
```

13.11.3 上机要求

(1) 每题创建一个 VB 工程，并在窗体 (Form1)上设计界面，在相关事件过程中编写程序；

(2) 保存并运行应用程序；

(3) 以工程文件夹的压缩文件形式提交作业。

13.12 上机练习十二

13.12.1 目的

(1) 掌握关系数据库的基本概念。

(2) 掌握 SQL 的查询语句 Select 的正确使用。

(3) 掌握 VB 可视化数据管理器的正确使用。

(4) 掌握数据库访问控件 Data 的正确使用。

(5) 掌握 ADO Data 控件和 DataGrid 控件的正确使用。

13.12.2 上机题目

1. 利用可视化数据管理器为 Students 数据库添加两个表："图书基本信息表"和"借阅表"，它们的结构分别如表 13-1 和表 13-2 所示，并输入若干条图书基本信息记录和学生借阅图书的记录。

表 13-1 "图书基本信息表"表结构

字 段 名	数 据 类 型	字 段 长 度	主 键
图书编号	字符型	10	是
书名	字符型	50	否
作者	字符型	20	否
出版社	字符型	50	否
价格	单精度	4	否
内容提要	字符型	100	否

表 13-2 "借阅表"表结构

字 段 名	数 据 类 型	字 段 长 度	主 键
学号	字符型	8	是
图书编号	字符型	10	是
借出日期	日期型		否

2. 利用可视化数据管理器的 SQL 语句窗口输入 Select 语句，按以下要求进行查询。

1) 查看所有"清华大学出版社"出版的图书。

2) 查看某同学借阅的所有图书的书名、作者、价格、借出日期。

3) 查看 2018 年 9 月以前借出的书名、借阅者姓名、借出日期。

3. 用查询生成器生成上机练习题目第 2 题的第 2)、3)两个查询。

4. 用数据窗体设计器设计一个窗体,管理维护"图书基本信息表"。

5. 设计一个显示"图书基本信息表"表数据的窗体,每次显示一条记录。要求分别用 Data 控件和 ADO Data 控件实现。

6. 设计一个窗体显示上机练习题目第 2 题的第 2)小题查到的信息,每次显示一条记录。请使用 ADO Data 控件来连接数据源。

7. 设计一个窗体显示上机练习题目第 2 题的第 3)小题查到的信息,每次显示多条记录。请使用 ADO Data 控件来连接数据源。

8. 编写一个对"图书基本信息表"进行简单维护的程序,包括记录的添加、删除、修改和简单查询功能,这些功能用菜单实现。

13.12.3 上机要求

(1) 每题创建一个 VB 工程,并在窗体 (Form1)上设计界面,在相关事件过程中编写程序;

(2) 保存并运行应用程序;

(3) 以工程文件夹的压缩文件形式提交作业。

附录 A ASCII 码和字符对照表

二进制	十进制	字符	二进制	十进制	字符
00000000	0	空字符	00100011	35	#
00000001	1	标题开始	00100100	36	$
00000010	2	正文开始	00100101	37	%
00000011	3	正文结束	00100110	38	&
00000100	4	传输结束	00100111	39	'
00000101	5	请求	00101000	40	(
00000110	6	收到通知	00101001	41	)
00000111	7	响铃	00101010	42	*
00001000	8	退格	00101011	43	+
00001001	9	水平制表符	00101100	44	,
00001010	10	换行键	00101101	45	-
00001011	11	垂直制表符	00101110	46	.
00001100	12	换页键	00101111	47	/
00001101	13	回车键	00110000	48	0
00001110	14	不用切换	00110001	49	1
00001111	15	启用切换	00110010	50	2
00010000	16	数据链路转义	00110011	51	3
00010001	17	设备控制 1	00110100	52	4
00010010	18	设备控制 2	00110101	53	5
00010011	19	设备控制 3	00110110	54	6
00010100	20	设备控制 4	00110111	55	7
00010101	21	拒绝接收	00111000	56	8
00010110	22	同步空闲	00111001	57	9
00010111	23	传输块结束	00111010	58	:
00011000	24	取消	00111011	59	;
00011001	25	介质中断	00111100	60	<
00011010	26	替补	00111101	61	=
00011011	27	溢出	00111110	62	>
00011100	28	文件分隔符	00111111	63	?
00011101	29	分组符	01000000	64	@
00011110	30	记录分离符	01000001	65	A
00011111	31	单元分隔符	01000010	66	B
00100000	32	空格	01000011	67	C
00100001	33	!	01000100	68	D
00100010	34	"	01000101	69	E

续表

二进制	十进制	字　　符	二进制	十进制	字　　符
01000110	70	F	01100011	99	c
01000111	71	G	01100100	100	d
01001000	72	H	01100101	101	e
01001001	73	I	01100110	102	f
01001010	74	J	01100111	103	g
01001011	75	K	01101000	104	h
01001100	76	L	01101001	105	i
01001101	77	M	01101010	106	j
01001110	78	N	01101011	107	k
01001111	79	O	01101100	108	l
01010000	80	P	01101101	109	m
01010001	81	Q	01101110	110	n
01010010	82	R	01101111	111	o
01010011	83	S	01110000	112	p
01010100	84	T	01110001	113	q
01010101	85	U	01110010	114	r
01010110	86	V	01110011	115	s
01010111	87	W	01110100	116	t
01011000	88	X	01110101	117	u
01011001	89	Y	01110110	118	v
01011010	90	Z	01110111	119	w
01011011	91	[	01111000	120	x
01011100	92	\	01111001	121	y
01011101	93	]	01111010	122	z
01011110	94	^	01111011	123	{
01011111	95	_	01111100	124	|
01100000	96	`	01111101	125	}
01100001	97	a	01111110	126	～
01100010	98	b	01111111	127	删除

说明：另外还有 128～255 的 ASCII 字符。

附录B 常用内部函数表

函数类型	函数名	含义
数学函数	Sin(x)	正弦值
	Cos(x)	余弦值
	Tan(x)	正切值
	Atn(x)	反正切值
	Abs(x)	绝对值
	Sgn(x)	返回符号
	Sqr(x)	平方根
	Exp(x)	e的x次方
类型转换函数	Int(x)	不大于x的最大整数
	Fix(x)	取整数部分
	Hex(x)	十进制数转换为十六进制数
	Oct(x)	十进制数转换为八进制数
	Asc(x)	字符串x中第一个字符的ASCII码
	CHR(x)	ASCII码转换为字符
	Str(x)	数值转换为字符串
	Cint(x)	四舍五入转换为整数
	Ccur(x)	转换为货币类型值
	CDbl(x)	转换为双精度数
	CLng(x)	小数部分四舍五入转换为长整数型数
	CSng(x)	转换为单精度数
	Cvar(x)	转换为变体类型值
	VarPtr(var)	取得变量var的指针
日期与时间函数	Date()	返回系统日期(年/月/日)
	Now()	返回系统日期和时间
	Time()	返回系统时间
	Day()	返回系统日期(1～31)
	WeekDay()	返回星期
	Month()	返回月份
	Year()	返回年份
	Hour	返回小时
	Minute	返回分
	Second	返回秒

续表

函数类型	函 数 名	含 义
字符串函数	LTrim(s)	去掉 s 左边空白字符
	Rtrim(s)	去掉 s 右边空白字符
	Left(s,n)	取 s 左部的 n 个字符
	Right(s,n)	取 s 右部的 n 个字符
	Mid(s,p,n)	从位置 p 开始取字符串 s 的 n 个字符
	Len(s)	测试 s 的长度
	String(n,c)	返回由 n 个字符 c 组成的字符串
	Space(n)	返回 n 个空格
	InStr(s1,s2)	在 s1 中查找 s2
	Ucase(s)	小写字母转换为大写字母
	Lcase(s)	大写字母转换为小写字母

参 考 文 献

[1] 中国高等院校计算机基础教育改革课题研究组.中国高等院校计算机基础教育课程体系 2014[M].北京：清华大学出版社,2014.

[2] 张青,杨族桥,何中林.Visual Basic 程序设计基础[M].天津：南开大学出版社,2012.

[3] 龚沛曾,杨志强,陆慰民,等.Visual Basic 程序设计教程[M].北京：高等教育出版社,2013.

[4] 邱李华,曹青,郭志强.Visual Basic 程序设计教程[M].3 版.北京：机械工业出版社,2012.

[5] 谭浩强.C 程序设计[M].4 版.北京：清华大学出版社,2010.

[6] 叶乃文,喻国宝.面向对象程序设计[M].北京：清华大学出版社,2006.

图书资源支持

感谢您一直以来对清华版图书的支持和爱护。为了配合本书的使用，本书提供配套的资源，有需求的读者请扫描下方的“书圈”微信公众号二维码，在图书专区下载，也可以拨打电话或发送电子邮件咨询。

如果您在使用本书的过程中遇到了什么问题，或者有相关图书出版计划，也请您发邮件告诉我们，以便我们更好地为您服务。

我们的联系方式：

地　　址：北京海淀区双清路学研大厦 A 座 707

邮　　编：100084

电　　话：010－62770175－4604

资源下载：http://www.tup.com.cn

电子邮件：weijj@tup.tsinghua.edu.cn

QQ：883604（请写明您的单位和姓名）

资源下载、样书申请

书圈

用微信扫一扫右边的二维码，即可关注清华大学出版社公众号“书圈”。